不埋沒一本好書，不錯過一個愛書人

七樓書店

遗失在西方的中国史

中国手工业调查 1921—1930（下）

［美］鲁道夫·P. 霍梅尔 著　戴吾三 等 译

SPM 南方出版传媒 广东人民出版社

·广州·

第三章

制衣工具

一说起衣服的起源，便把我们带回到人类文明的摇篮时代。把纤维纺成纱线用于纺织是人类受惠的众多杰出发明之一。然而，我们并不清楚这项发明的来源。中国新石器时代的陶器上印有纺织图案，不过从实地考察证明，世界其他文明地区也都有类似的发现。但有一点可以肯定：中国向世界贡献了丝织技术，有大量的文献从不同角度记载了这种技术，而之前其他国家都没有记述涉及这一领域。

据记载，早在公元前246年，中国宫廷的女性就穿着棉制衣服参加仪式。起初，中国把别国进贡的棉制品看得比丝绸还贵重，似乎直到宋代（960—1279），中国才开始种植棉花。因为种植桑、麻者的保守固执，直到元代（1279—1368）棉花才开始逐渐流行。

轧棉机及弹棉花弓

把棉籽从棉花中分离最原始的方法是用手摘，中国的贫苦农民一直用这种方法来解决自家的急需，即把少量籽棉加工成皮棉。一般说来，有一项发明应用得很广泛，这就是原始轧棉机，它主要由两个紧挨着的做相向转动的辊子组成。籽棉由两个辊子之间进入，从另一边像条带子一样吐出，棉籽被卡下来。后来，脚动轧棉机取代了这种原始的轧棉机，虽然它容易损坏纤维，也影响生产出的纱制品的强度，但因为它的工作效率高，还是受到了普遍欢迎。

原始轧棉机被紧固在一个三条腿的架子或是被绑在一个长凳上，如图232所示。两根立柱通过榫眼插入木制的底座，顶上用一根横木固定，这就构成它的框架。

立柱上各有两个轴孔安装辊子，下面的辊子木质坚硬，直径1.375英寸，长24英

图232
轧棉机

寸，辊子延伸的尾部安了一个木头曲柄。辊子上有木楔以防止滑离，木楔水平地穿过立柱，装在辊子的圆形凹槽内。在紧挨着木制辊子的上方，装了一个用熟铁制的辊子，直径0.625英寸，长17英寸，它随着踏板踏动而旋转。踏板连接在一根木轴上，其端部用木块配重。工作时，配重的转轴起到如同飞轮的作用以保持运动的持续。转轴通过中心孔套在铁辊子一端伸出的方口上，用一个木楔固定住。飞轮上距辊子不远处以直角安了一个转动木销，木销上的凹槽松松地套着一根绳子，连到下面的一根竹棍上，竹棍是踏板的一部分——我后来才搞明白——竹棍踏板应在凳子下反向伸开，[1]它的一端松松地搁在地上。一位农妇在她的小院里架起整套装置演示给我们看，因我对这种老式轧棉机无知，影响了摆正竹棍的位置。以前我只见过永久固定在一个木架子的轧棉机，其工作原理类似于图233所示的那种。飞轮轴有3英尺长，其木制锤形端部为7.75英寸×3英寸×2.5英寸。当作架子放在凳子上时它的高度为15英寸，宽12英寸。竹制踏板棒长4英尺7英寸。木制辊子下的框架与上面的木板用大木钉固定。

通常，操作这种轧棉机的都是妇女，她们穿着长裤，跨坐在长凳上，用右手向一个方向转动曲柄，左脚踩踏板，飞轮以与踏板相反的方向旋转。与此同时，左手把籽棉送入辊子之间。辊子一个是铁制的，另一个是木制的。轧棉中用木制辊子看不出有什么意义，经验可能使这些妇女形成认识，木制杆没有足够的强度支撑飞轮，飞轮旋转起来对它施加了一个相当大的力。

很长时间我一直在寻找辊子轧棉机，一说人们大都知道，但却久久找不到实物。直到有一天，在靠近江西九江的沙河以西几里远的一个地方，一个小男孩带路，我来到一个贫穷妇女的屋前，才看到了它。

图234是一个现存的宋代轧棉机的草图，在方形的木制框架上竖立有两根立柱，其高度大约1英尺5英寸，两立柱顶部用一个木制横梁连接，每根立柱上都开一个通孔，以便穿轴，但轮轴的另一端落在对面立柱的凹窝内（圆形盲孔）。每个轮轴通孔一端都安了一个曲柄。可以看出这种轧棉机需要由三个人操作，两个人摇动曲柄，另

---

[1] 参见图235。——译注

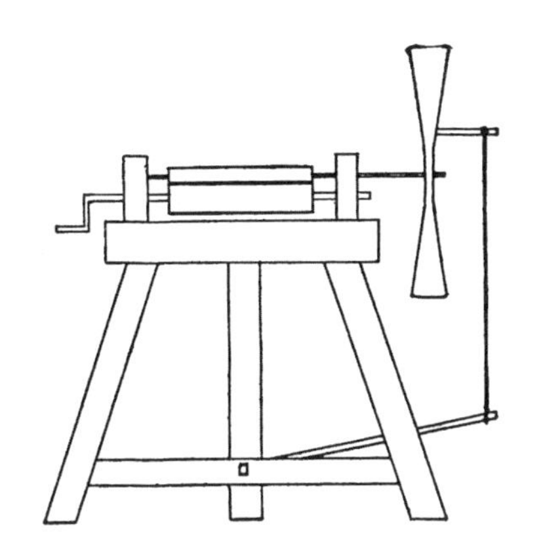

图233　有固定架的轧棉机

据作者在江苏的考察绘制。

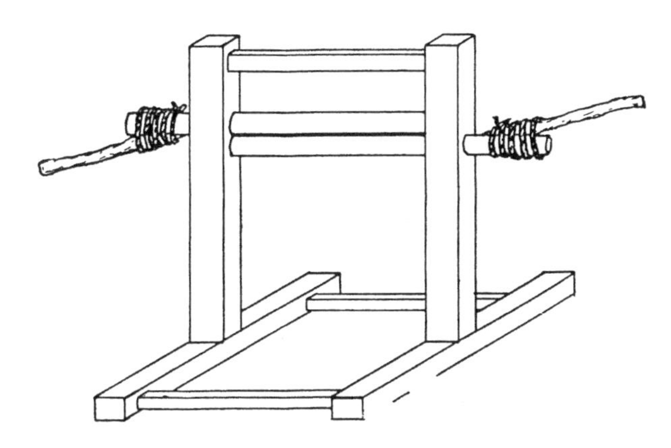

图234　宋代的轧棉机

绘图显示了宋代轧棉机的结构，参照当时的描述所绘。该轧棉机的高度有1英尺5英寸。

一个人向其中添加籽棉。

意大利曾用过一种轧棉机，也许是印度一种称作“churka”的轧棉机的改制品，它与中国轧棉机的原理相同。意大利人学习了印度的棉花文明，并称他们自己的轧棉机为“Manganello”。这声音有点像“mangle”（女人洗衣时用的平整衣服的工具——轧干机）。但问题是意大利人的Manganello是不是采用了轧干机的样式呢？动词“mangle”的意思是划破、割或撕裂。恰巧轧棉机是这么做的，它把籽棉中的棉花纤维从棉籽上分离开来。把这种机器叫作衣服轧干机也许有些描述失当，但也暗示了意大利人将这种机器作为Manganello改制品的一个原因，即这种机器还有一些其他用途，如平整衣服。

图235为另一种类型的轧棉机，它的工作原理与上述的一种相似，该样本是我在江西建昌看到并拍摄的。这个轧棉机的踏板位置很合适，长凳高21.5英寸，轧棉机框架宽15英寸，高11英寸。木制辊子直径为1.75英寸，铁制的辊子直径为0.625英寸，飞轮轴与锤状末端长2英尺10英寸。

这种原始的、工作低效的轧棉机一直存在。分析其原因，首先是小家庭作坊不常用轧棉机，贵的轧棉机他们也买不起；其次，也许是这种轧棉机不像高效轧棉机那样容易损坏纤维。

轧制的棉花无论用来做什么，不同的纤维都需要经过一个梳理程序以达到表面看

图235　轧棉机

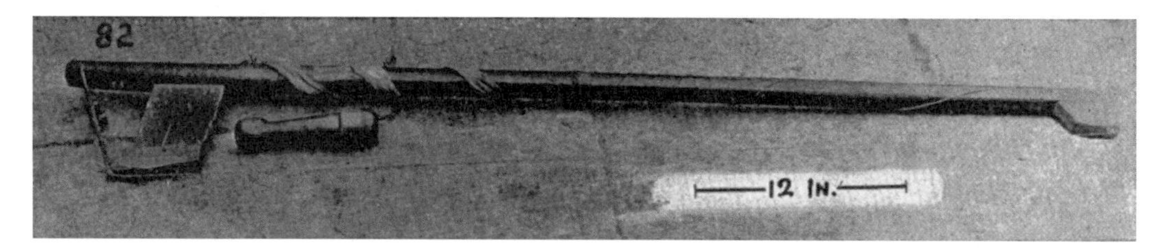

图236　弹棉花弓

上去有序。这个过程称为弹棉花，所用工具是一张张紧弦的弓和一个小槌或类似于槌的棍棒。弹棉花的过程是将张紧的弦置于棉花中，用槌槌击弦使之振动，以达到梳理棉花纤维的目的。图236显示的是农民用的最简单的弹棉花弓，一根长5英尺，直径1.5

图237　操作者拿着棉花弓

英寸的木棍，一端与一块平木板固定，该木板长3.5英寸，宽3英寸，厚1英寸，用以抵住木棍。木棍在尾端收成锥形（图中右侧），在这端钉有一块木板，木棍尾端的直径刚好与这块板的厚度相同。在木棍另一头（图中左侧），一块8英寸×4英寸×0.375英寸的木板与木棍榫接。在这块木板的外侧后缘榫接一根1英寸厚的木条。它的作用有点像小提琴的琴马。一根弦线绷紧在这根木棍的两个凸出部位（两块木板）上，一头系在木棍大头的环上，另一头缠绕在木棍的顶端（右端）。

操作弹棉花弓的方法见图237。操作者坐在一个矮凳上（见图238），左手拿着弓，悬在摊于席子上剥离的棉花上。弓的中部用一根细绳吊挂在一根有弹性的竹竿上端，竹竿长7英尺，最粗的地方约有0.5英寸，竹竿下端插在操作者所坐的矮凳的框架

图238　插棉花弓竹竿的凳子

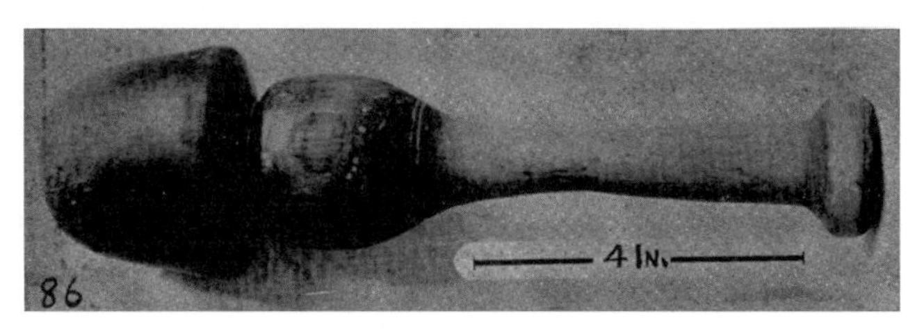

图240　弹棉花匠用的木槌
该木槌与棉花弓配套，见图239。木槌和棉花弓摄自上海老城。

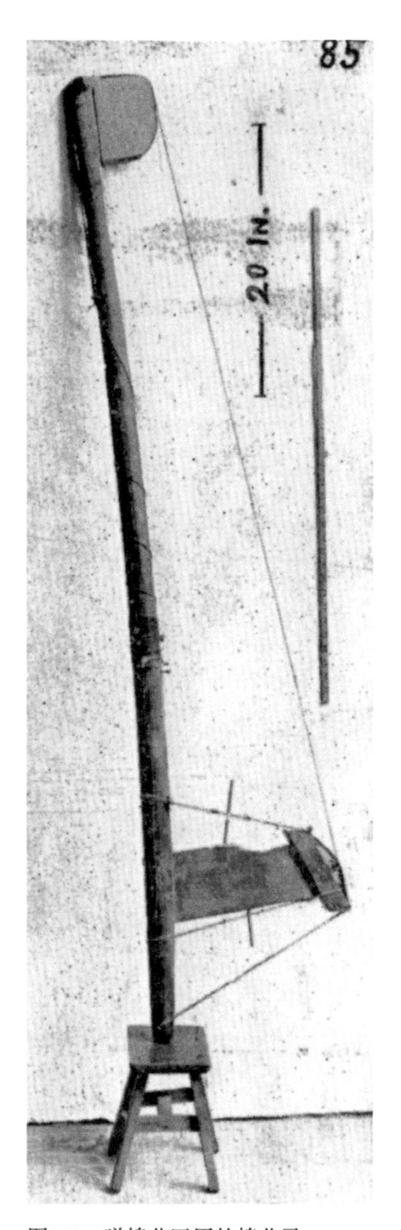

图239　弹棉花匠用的棉花弓

里（图238）。用一个木槌连续地敲击贴在棉花上的弦线，木槌长7.5英寸，最粗的地方直径2英寸，如图236、图240所示。木槌使弦线不断振动，振动传播到棉花的纤维中使之解结并得到梳理，棉花变成松软的绒毛状，这样就便于做棉被胎、棉衣胎，也便于纺纱。

图237中的老者是一位上了年岁的妇女，我们必须在她回过神来之前抓拍这张照片，她只是为我们摆了一个姿势，地上没有铺席子，更没有席子上的棉花。

图238中，后背框架上插有竹竿的凳子高18英寸，坐板长18英寸，一端宽11.5英寸，另一端宽9英寸，板厚1.5英寸。凳子面相当矮，上表面离地只有4英寸。这里可见竹竿的下端通过两个孔垂直插在矮凳后背的框架上，竹竿的作用是减轻操作者在工作时手持重弓的负担。

图239是一张棉花弓，如上海的弹棉花匠用的弹棉花弓一样，上面安了一个做工细致的马子，用它可提高连续工作的效率。这张弓长5英尺7英寸，图240中是它的击槌，10英寸长，最大直径2.75英寸。要了解改进的专用棉花弓的马子，有必要做一

图241
以身体支撑悬挂的专用弹棉花弓
此处显示的柔性竹竿没有插在工具的架子上（见图238），而是绑在工匠的后背。这里拍摄的是一个学徒。

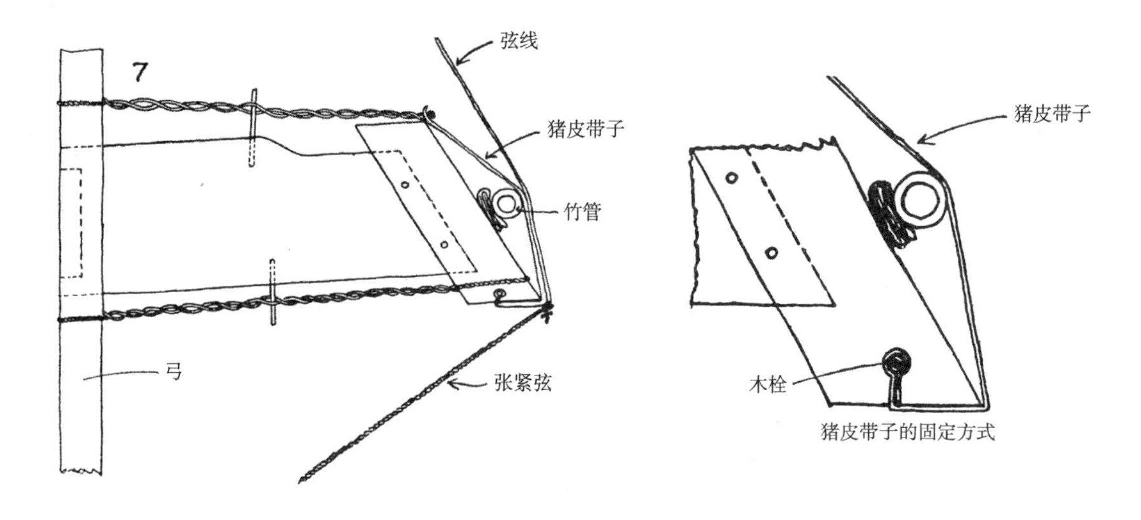

图242　增强棉花弓振动的竹管马子的细节图

图243　专业棉花弓上的马子细节图

些细致描述。我对这种改进的解释是，它可使弦线更容易更有效地振动。我画了一幅草图（见图242），显示出这个装着竹管用来支撑弦线的马子的细节。猪皮带子将竹管固定在一个特定位置，在木头与竹管之间有折叠的纸片用来防止竹管滑动。猪皮带的低端约1英寸宽，穿在木头的凹槽内，借助圆木栓防止它滑出。图243描述得更清楚一些，猪皮带子的另一端绑扎一根细线，这根细线绕过弓的竹竿被套索钉拉紧。弦线跨过马子的猪皮带子到木杆的底端板，底端板用皮子包起防止弦线在木头上拉出凹槽。弦线过底端板到木杆的底端，顺着杆向下16英寸到凸起的竹钉处，在竹钉处弦线绕着杆缠成大螺旋形并卷紧，将尾端塞起来。当用木槌槌击弦线时，木槌硬头下的凹槽抓住弦线，拉起后迅速释放，从而传递振动。在图241中我们可看到棉花弓放在一旁，尽管这里是不适宜的背景。图239至图241摄于上海老城，图236至图238摄于上海附近一个叫曹家渡的村镇。

中国宋代的文献记载提到用羊肠线张紧的棉花弓，还有一种是用牛肠线张紧的棉花弓。在中国有些地方不用肠线，而是用上了蜡的丝线或多股丝线捻在一起，如乐器中那样。

纺线

在中国不用纺线轮子纺线是正常的事。路过一些穷人家的茅草屋时，经常可以看到中国的妇女站在门边用纺锤纺线，纺锤上可能已缠着几米长的纱线。这种原始纺锤如图244所示。一块木头，大约4.5英寸长，1.5英寸厚，加上一个钩子状的叉状树枝（或弯成钩形的铁钉）便做成了这样的纺锤。图224的纺锤高约为2.75英寸。

使用这种纺锤时，纤维在纺纱者手指间或大腿上搓捻成线。线的一端拴在纺锤的倒钩上，一端拿在纺线者的手里，纺锤自由地垂下，纺线者用右手拇指和食指夹住倒钩，把它捻转起来，纺线的原料（可以是丝、麻或棉花）跟着转动拧成线，不断捻转纺锤，不断接续新纤维，当线长得使纺锤要触到地时，纺线者就将纺成的线绕到纺锤上，再重新开始。工作时纺线者可以坐着也可以站立。该照片拍自浙江省的西岙。图中的纺锤都带有方形锭盘，只用来纺丝。但在上海附近，我发现它也用来纺棉线或麻线。作为基座的木板大多是矩形的，不过在中国其他地方也有用圆形的。

在江苏走街串巷的鞋匠，用图245中的纺锤制作他们所用的麻线。用牛的后腿骨

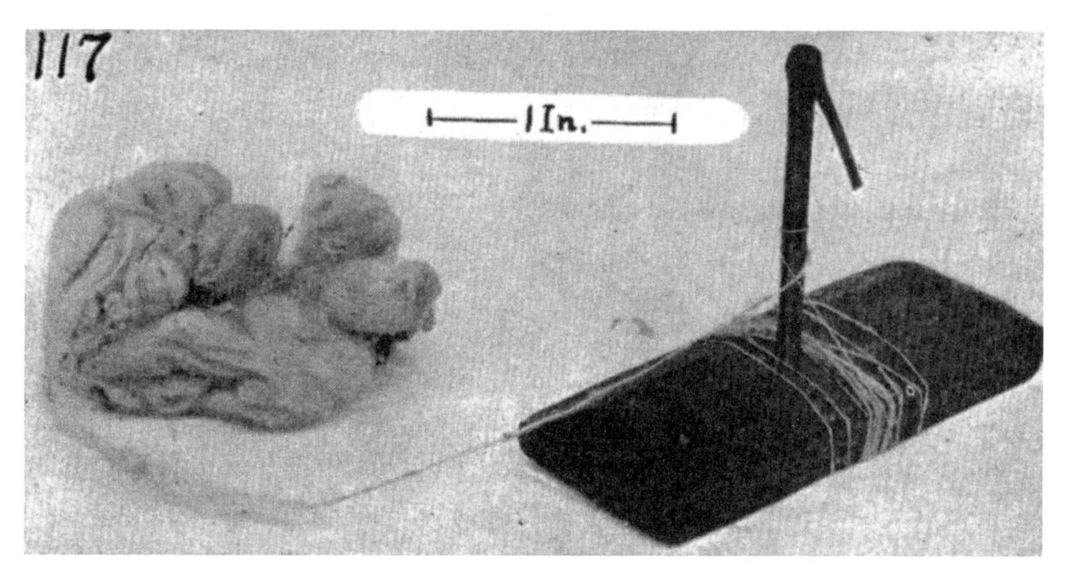

图244　纺锤

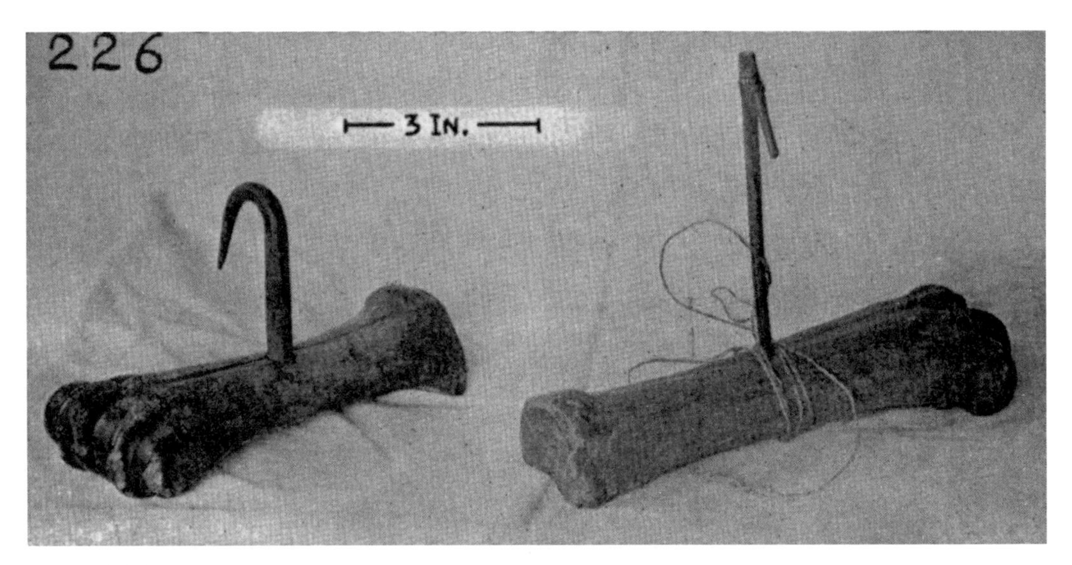

图245　纺锤

做成锭盘，在其中间钻一个孔插上铁钩或竹钩就做成这样的纺锤。将麻线（麻纤维放在大腿上用手搓制的）绕在骨锭盘上，然后绕钩子转几圈，不需打结或套环就牢靠地将麻线缠在钩子上。如图246所示，绕钩子两次之后就可将纺锤自由地垂落。而后，修鞋匠抓住缠有麻线的纺锤自由端，转动骨头使整个纺锤一起旋转。不断把手里拿的麻纤维接续到捻转的麻线上，将纺成的麻线缠在骨头中间的两边，以求平衡。带铁钩的纺锤有7英寸长，3.625英寸高。另外一种用竹钩的纺锤，有7.25英寸长，3.625英寸高。铁钩的纺锤是我在安徽芜湖得到的；竹钩的纺锤是在安徽三河得到的。在江西我没有发现用骨头制的纺锤。

正是通过16世纪一部古代中国的百科全书的记载，我才知道卷线杆在纺蚕茧绪丝中的作用。绪丝是由茧子外松软的细短丝组成，它比茧子外层的长丝纺出的丝的品质要低劣得多。翻译中国古书篇章[1]的译者说，他所描述的中国纺织工艺是在公元前221年到公元221年阶段，这是中国的君主专制时期。这里引述他的一段话：“制造‘绵绸’的方法——缠绕绪丝的卷轴或辊子——如下：将一根约1英尺长的轴杆固定

[1] 沃纳：《中国的技术》，伦敦，1910年。

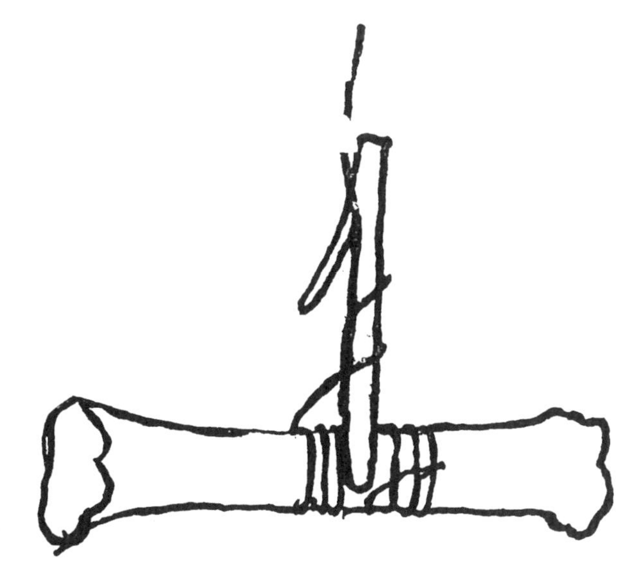

图246
细绳连接纺锤钩子的示意图

在一个小的木制或石头辊子上。绪丝悬挂在一个叉状物上，左手握住叉状物，右手把绪丝引到辊子上，辊子悬在空中，绪丝缠成线绕在卷轴上。在这之后，就作为纺织的丝线用在整经筒上，专事纺织的妇女和姑娘将会用它。”这位译者实际上不太熟悉纺织技术术语，文中有多处不妥，如把“纺锤”译为“卷轴或辊子”，把“锭盘”译为“小滚轮”，“卷线杆”译为“叉状物”等。

临江曾经是一个繁华的城市，却再也没有从“太平天国”的废墟中恢复过来。临江坐落在从广州向北途经广东和江西两省通往九江的老路上，这是一段由陆路通向北京的古老的道路。在临江我发现了如图247所示的一根卷线杆，当时我不经意走进一个制蜡烛的作坊——一个很难让人联想到纺纱的地方——发现在几个工作台上，都有一个粘在槽中的缠着生丝的卷线杆，工匠们坐在工作台旁忙着做蜡烛芯。制作过程是：将灯芯草的茎髓缠在一根硬的稻秸或蓑衣草上，快缠绕到灯芯草的茎髓末尾时，工匠就将它系在一束从卷线杆拉出的丝纤维上。在图247中，卷线杆（带叉的木片）尖头上缠着丝，旁边放着几根灯芯草的茎髓做成的灯芯。由于房间里的光线条件很差，我拍照时几乎没指望能得到什么有用的东西。卷线杆的长度是13英寸，最大宽度1.5英寸，平均厚度有0.25英寸，是用一段木头做成的。

最远古的卷线杆实物，可由特洛伊古城遗址的发掘者施列曼（H. Schliemann）的

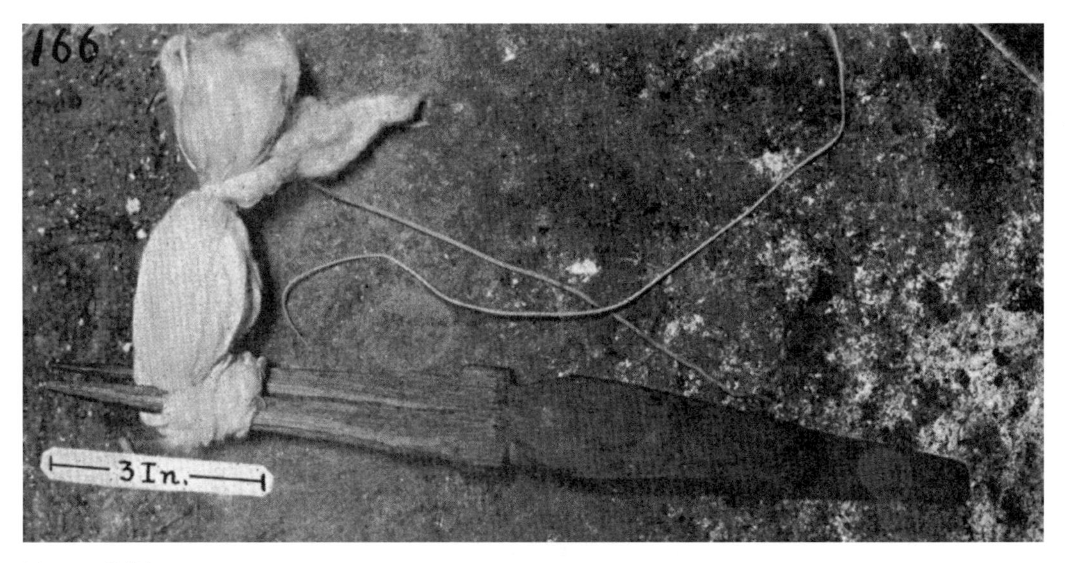

图247　卷线杆

一段话给以最好的证明。据亚历山大文化时期的学者埃拉托色尼斯（Eratosthenes）[1]的计算，希腊人毁灭特洛伊古城的时间是公元前1184年，而遗址发掘结果表明这一时间要更早一些。

施列曼说："在我的发掘中，最令我惊奇的物品之一无疑是卷线杆，它11英寸长，有大量的毛纺线纵向地缠在上面，它们像煤炭一样黑，显然是被烧焦的。我在一座王宫地面以下28英尺的地方发现了它。"[2]

[1] 埃拉托色尼斯（Eratosthenes，公元前225年为其盛年），古希腊著名学者，科学兴趣广泛，他制作了一种世界地图并计算推测了地球的周长。——译注

[2] 施列曼：《特洛伊》，伦敦，1880年。

麻纺车

图248中的麻纺车是在浙江省的十三拱桥村看到的，用这种纺车可把稻草搓成一根绳子。这里所见的材料是未经梳理的麻纤维，当地人坚持说它是亚麻，但是他们把它描述成高于5英尺，茎干不圆滑、开白花、结小圆籽的植物。进一步询问得知，中国人对亚麻、大麻不分，都用同一名字来称呼。成熟的大麻植物被连根拔起，放在阳光下曝晒。完全晒干后，在靠近根部处将茎干切断，再顺着茎干把皮撕下来，不需要

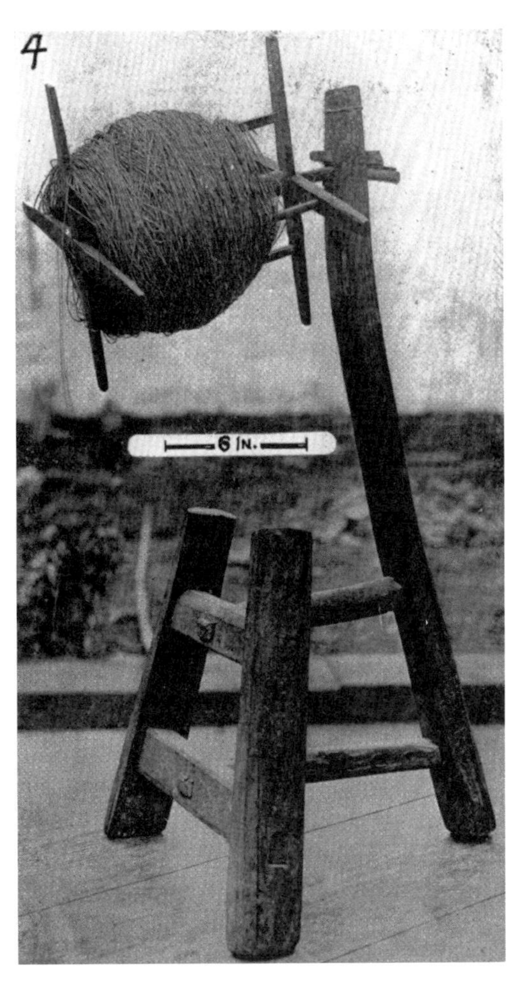

图248
麻纺车

再沤制，与欧洲的工艺不同。

这种纺车结构十分简单，只有带一根轴的架子和一个绕线轮。架子有三条腿，用四根横撑通过卯榫连接。其中两条腿长1英尺2英寸，宽2.25英寸，厚1.5英寸。第三条腿向上延伸以支撑轴和绕线轮，这条腿是一个自然弯曲的木棍，端头变细，有2英尺8英寸长，2英寸宽，3英寸厚。距端头约3.5英寸处开有一个孔，绕线轮的轴就插在这个孔内，用木楔子固定住。图248中的纺车轴是由非常坚硬的木头制成（我们见到其他的纺车轴是铁制的），它的一端为方形，这样便于安在第三条腿做支架的方孔里。而安在绕线轮十字架部分的轴是圆形的，其直径为0.375英寸，轴总长为1英尺2.5英寸。在安装绕线轮的过程中，先把右边的十字架套到轴上，再把一个空心木筒（置于绕线轮的两个十字架之间）套在轴上，最后套上左边的十字架。将松套在轴上两十字架之间的空心木筒向右推，直到它紧挨到右边的十字架，再楔入木片把空心木筒与轴紧紧地固联，这样绕线轮便可以在轮轴上自由地旋转，并避免与空心木筒分离。轴与十字架之间是用花生油润滑的。绕线轮本身是一件简单的东西，有两个由两根长12英寸木条组成的十字架，以及连接这两个十字架的四根长9英寸的木条。每个十字架中心都有一个直径0.5英寸的孔支撑轮轴工作。图249是麻纺车的操作方法。

纺线者先用手在大腿上将纤维搓成线绳，然后将这根线绳系在绕线轮两个十字架间的一根木条上，纺线者的左手拿着线绳的另一头（见图249，不过在图上很难看出）。拿线头的左手做简单的圆周运动（在与绕线轮轴垂直的平面内）以带动绕线轮旋转，这样就自然地搓捻成线绳。纺的线绳长到一定程度，操作者只要改变线与绕线轮的角度——不需要移动位置——便可把线绳绕在仍转动的绕线轮上。当纺成的线绳在线轮上绕好后，接续新的麻纤维，再次重复前面的过程。所用的麻纤维通常是干的，没有水分。

我在上海见过同类型的麻纺车，只是体积大一些，它用于将棕榈树的纤维纺成绳子，由一个站在纺车前面的人操作。操作者从前向后走动，不断接续纤维以纺成绳子。

纺线者坐在一个固定的纺车前纺线，这种方式与1493年在巴塞尔出版的一本德译法文著作中的一幅木刻画十分相似。原作大约出版于1370年，是一位叫谢瓦里尔（Chevalier）的法国人为他的女儿写的一本启蒙教科书。这张画的复印件见保罗·伯兰特（Paul Brandt）（莱比锡，1928）所著的《创造性作品与视觉艺术》

图249　麻纺车

（*Schaffende Arbeit und Biledende Kunst*）第二卷图208，并带有图释“巴塞尔塔骑士，1493”。

按贝利契纳德的说法：“古代中国人并不知道亚麻（亚麻属植物）。今天中国北部山区、蒙古南部都有种植（可能中国的其他地区也有种植），但是只要它种子的油，而不是它的纤维。中国人称亚麻为胡麻（意指外国来的大麻）。在16世纪出版的中国李时珍所著的伟大的《本草纲目》中并没有提到胡麻，看来它传入中国只是最近的事。”[1]

[1] 贝利契纳德：《中国植物》第2卷，上海，1893年。

图248中的麻纺车，在制作稻草席、灯芯草席的地区使用非常普遍，因为这些地方对麻线有大量需求。对于家用来说，特别是纳制布鞋底（这经常是一个家庭的活计），搓麻线用不着任何纺车，而仅仅是在大腿上用手把纤维搓捻在一起。显然，棉纺车（可在任何一个农家找到）不用于纺粗麻粗线。如果没有现在的麻纺车，那就不得不用古老的方法，即用手在大腿上搓麻线。这里，我将多次看到的操作过程描述如下：

搓麻线的妇女坐着，旁边放一捆干的麻纤维，妇女很有经验地挑选纤维，以使搓出的麻线粗细均匀。开始，她用左手捏紧几根纤维的末端，然后将其放在右大腿上，再用右手的手掌用力向膝盖方向捻压，让右手继续放在纤维上而左手松开，于是被加力捻转的纤维会很自然地绞缠在一起。这个过程会持续不断地进行，一根麻纤维用完了，另一根新的纤维接续进来，直到麻线达到所需的长度。为了有助于读者更清楚地理解，可取一根普通的单股棉线，将其对折起来，然后用左手的拇指和食指捏住堵头的一端，而把散开的另一端放在你腿上，用右手的手掌向膝盖方向加捻压，使它们各自按照自己的轴线旋转。用你的右手继续压住被捻的一端，放开用左手捏住的线端，这时你会看到放松的那端会捻成一根两股的线。

走街串巷的修鞋匠和乡下的一些妇女，常把盖屋顶的瓦片放在大腿上，然后在瓦片上搓捻麻线。（我怎么也不能忘记江西建昌的一位妇女，她不愿意将自己用的一块漂亮的、绿色光滑的明代瓦片卖给我，因为那块瓦片与她的腿部形状非常相配。）还有一些人为了不损坏裤子，干脆将裤腿卷起来，直接将麻纤维放在裸露的腿上搓捻。

将屋顶瓦片放在大腿上作为搓捻纤维的垫子使我们想起古希腊语中的“epinetron”或者“onos”，它是将一根陶制管子纵向对称剖开，取其中一半放在腿上，其作用与上述瓦片相同。

纺车

图250中的纺车，在浙江省应用很广，在与浙江相邻的江苏省和上海也见到过。简单的框架适当安上轮子就构成纺车，它的轮轴中间部分直径2.25英寸，两端直径1.5英寸，轴的两端穿在框架的孔中。整个轴的长度是17英寸，其中一端穿过框架上的孔延伸到框架外，其端头呈方形以与曲柄配合，摇曲柄便使轮子旋转。端头的方形部分在照片上不易看到，因为是在与轴平行的方向拍摄的。轮子有两组竹竿做成的

图250
棉纺车

辐条，每组8根，各长3英尺3英寸，插在轴两端的两组孔中，辐条末端用绳子连成Z形，连接方法是从一组辐条中的一根连向另一组辐条中相邻最近的一根。这样连接在一起的绳子为传送动力提供了一种弹性支撑，传送绳带将轮子的旋转运动传给锭子。

纺线者坐的矮凳大约1英尺高，她用右手转动木制曲柄（与轮轴垂直，与轴的方端头相配合）。锭子不是水平，而是向下倾斜一定角度，在缠绕过程中纺线与锭子垂直。这样安排是有道理的，如果锭子是水平的，纺线者在绕线时就得直着向上抬胳膊。纺线时，左手与锭子的尖头保持等高并以水平方向离开锭子。从纺车向锭子传递运动的绳带在纱锭表面的蜂蜡上运动。蜂蜡的作用就像皮匠给他的绳子上蜡一样，使之变黏、变硬。被涂蜡的传送绳带将部分蜂蜡传给辐条上连成Z形的细线绳（传送绳带在Z形细线绳上运动）。如果没有蜡，传送绳带和细线绳很快就会被磨断。不同于西方的原始纺车，那上面的转向杆对中国的这种纺车无用。

图251是近距拍摄的纺车锭子的照片，从中可以很清楚地看到它的位置以及在竹制轴承上的调节。锭子由钢制成棒状，11.25英寸长，0.125英寸粗，两头是尖的。用坚韧的编起的竹笋皮做轴承支撑锭子，这种竹笋皮像美国甜玉米的皮一样。将编起的竹笋皮弯成环状做为支撑锭子的“轴承”，其末端穿过底座立杆上的孔，用木楔固定好。一个2英寸长，0.25英寸粗的木制套管，紧套在两轴承间的锭子上，要套紧到保证套管随锭子一起旋转。在套管的表面打一些蜂蜡——把纺车轮子的运动传到锭子的传送绳带就绕在套管上面。用一根布条在框架下面将一根弯曲的木杈紧紧拴住，明显是为防止传送绳带在轮子上（辐条间）摆动，我以前看到的纺车没有这样的稳定装置。

在开始纺线前，得把一个松的纱线管（线轴套筒）套到伸出的锭子上，在它上面新纺成的纱线会以锭子的转速很快地绕起来。为达到这个目的，用一片竹叶包住锭子伸出的部分，或者就用一些稻草（麦秸）压住，用一束纱线（原挂于纺车框架上）绕在线管上并扎紧它。然后线松的这一头被引到锭子的尖头，以作为纺线过程的起点。纱线与纱锭大约保持120度角。这样做时，纱线不再绕在锭子上而是绕轴旋转。棉粗纱（图上看不见）接续给旋转着的纱线，渐渐地消融而变得越来越长。坐在纺车前的纺工用右手转动轮子，左手将粗纱接续给正在变长的细纱，直到手臂够不着时停下来。然后将刚纺成的线调整到与锭子垂直，把它绕到前面说到的线管上。重复这种操

图251
棉纺车的锭子和锭子轴承

作过程，直到锭子上的线足够多。从锭子上取下线管将它放在一边，等待加工链（从蓬松的棉花开始到终端的织物）中的下一轮操作。需要说明的是，在工作时纺车是放在地上的，图上这样摆放只是为了拍照方便。纺车从地面到轮轴的距离是2英尺。

作为事先准备，取弹好的棉花搓成一条长约12英寸、粗约1英寸的棉条，把它们放在纺线者身边的篮子里（图中没有显示出来）。这张照片是在浙江的辛村拍摄的。

在江苏、上海和其周围的一些地方，可以看见一种能够同时纺三根线的纺车。图252就是这种纺车正在工作的情形。我们注意到纺线者用左手的拇指和食指捏住三根粗纱，由粗纱形成的纱线分别在食指与中指间、中指与无名指间、无名指与小指间通过，它们再被引导分别通过右手相应的手指之间，进而传到三个纱锭的末端。纺线者

图252 三锭子复合式棉纺车

用右手的拇指与食指捏住一根长约1.5英尺，粗约0.25英寸的木棍，当纺线者的左臂在离开锭子的方向伸得不能再伸时，这根木棍就派上用场。纺线者从纱线中抽出右手手指，用这木棍将纱线向她的右侧推到纱线基本与锭子垂直，这时纺纱暂停，将纺成的纱绕在锭子上。踏板一端支撑在靠近其一端的枢轴上，另一端宽松地插在飞轮辐条的孔里。人们通过脚踩踏板的上下运动而使飞轮保持运动。

在图253中，我们可以更清楚地看到这个复合纺车的框架构造，它的支架包括一个支撑轮子的木架、踩踏板和锭子的托架。该纺车的最高点距地面有33英寸，底部最宽处约26英寸。图254中是支撑结构的前视和后视草图。一根木制圆轴，长12英寸，直径1英寸，用于支撑轮子。安装这个轮子时，将轮子套在轴上推进去，用竹销钉销住，以防止它滑脱。轮子直径26英寸，它的8根辐条是由4根木条构成的。最粗的一根辐条上距中心对称地分布两个孔，任意一个孔都可以与踩踏板末端连接。其他的6根辐条，与最粗的一根辐条榫接，穿过所有木制辐条中心的竹子轴保持各辐条的相对

图253
三锭子复合式棉纺车的框架结构

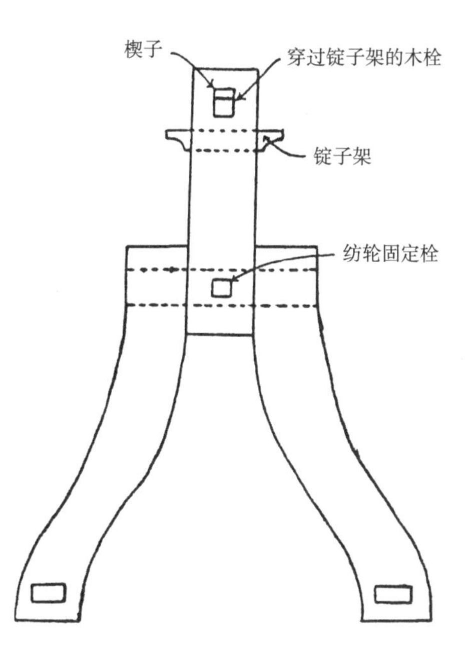

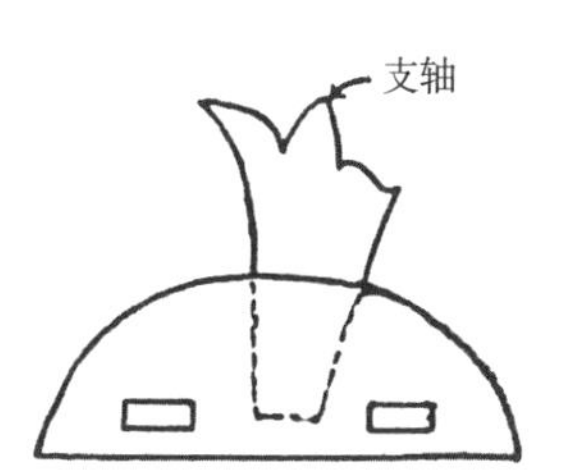

图254
三锭子复合式棉纺车的框架细节图

位置。每一根辐条的末端都会装一块3英寸长，1.5英寸宽，0.75英寸厚的木板。在木板的两端各切一个凹槽，以安装形成轮子周边的竹箍。在安装辐条端部的木块之间，还插入了与之相同尺寸的木块，这些后插入的木块没有得到辐条的支撑，但是嵌入在两根竹箍之间。这种横向的木块一共有24块，它们是传递轮子与锭子之间运动的传送带的运动面。

踩踏板大约有3英尺长，3英寸宽，1.5英寸厚，指向并围绕着末端旋转。在踩踏板离它的短头（相对距离轮子）约9英寸处的下面，有一个约0.75英寸深的圆锥形孔，用来安装图254（右）中的枢轴，枢轴安装于横立的木块上，在架子的外端可以看到。在了解了基本结构后，我们就容易理解轮子的运动原理了。纺线者的左脚放在枢轴外侧的踩踏板上，右脚放在轮子与枢轴之间的踩踏板上，如图252所示，两脚交替地踩动踏板，踏板上下摆动，从而将运动传递给轮子。

图255为装有三个锭子的锭子支架的细节，它由两块隔以适当距离的木板组成，用两根大的方形木栓连接。方形木栓通过榫眼与厚木板牢固地相连，并伸出了2英寸多长。从图上可见这些木栓向木板后方伸出的一端。一根长的中央销钉（一端带有圆形把手）与两块木板的方形孔紧密配合，但可以很方便地拆下。为了将锭子支架附加到整个支架后面（轮子上方）的竖板上，在支架的肩状部位加了两个销钉形突出物（见图254），它们是与同一竖板榫接的木条状突出物。而轮子也装在这块竖板上。最后，为了把锭子支架固定牢靠，一根大的中心销钉穿过锭子支架两块木板的中心方孔，插进竖板上相应的孔中并用木楔固定。

锭子长13英寸，由非常坚硬的木头制成，最粗之处有0.375英寸，被插进厚木板的孔中。为了润滑支座，将一块浸过油的方形布条放在孔的上方，锭子端部穿过油布被推进孔中。锭子搁在薄板的开口凹槽里，为了与凹槽配合，此处轴径已经变小了。一种由竹子做的轴承嵌在凹槽里，一个竹筒紧紧地套在锭子支架两板之间、锭子上传送带所经过的部分，锁定在锭子支架之间（平行于木板），锭子下方的两根未经加工的木棍的突出部分避免了传送带从锭子上滑落。当锭子上的纱线绕满后，就将它们取下绕成一卷一卷的。出于某些原因，这个纺车上没有用纱管。纱管（或者是一片缠绕在锭子上的树叶或者一束套在锭子上的稻草）主要用于单纱锭纺车，其主要作用是不中断纺线者的工作。如果没有纱管，纺线者在继续工作之前，就不得不从锭子上回卷

图255　三锭子棉纺车的锭子支架，其中一个锭子取下放在台凳上

下纱线。我没搞明白为什么在这三个锭子的纺车上不用纱管。我还没有找到管子没有和三个带锭子的轮子一起的原因。即使一个小孩儿也可以取下绕满纱线的纱管，轻松地握在手里，或者将它放进他的鞋子里，在如图262所示的摇绞机上将纱绕成卷。这些纺车的照片拍摄于上海附近的曹家渡。

捻线

就技术上说来一根纱线就是由一根原未加工的纤维纺成的，而线是由两根或多根纱线捻在一起的。为了把两根甚至更多的纱线捻成线，有两道明显的工序必不可少：首先必须将纱线沿着它们的整个长度并起来摆好；其次是将这些平行的纱线拉直，然后捻转在一起。

图256是中国人在第一道工序中所用的两种装置：一个绕线架子，装着三个用竹子做的筒子车，上面绕着单股棉纱，筒子车一个一个安装在架子上（如图所示）。还有一个用于将三根单股棉纱合并的绕线框。这两种装置的作用不是捻线，而是简单地把三根单股细棉线并排排好，棉线的长度大约为200码（合183米），也即一卷线的长度。

绕线架高4英尺10英寸，两根立柱上刻有槽口，当作筒子车的支座。筒子车直径19英寸，用竹条做成，容易检查。几个辐条的端部用细绳连起来，纱线就绕在这些细绳构成的面上。

图256中右边的装置是绕线框，它有一个直立的框架，装有一个带轴的木制线框或卷筒，直立框架用楔子固定在条凳的一端。再强调一下，绕线框能以一种非常独特、巧妙的方式连续转动。绕线框安在绕线架旁边，它的轴线与绕线架上三个筒子车的轴线垂直，其作用就是从筒子车上抽出三根单股线，并为把它们缠绕成一组三根平行未捻的单股线提供方便。做这项工作时，操作者只需把三个筒子车上单股线的线头系在一起，再系到绕线框的一个臂上就行。

图257中是去掉框架和木轴的线框，框条全由竹子做成。线框的直径为6英寸，长度为8英寸。不用任何胶来做木工活，这方面中国人是老师。不过不要忘了，中国人得自天助。在中国南方，冬夏季的充分湿润不会使木材干燥收缩变形，在家具制造中我们非常熟悉这种现象。线框中两块星状板以适当距离分开固定，6根竹条插入星状板的顶角，组成了完整的轮框。

线框上绕满纱线后便从轴上取下，再换上一个空线框。线框不能绕着轴转，但能

图256
绕线架和绕线框

图257
未安装的线框

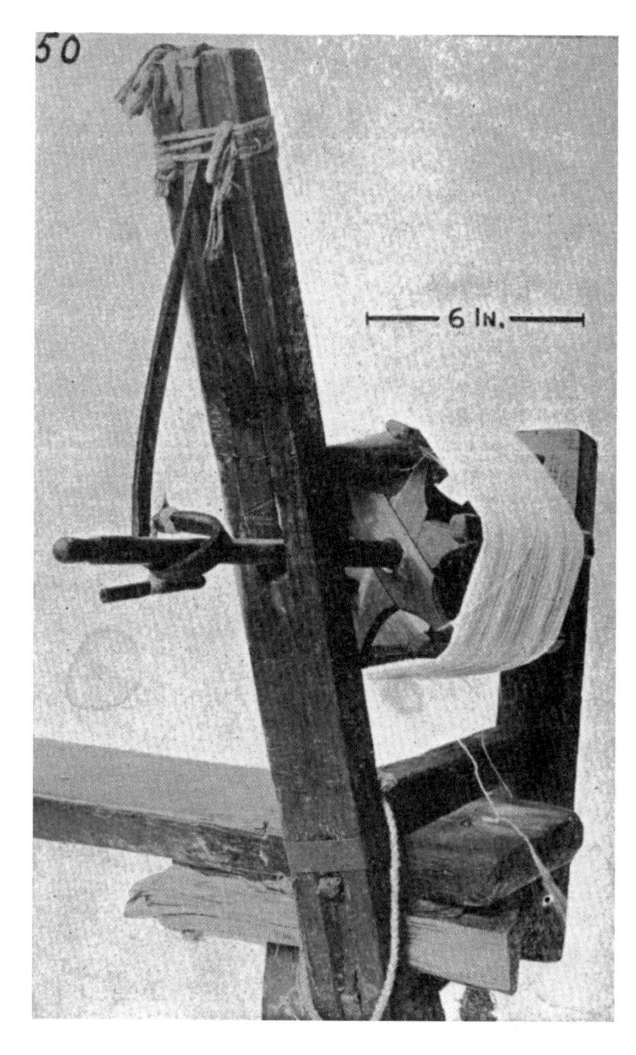

图258
绕棉线的绕线框

同轴一起转动，并能方便地装到轴上和拆下来。轴孔是圆的，轴与轴孔借摩擦力紧密配合。

图258是绕线框的近距照，它有一个木框，木框的两个立柱与两根横木连接，木楔将木框固定在条凳的一端。木框中大的一根立柱2英尺长，2.5英寸宽，1.5英寸厚。在它的上部开了一个槽，有10英寸长，0.75英寸宽，1.5英寸深。在另一个立柱上，与长立柱的狭槽下端等高处，开有一个1英寸深的圆形轴承孔。长22英寸，直径0.625英寸的木轴（或叫驱动杆）左端（从操作者的方向看）松松地插在短立柱的轴承孔里。为了使驱动杆工作，要发挥系在大立柱上的皮带的作用，这根带子从立柱左

侧狭槽顶部悬挂下来，松松地卷在轴上。用细绳子将一个小拉杆（做手柄）系在带子末端。

操作者不是跨坐，而是背向观察者侧坐在条凳上，他的右手靠近手柄。操作者面向绕线架（见图256左），把来自绕线架上三个筒子的纱线拉在一起，把它们系在绕线框中的一根竹条上（见图258），用左手松松地将三根纱线捏在一起，让它们拐过一个直角弯，向前缠绕在与轴垂直的线框条上。再看操作者，当他用右手拉动拉杆（手柄）时，紧绕在轴上的柔韧的皮带不但能使轴旋转，而且还可抬高轴在狭槽中的高度，直到他停止拉动拉杆为止。当皮带松开，轴就掉回狭槽底，同时将皮带拉回到它先前的位置。在这个过程中，轴和线框一起不断旋转，从操作者左手经过的三股未捻的纱线就被定向地缠绕在线框上。重复拉皮带的动作，可以提高线框的转动速度。

这个有趣的绕线机械是通过简单地拉动绕在线框轴上的皮带从而产生高速圆周运动的。测试后我发现，每拉动一次皮带，线框能缠绕12英尺长的棉线。这相当于每拉动一次皮带，线框能旋转15圈。一旦机械完全转动起来，速度会相当快。

这个机械和中国的一种玩具（空竹）有一定关系。空竹表演者一手握住一根细棍子，棍子两端用绳子连着，绳子绕着空竹，与绕线机械中皮带绕轴的方式相似。为了使空竹转起来，表演者急速向上抖动右手，而左手紧握住另一根棍子，这样就给受绳子约束的空竹传递了一个旋转力矩。然后放低右手的棍子，再次急速向上拉起，如此重复，直到使空竹产生很大的转速。高速旋转的空竹会产生一种奇怪的飞鸣声。如果在最高速度时绳子断了，空竹便会以一定角度飞出去。稍有不慎，还可能打伤人。

话题再回到捻线工艺。缠线过程完成，便进行第二个步骤，即把三条平行的纱线捻成一根（三股的）线。

为了完成这一步的工作，线架子（见图259左，就在绕线筒后面，部分地被遮挡）上端的三个立轴装有绕满了纱线的线框，以便转动起来供应纱线。实际操作时，工匠抓住自三个线框来的三根一组未捻的纱线末端，拿着它们向前走，穿过安在高捻线架子顶上的竹制隔离环的中间（见图259中偏右）后继续拿着这组纱线头向前走，把纱线拉到100码的长度，就像拉一条贯通这个小巷的电话线。为了防止纱线下垂，工匠将纱线搁在一组横档上，这些横档被木棍固定，木棍插在地上，高约5英尺，相距20码（约18米）。在这个小巷的尽头，竖立着一根杆子（现今就用电线杆），在杆上离地面5英尺处水平钉一根3英尺长的木条，木条上安有三个空线框。绕过这些线框纱线被引回到起点。当回到捻线架子（它是第一个支撑物，而且是唯一可移动的支撑物，见图259中右）时，工匠停步，剪去捻线架子和线框之间多余的纱线，将它们系到锭子上。

在图259中，处在下面的三根成组的纱线还没有系到纺锤上，暂时系在绕线架下的一根杆子上，这一情况再次说明了在中国要拍成一张照片的困难。事情是这样的：我们想拍一张操作者手拿纱线的照片，让他把纱线传过捻线架子，再系到纺锤上。使人遗憾的是，操作者拒绝拍照。我们不得不将纱线暂时系在绕线架上，以防它们垂到地上。图259中的绕线框没在工作。图260是带有纺锤的捻线架。纺锤处在应有的位置，即6个在铜制锭盘上的纺锤挂在捻线架的上方，每组纱线的每个端头都连在相应的纺锤上。现在，捻线终于可以开始了。操作者两手分别握住两块木板的握持处（见图261），先将悬挂在架子最左端的纺锤置于包着皮子面的两个木板之间，两手以相反方向快速地搓动木板，使纺锤轻快地转起来，接着再转动下一个纺锤，如此一个接

图259　捻棉线

一个，直到所有的纺锤都转起来。操作者仔细观察每个纺锤的运动，当看到有纺锤速度降下来时，就过去用木板给它加速。随着线被捻得越来越紧，纺锤也在变短，逐渐接近架子的水平横杆。为使纺锤降低以保持它们有效地旋转，操作者将架子向前（向小巷口）移动大约1英尺。这样保持捻线10～15分钟，架子向前移动20英尺后，一根大约200码（180米）长的三股线就捻成了。然后将它们绕成卷，换上另一组未捻的纱线继续工作。在这个过程中，架子左边的三个纺锤处在分离状态，它们未固定的一端与绕线框上未捻的线端加连。而架子右边的三个纺锤与大线框上卷绕的捻线也是分离的（见图262）。在绕线框上的捻线成了三个卷。摇动绕线框的手柄，三根已捻成的线就绕到上面，拉着三组未捻的纱线在架子上沿着小巷走一个来回，其间保持绕线框旋转，把已捻线和未捻线接在一起。而后过程重新开始，未捻的线组的端头拴到纺锤上，再次转动纺锤。

图261是捻线过程中使用的三个纺锤。它们大约4.5英寸长，锭盘的铜纽直径1英寸，系围住一个钢钉子铸成的。钉子近端头处有一个槽口，作用是挂住纤维防止脱

图260
捻棉线用的捻线架

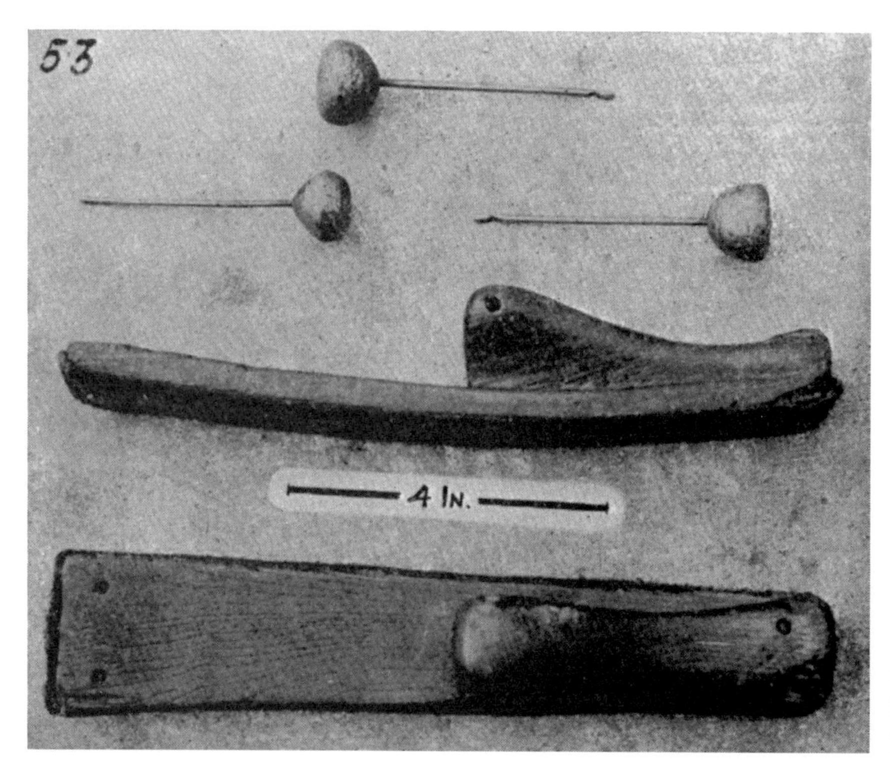

图261
捻棉线用的纺锤和捻板

落。两块蒙皮子的搓板——用它使纺锤旋转——见图261的下面。刷形板用一块柚木制成，在它的下表面蒙了一块皮子，木板两端各有两个钉子将皮子钉住。刷形板长10.5英寸，手柄之外的部分厚0.375英寸，一头宽2英寸，另一头宽1.5英寸。有人对我们说刷形板上的孔没什么用，可能是某个工匠开的，为的是不用时把这些板系在一起。木板的皮子表面涂有黏稠的豆油。

如我们在解释图259时所说到的，我们想拍一张操作者正在拿刷形板捻动锭子的照片，但他们不理解我们的意思，不予配合，因此我们只好拍了一张没有操作者的照片。在花园里，我们“上演”了一回捻线过程。读者必须想象在图260的木架前面站着一个纺线工，她用刷形板捻动悬挂的纺锤，使其高速旋转。

图262是曲柄绕线框的一张照片。与整个设备的其他部分相比，它更为坚固，结构更为匀称美观。架子高22英寸，宽15英寸，在两个直立杆的顶端分别开了一个狭槽，轮子套在它的木制轴上，木轴两端的铁制轴承杆放置在狭槽内。其中一根杆被弯成轴承杆曲柄来转动轮子。轮子的直径为19英寸。

从图256到图262的全套设备也可以用来捻蚕丝，只是用小一些的纺锤，小纺锤是约3.5英寸长的销钉下带一个直径0.75英寸的黄铜锭盘。照片摄于上海老城。

中国这些工具的名称让我感觉含义模糊，不像专业术语那样清楚，值得记载。不过一种叫作“掌板”的刷形板引起我的兴趣，它的意思是掌心板，提示我们这块板是用来将运动传给纺锤，而不是传给人的手掌，就像不用纺车而用纺锤一样。

图262
用来绕新捻棉线的绕线框

织布

图263是织机的照片，图264是相对另一面的织布机外貌。这种织机遍布中国各地，在农户人家，像我们的先辈一样，他们穿手工纺织的土布。中国的这种织机，其结构与欧洲的手工织机十分相似，在经线轴上绕有一层层松松并列的经线。在经线层之间，平行于线轴放置了一些竹片，以使经线保持在适当的相对位置。经线被导向下方，在一根水平棒下方滑过，从那里引往织机的前端。在经线从水平棒下方刚露出之处，插入一根木杆，木杆把整幅的经线分成两层。一层经线在木杆之上，一层经线在木杆之下。

织机的操作控制，是一个相当复杂的事，包括在织机顶部的联动装置，[1]由四根绳子向下连到织机的综片（用来分开和引导经线，以让梭子穿过），这些综片又通过底部的绳子连接到下面的两块踏板上。综片是垂直排列线组的装置，其每根线的中部有一个线环，并排的各根经线穿过这些线环。一个综片带动偶数列的经线，另一个综片带动奇数列的经线。当织匠用脚压下其中一块踏板时，一个综片提升，而另一个综片被拉下，使两层经线沿其纵向上下交叉，像人张开的下巴一样，形成一个梭子穿过的“梭道”（也称梭口）。其后压下另一块踏板，再次形成类似的梭口。当然，机械动作正好与第一次相反。这一纺织形式，即纬线交错地穿过经线，也是纺织最基本的形式。

接下来看筘，也就是两根水平横棒，一根位于经线上方，另一根位于下方，两者相距约4英寸，中间由很细、很光滑、平行密排如同梳齿的竹片相联结。每根经线穿过这些竹片间的一个空隙。筘由两根连接到织机顶部的绳子吊起，为了使它与经线的方向保持垂直，筘的两端固定于竹竿（见图263和图264），竹竿连接到织机后部的活动框架上。在综片和筘的那一边——就是说——在经线穿过它们后，织布操作使经

[1] 像跷跷板似的上下动。——译注

图263
中国低位经线织机

图264
中国低位经线织机

线改变了特征，也即纬线一行紧挨一行穿过经线交织，将织成的布卷绕到织机前端的卷布轴上（见图264），同时被位于织机右边卷布轴上一个孔中的木棍拉紧。这个木棍起杠杆作用，它抵住织机架上一根水平长木棒里边的一个木栓，随它的动作织布被拉紧。还需提到的另一个发明装置是，织成的布也被横向拉伸，以便织布能被均匀地卷绕。这个装置称为“边撑”（见图263），以适宜的位置位于织布上。每根杆的端头都有两个齿尖，齿尖压进织布相对的边沿。在每根杆的中心处有一个小孔，小孔的每边有三颗木销钉。下位杆的一个销钉插进上位杆的孔中，该销钉可根据布幅的宽度调整，齿尖末端尽可能相对靠齐。两根杆相互交叉，为防止滑动移位，用细绳绑住两根杆的端头。要使织布窄一点或加宽一点，可以选择下位杆的另一个销钉插入上位杆的孔中，使这一撑具缩短或伸长。当然，这两根杆也可以互换。

当了解了低位经线的织机的基本特征，我们就能更好地理解织布过程。织布者用脚踩下两块踏板中的一块，与这块踏板相连的那张综片就被拉下，与此同时，通过固定在织机顶部的联动装置提升起另一张综片，这种联动装置被称为“综绌”。之后，通过拉织机后部的活动框架使筘与综片靠近，同时，筘与织成的布之间的梭口被打开，由织布者推出的带有纬线的梭子穿过梭口。织布者通常是妇女，坐在卷布轴前面的板子上，她接住从梭口一头穿过的梭子，并抓住筘上方的横木的中部，将其拉向织成的布（即面向织布者），为的是将刚刚从梭子拉出的纬线推到位。其后筘从综片处落下来，织布者压下另一块踏板，再提升起一片综片，先前提升的综片被拉下，交替打开另一个梭口。就这样，织布的妇女再把梭子推过梭口，从另一头接住。用这种方法，通过来回推送梭子，就织成了布。当织成一定长度，布就被卷绕到前面的卷布轴上，不过，要把织机后部经线轴上相同长度的经线先放出来。

经线轴由互成直角的四根短臂转动，由一根水平止转木棒插入短臂以达到停转的目的。这根木棒插入榫接在织布机两边立柱上的两根横木的槽口中，这两根横木是支撑经线轴末端转动的木棒的延长部分。顺便说一句，图263与图264所示的织机不同，是由短臂控制经线轴的装置。水平木棒搁在分列的木架上（木架榫接在织机立柱上）。看图263中，短臂并没有像所描述的那样与这根木棒接触，这或许会干扰细心的研究者。在这架织机上，一个使经线拉紧的木制杠杆支在远方立柱的槽口中，在木棒插入前，阻挡短臂。这是一种例外的情形，或多或少是一种权宜之计，不像通常看到的织布机那样。

图263与图264的照片是在浙江省拍摄的，图264的织机在查村，图263的织机在松岙。

低位经线的织机的梭子如图265所示，它由木头刻成，两端用黄铜片包住。这种船形空腔可承纳纬线轴（纬线就是从这个轴上放开的）。纬线轴由一空心竹管做成，它套在一根细而柔韧的竹竿上，很容易绕其转动。将竹竿的两端弄弯，分别插入梭子空腔两端的孔中。绕在纬线轴上的纬线，可穿过空腔侧壁上两个孔的任一孔。梭子的总长度为9.75英寸。

为了把梭子上的纬线穿过梭子侧壁上的孔，先把纬线横放在内侧的孔上，再用嘴的快速吸吮动作把它拉过孔去。从前在欧洲也是这样做的，称为“梭子之吻”。

用两个综片的织机仅适用于织出普通的平纹布，这在三种基本织布方法中是最简单的一种。通过增加综片可以在这样的织机上织出斜纹布，我见过由专业织布者使用这样的织机，往往要用一个显然是从国外传入的附加部件——飞梭。飞梭是一个让梭子快速往返的自动装置，由英国兰开夏（Lancashire）的制造之镇——贝里（Bury）的约翰·凯伊（John Kay）发明（凯伊于1733年5月26日获飞梭的专利，英国专利号No.542）。

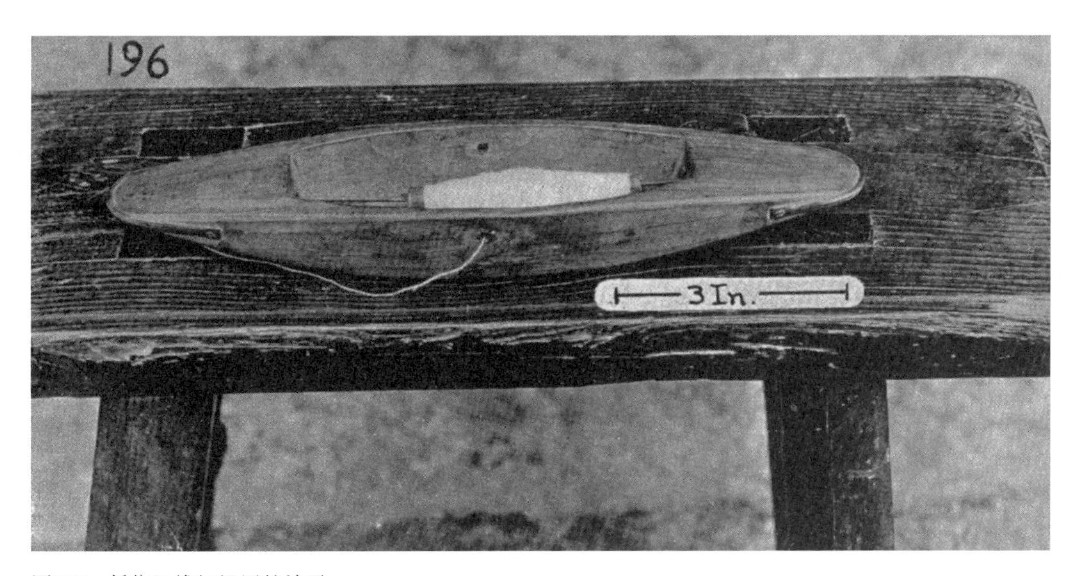

图265　低位经线织机用的梭子

有些时候，用两只梭子还可以织出条纹布或格子布。用染色线的梭子和用普通线的梭子按需要轮流，当其中的一只梭子空下时，该梭子就以下述方法放置：它的纱线贴着与经线平行的织边排布。用使用中的梭子在空下的纱线上压，就使纱线与织边组合到一起。

在我的记忆中，高位经线的织机都是在欧洲使用，我多么希望有人明确地告诉我，这种织机如今仍在斯堪的纳维亚诸国用来织锦（挂毯）。在中国，这样一架织机被用来制作席子。图266是我在浙江宁波附近拍摄的。经线被垂直张拉在矩形框架中的两根横梁之间，在上方横梁上悬挂的穿孔板取代了综片。“综板”一词，在词典中含糊地描述成“综绕杆”——大概就是这样的板子。至少在18世纪我们的祖先便熟知，这种穿孔板是老式的丝带织机上的一个部件。当然，应当为这个部件起个名字，

图266　中国高位经线织机

以区别于综片的并线装置。这一中国的“综板”——我这样称呼它——上面有一排平行的凹槽，是在板子上刻出来的，但并没有穿透板子。在每个凹槽的最深部位，有一个完全穿透板子的小孔。在两个凹槽间的空隙处，有一个从对面相应的凹槽穿过来的小孔。如果把板子反过来，会看到两面的外形相同，每一个有小孔的地方都伴有一个凹槽。因而不论从板子哪一面，我们都能看到板子每一个凹槽最深部位有一个小孔，在凹槽之间空隙处则有一个穿透板子背面凹槽的小孔。图266中是一种老式的“综板”，由于长期使用，中心排列的孔已变得过大，节俭的使用者没有将它扔弃，而是打一排新的孔来代替旧孔。再后来，又打了第三排孔来延续它的功用。我没有计算过这种修理的工作量，在新综板上现有120个槽孔，麻纤维的经线穿过这些槽孔。每根经线都从上方横梁起始，向下穿过综板到下方的横梁，绕过下方横梁——更确切地说是从那根横梁的下面而后向上，再到系着经线头的上方横梁。如织一张约3英尺宽的席子，要以这种方式把一百多根经线绷到横梁上。图266中的综板不再需要绳子悬挂，靠经线的摩擦力就可以挂住它。编织从接近下方的横梁处开始，综板用木制的手把操纵。通过下推手把，每根进入下方凹槽通道的经线被后推，交替进入空隙处小孔的经线朝前弯曲，由此立刻在综板下方形成使纬线通过的梭口。若往上推手把，上述各线的操作程序就完全倒过来，调整过的经线再次相互交叉（沿纵向），形成另一个交替的梭口。这种工艺的另一个重要特点是，并不使用筘，但综板却达到与用筘同样的功效。每次，一根灯芯草横插入梭口做纬线，综板由处于水平位置的手把控制，下推综板使灯芯草到位。织匠用一根在末端开有狭槽的长竹竿，将灯芯草的一端放入狭槽内，然后用竹竿带着灯芯草一起穿过梭口，留下灯芯草形成纬线。这根竹竿约4.5英尺长，立在编织机右边，灯芯草就是从这边穿入的。所说的操作过程比较慢。每穿一根灯芯草，超过织物幅宽的部分被折曲编入边缘的经线，形成织边。编织的人通常是一名妇女或一名小孩，坐或站在编织机前面，并有一名帮助穿灯芯草的助手。

当织物不断增长时，隔一段时间便把长出的部分移转到框架的后面。为了做到这样，将在下方横梁的两端所放的楔子松开，织物就可移动，然后再用一把石锤（可见位于编织机中部的下边），把楔子敲进去，以使经线绷紧。在这种编织机上，可制成一张约6英尺长的席子。当席子织成后，从前面将席子从顶上向下方的横梁移，后面的部分向上提。然后解开经线，留下经线头，用于保护席子的边沿免于散线。

从偶尔所见晚清政府官员穿着的华丽服饰，我们可以确信，中国织造的彩锦已达到完美无缺的地步。彩锦就是在这样的一架织机上完成的，所有的经纱都与通向织机上部框架的牵经相连接。在这里，一名被尊称为“掌综小伙”（heddle-boy）的人坐在这个框架上，他负责经纱的排列，并在每次投出梭子后分派经纱，从而形成错综复杂的图案。每天平均织3英寸长的锦缎是一件相当费力的工作。

在中国，织成被称为“缂丝”的彩锦，可以获得很高的奖赏。我看过的几幅彩锦都非常好，柔软光滑的经纱以一种方式张紧，纬纱由各种不同颜色的丝线做成，以织绘出美丽的景物。这项工作堪称是刺绣工艺和绘画艺术的结合。一些更复杂的细节，如云彩和波浪、衣服的折痕、花朵的轮廓是用画笔画成的。[1]

有一种织造方法胜于老式的高位经线织机，这种方法是将经线绷紧在被埋入地面的两根立柱上。在安徽省的当涂，我经过一个地方，在那里见到宽棉布带子就是由这种方式织成的。工匠坐在一排平行纱线的一边，来回推拉一个替代梭子的棉线轴。有一个由三组经纱穿过每个空隙的筘，经线被分成三层，综片可轮换其中的两层，因而相当于有两个综片。始自这两个综片的水平横木上的一根绳子连接到踏板上，利用踏板的起落可形成供纬线通过的不同梭口。踏板仅是一段倾斜的木棒，其一端支在地面上，另一端与从综片下来的绳子相连接。

另有一种简单织机，用埋入地面的两根立柱把经线绷紧，它有一个灵巧的变换装置，目的是在编织图案时形成不同的梭口。用一块硬纸板做成正六角形盘，每个边角上有一个小孔，对角小孔的间距约为3英寸。在每个小孔中穿过一根经线。穿有6根经线的六角形盘处在与经线平行的位置，以使其中的一个直边处在顶部。图267就是用板盘将6根经线分成三层以形成两个梭口的方法。如果现在转动板盘（按箭头方向），则邻近的直边转到顶部，各层就被变换，其目的是使经线3和1组成I，5和2组成II，6和4组成III。因此，通过变换这个六角形板盘，就能形成下列的六种组合：

---

[1] 这段文字涉及中国的一种独特工艺——缂丝。因作者叙述简略，特做补充：缂丝，是以桑蚕丝为原料的高档丝织手工艺品，其织造工序独特且繁复，人工代价很大，被尊为丝织品中最高贵的品种，民间向有“一寸缂丝一寸金”的说法。缂丝是采用“通经断纬、生经熟纬、细经粗纬、白经彩纬、直经曲纬”的独特技法挖织成织物的图案和花纹，悬空背光观察，可见图案和花纹周边星星点点的洞孔，犹如镂刻而成，故称缂丝，亦称刻丝。——译注

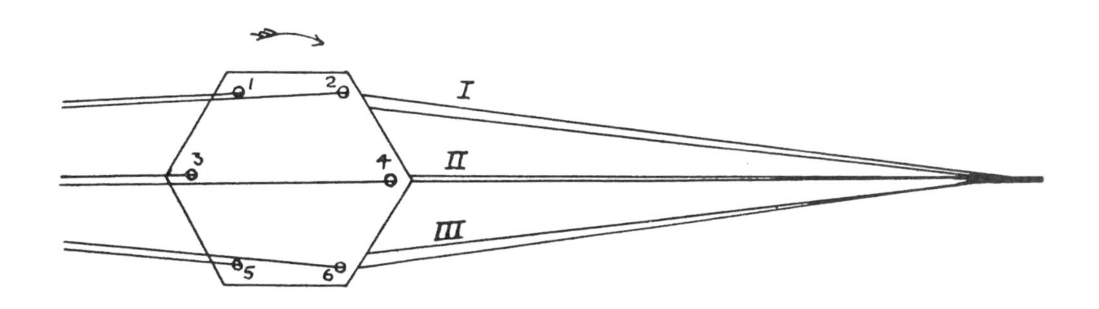

图267　编织带子示意图

借助一个硬纸板做成的六角形盘在各经线间形成梭口。6根经线穿过六角形盘上的边角小孔。用手转动该盘，邻近的直边转到顶部，各线的位置会改变。目前图中的经线层Ⅰ由1和2组成，Ⅱ由3和4组成，Ⅲ由5和6组成。若六角形盘（如箭头方向）转到右边，将形成不同的梭口，经线层的Ⅰ由3和1组成，Ⅱ由5和2组成，Ⅲ由6和4组成。用这种方法编织有图案的带子，用于拴钱褡子。

Ⅰ	1,2	3,1	5,3	6,5	4,6	2,4
Ⅱ	3,4	5,2	6,1	4,3	2,5	1,6
Ⅲ	5,6	6,4	4,2	2,1	1,3	3,5

要织成对称的图案，例如一个回形纹，工匠通过以不同方式安排六角形盘就得到这样的效果，以这种方法就能做成一块具有华丽图案的织物。六角形盘的变换看似复杂，然而我见过编织者迅速地变换它，编织出类似波形花纹装饰的图案。我们是在安徽省的当涂看到这些情景的，但遗憾的是，当地乡民的敌对态度阻碍了我们拍照。

织带机

在中国乡村，仍用十分原始的方法编织带子。图268是一个农村妇女面带笑容的情景，在农田繁重的劳作间隙，她偶尔在简陋的织机上织几寸带子，以适当满足生活之需，而不必担心过度生产、竞争带来的生产过剩，或其他工业社会的弊端。

织带机的构造极其简单，实际上它只有一个综板和一个梭子。而织带机的其余部分，只要临时准备一条木凳和一只米斗[1]便可。如此，织带机部件就全了。

图269是这种织带机的一张近距照片。从图中可见，来自木棒上的经线跨过米斗绕过板凳，留出一段足够的长度以便实际编织的操作。通过综板交替地升高、降低形成梭口，前后推动精制的梭子以穿带纬线。这种编织方式不一定用筘，用梭子穿纬线并推纬线到位。综板是一个安有竹条的木框架，每根竹条中心均有一孔。13根经线穿过框架，其中有7根穿过竹条上的孔，每个孔穿过一根经线，另有6根经线从竹条间的空档穿过，也是每个空档穿过一根。由此交替提升和压下综板，就很容易形成梭口。

从图269织带机的近照可见，在凳子右端，经线被系到新织成的带子末端以形成必要的张力。编织中，随着已织带子的长度，从凳子边把带子往下推。要不时地将经线和带子组成的闭合环解开，将织成的带子绕到木棍上。同时，等长的经线自然要从经线棒上松下来，并在离编织起点几英寸的地方与织成的带子再系好。这样绕在凳子上又成闭合环，继续编织过程。

这架织布机的基本部分存于莫瑟博物馆，它是从浙江省松岩山区一个小村子得到的，我们拍成照片来展示它们的用途。

把中国的织带机与欧洲的织带机进行比较，我们发现后者也有不可缺少的部件，即综板，只是它更重，不能上下拉动。因而欧洲织带机的操作方法与中国的不同，织带机安放在织工的两膝之间，或将其与一个木箱连接以形成必要的固定，用综板来提

---

[1] 中国古代用来称量米的一种容器。——译注

图268　简易织带机

图269　简易织带机近景

图270　织带机

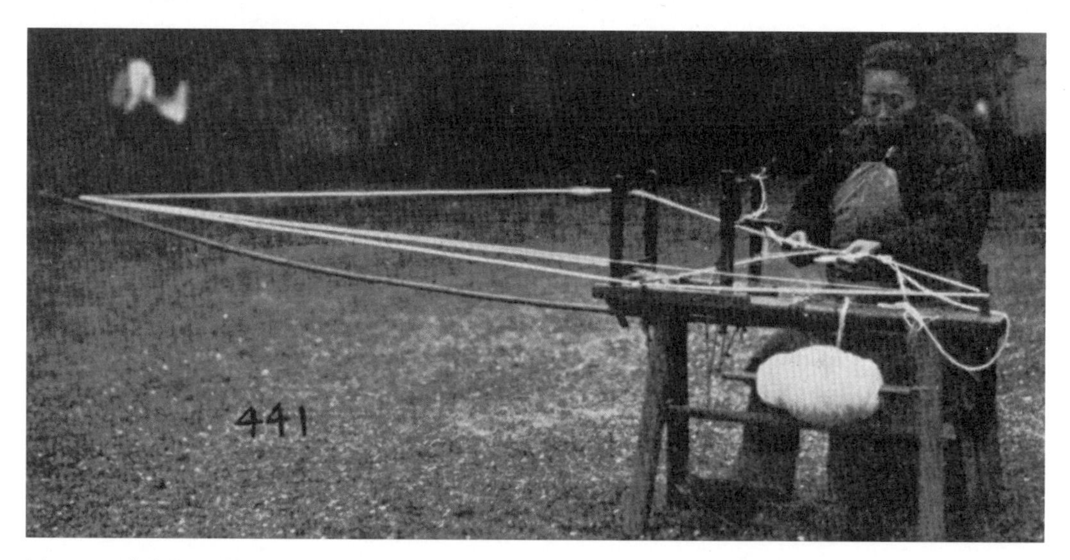

图271　工作中的织带机

升和降低经线，形成梭口。

上面描述的织带机适于家庭用。图270为一架服装商用的织带机，它一直用来编织带子出售，或更确切地说是以实物交易。实物交易是中国经济生活中一种很有趣的特色，我先对它作一个简短说明，再具体描述织带机。在中国，没有任何东西可以随便扔弃，许多被认为是废品的东西，看上去不值钱，但人们会拿来与废品商交换织带和糖果。家庭妇女仔细地收存所有可能引起走街串巷的废品收购商兴趣的东西，因而废品收购商用来交换的东西主要是迎合女性的口味。收买旧货的人带着几米长的织带，用来换废铁、铜、骨器等，他通常还随身带着一大块硬糖，根据交易物品的价值，将糖敲成不同大小的碎块。

图270中的织带机属于江西省临江的一个旧货商，我说服他把它带到一个方便的地方拍照。与中国人在一起，每件事都进行得缓慢。他首先给我看的是图270中的一架老式织带机。最后我们终于说服了一位女工来到织带机前，摆好姿势来演示用它工作的方式，如图271和图273所示。

织带机的主体是用两个竖直的木框组合起来的架子。两个竖直的木框一高一低。一个高14.75英寸，一个高12英寸。高的木框用来转换梭口。如图271所示，经线绕在悬挂在凳子下边的木棒上。将经线松开一定的长度，并将其引向固定在凳子上的木棒的末端，在那里穿过一个铁圈，再从铁圈处拉回到较低的木框上。一半的经线穿过那个低木框中下面一根打孔的横梁，另一半经线则通过该木框上面打孔的横梁，然后这两列经线通过高木框上的装置，在那里利用一个踏板可交替形成两个梭口。仔细观察图271和图272可以看到，通过这种方式形成一个宽梭口，梭子（一根绕有纬线的短竹棍）可方便、快速地通过由踏板踩动交替形成的梭口。由此经线变成了织带，带子绕着凳子右端一个竖立的支柱。经线从凳子下方的线卷上松下后，被系到织成的带子上以产生编织所需的张力，从而形成了一个环路。这个环绕过凳子右端的支柱，穿过从凳子的左端[1]伸出的长杆上的环。随着编织的进行，环路中已织成带子的部分增加，织工定时将它们从综上推下。当坐着的织工够不着连接经线与织带的绳结时，

[1] 面向读者方向。——译注

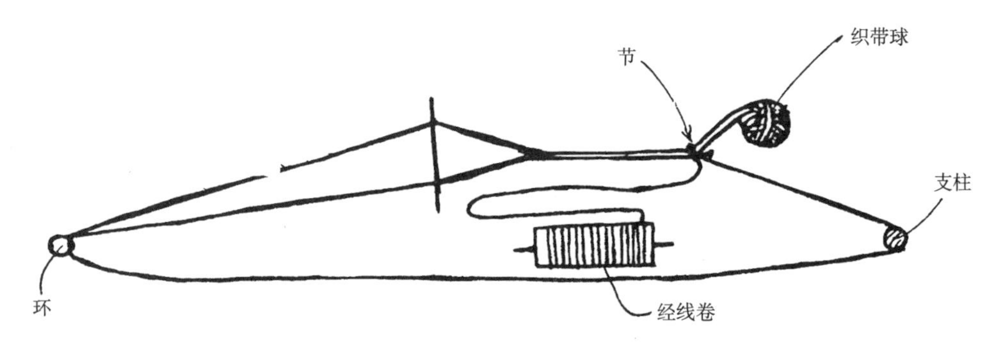

图272　中国织带机的环路示意图

图273　中国织带机，与图271是同一个织带机

她就将带子解开，将其绕在织带球上，与此同时从经线卷上放下一些经线补上卷去的织带的长度，重新将经线和已织成的带子连接起来，新的回路形成。织工坐在织带机边上，左手控制梭子，右手握一把木刀，以推每条纬线到位。产品是一条有24根经线的带子。这24根经线是这样排列的：每一半经线均有5根双股纱线和一根单股纱线分别位于两条织边上。织成的带子染成红色，从而成为一件令人满意的物品，女性用带子来绑缚她们的长筒袜或裹脚布。这些照片都是在江西省的临江拍摄的。

印染

图274拍摄的是位于江西省南昌的一处印染坊，由于有高耸的木架而使这个地方特别引人注目。染过后用手拧出颜色一致的布料就挂在这种木架上晾干，用一个顶端有横木、成夸张T字形的长棒将织物放到木架上。在照片中前景的地上，摊有许多重新染的旧衣物，准备在晾干后穿用。照片中还可见一些上釉的陶制染色大缸。染精美颜色的操作在照片后景的工棚里进行。中国人所用的大部分染料源于植物，部分也用矿物染料，如亚硫酸铁用作黑色染料，朱砂（一种深红色的硫化汞矿石）做鲜艳的朱红染料。明矾也广泛用于染色，作为媒染剂，以使颜料黏附在布料上。

在中国，染布是很难进行调查的一种行业。因为老染工对他们所用的不同染料以

图274　晾干染色布的木架

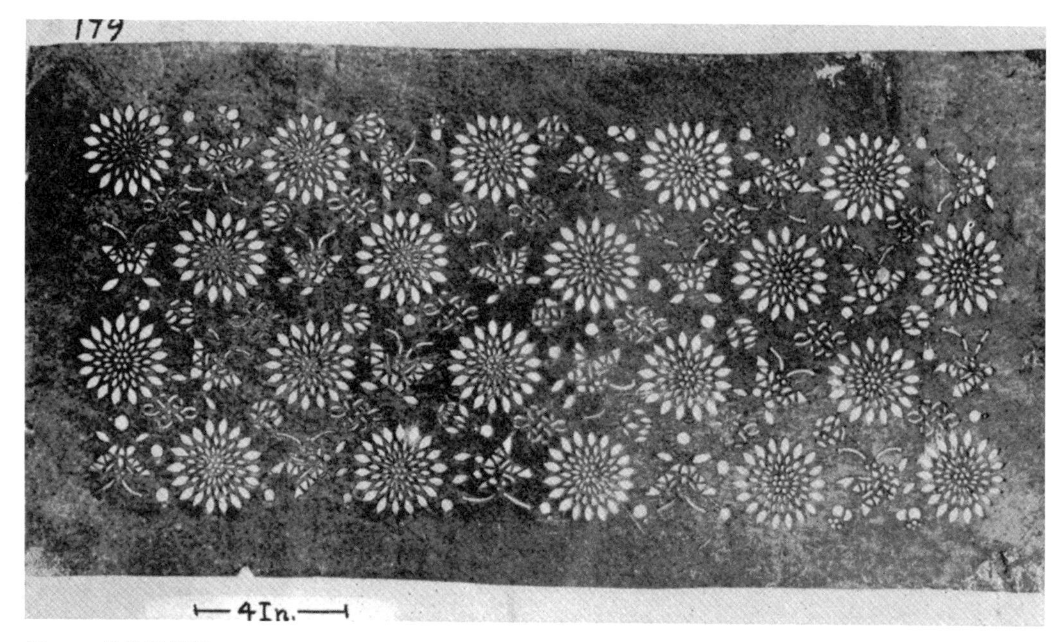

图275　蜡染用模板

及配方严守秘密，尽管当今这些配方已多被外国的染色所排挤，但出于职业习惯，中国的染工仍守着他们沿传的秘密。因而，我这次只能细致介绍这个行业的一个侧面，经介绍可见它还是非常有趣的。我所述及的是蓝底白花布的印染过程。

图275中的蜡纸模板（有镂空文字或花纹）是印染过程中首先要用的，它由油纸（蜡纸）制成，长28英寸，宽14.5英寸。模板铺在通常宽17～18英寸的布上。用稀薄的白灰浆在模板上涂刷，移去模板，图案就留在了布上，然后将这种有白色硬质凸起图案的布料挂起来晾干。这种挂在竹竿上一叠一叠具有凸显白色图案的乳白色棉布构成了一道美丽的风景线。刷在布上的石灰浆干了后，就准备将布浸到大染缸里染色。除了靛蓝色，我没见过其他任何颜色用作这种蜡染材料。使用这种蜡模的目的是保护所装饰的区域免于受染，所覆盖的区域“抵御”了染料的影响。

有必要把蜡染与单一染色程序区别开。在蜡染操作中，每个阶段都要注意不要破坏石灰硬皮。布料从染缸中取出时不能用手拧，染工先让布上粘着颜料的水自然滴下，然后把整个一卷布取出铺到草地上让太阳晒干。待彻底干后，工人们把布收起（见图276），并用图277中的长刮刀刮净石灰硬皮。图277是刮刀放在未刮布上的

图276　染工在收晾干的蜡染布，并用刮刀刮存留的石灰硬皮

照片，刮刀由铁制成，后有木柄。照片中下方的刮刀22英寸长，上方的20英寸长，刮刀的刀刃锋利。刮过之后，布上仍充满石灰，它们渗透到纤维里了。不过，染工不需操心，后续工作留给买布的商人，他们会去洗烫去除石灰粉末。然而，染工要帮买主对布料研光，这个过程所用的工具如图278所示。

图277　染工用的刮刀

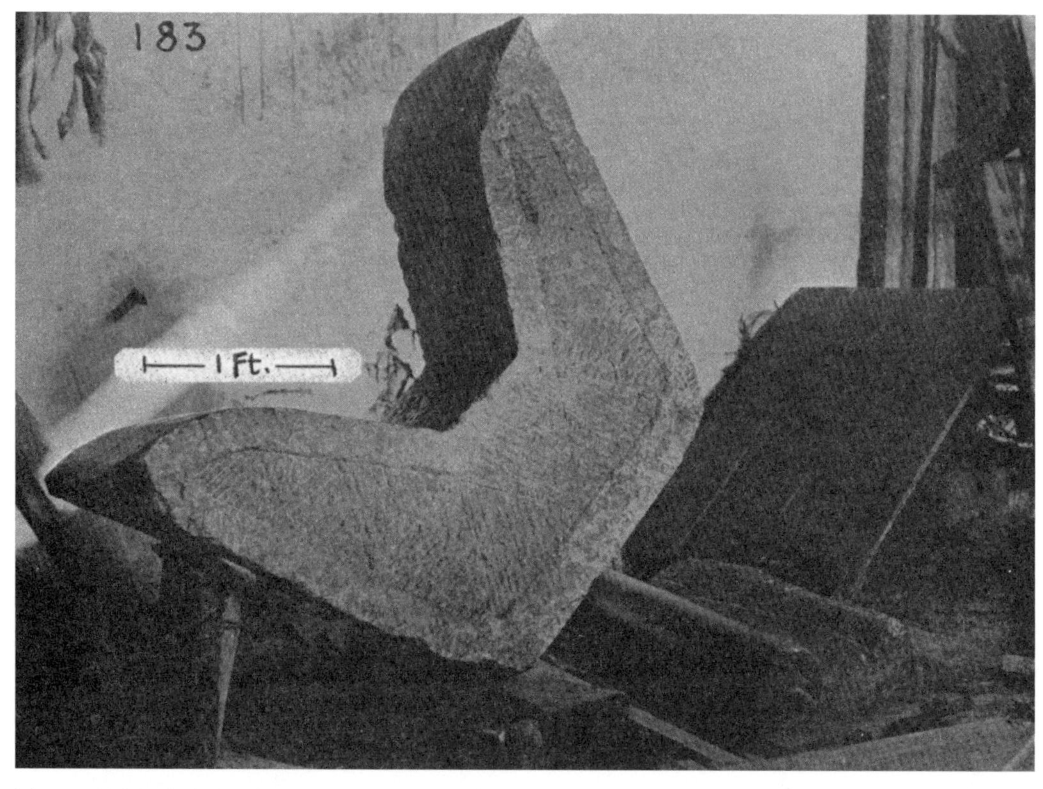

图278　研光用的重石和磙子

砑光

要对刚蜡染过或单一染色的织品进行砑光，有三个工具必不可少：一个石头做的底板、一个木制礤子和一个特制的重石块。将重石块放在礤子上，并能使礤子在底板上前后滚动（见图278），这三个工具都可从图278中看到。开缺口的特制重石（向一边倾斜），高约29英寸，平底宽2英尺，深约13英寸。就我们从图中所见，已足以看出底板的上表面被刻成凹如木盆的形状，非常坚硬的木礤子可在这凹形面内前后自由地滚动。礤子长20英寸，直径3.5英寸。把几英尺长的布料放在底板凹形面之上和礤子之下。把布料多余的一边折叠起来，以使礤子滚压到。接下来，把开缺口的重石斜放在礤子上，以推动礤子前后滚动，直到布料在压力作用下展现出人们乐见的光泽表面。一名光脚的工人操作砑光装置，他站到重石上，一只脚踩一个角，灵活地使重石左右倾斜，进而操纵礤子前后滚动。为保持平衡，工人手抓一个水平的木棒，木棒被固定在重石上面合适的位置。这位工人操纵大重石时，悠闲自得的样子引起我们极大的好奇。布料分段分层折叠到礤子下，砑好一段从礤子下拉出，直到一卷布全部砑光。每当要把新的一段布放到礤子下时，工人总将重石倾倒在一边，重新整理摆放布料。图275到图278有助了解印染和砑光的过程，这些照片都是在江西省樟树的印染坊拍摄的。

洗衣

在中国一些尚未受外国影响的地区，我经常看到妇女用搓板洗衣服，由此我大体上相信，搓板是中国人家用的一种古老器物。由于中国的搓板与西方相似，在木板平面上开出一道道平行沟槽，这又使我犹豫：搓板是否为中国特色的一种发明？直到我在江西北部和中部看到图279中的搓板，我才形成明确认识。如果说中国人接受西方传来的平行沟槽的搓板，那他们肯定不会把它改成如图279的形式——与平行沟槽完全背离的交错沟槽形式。事实似乎是，中国的洗衣工把搓板带到了美国，在那里得到了改进，才有了今天这种平行波状的形式。至于欧洲的搓板，显然它是由美国传入

图279
搓板

的。从德国词语“amerikannisches Waschbret”带有“美国的”前缀中可见端倪。

图279中的中国搓板由硬木制成，10.5英寸宽，3英尺3英寸长，0.875英寸厚。沟槽被粗粗割成交错的菱形，搓板的反面是平滑的。当搓板不用时，利用上面的方孔挂到墙上的钉子上。

用搓板的时候，把它斜放入大木盆，上部分抵在大盆边缘，这与西方用它的方式非常相似。把要洗的衣服泡在凉水里，洗衣人用力在搓板上揉搓衣服。虽然如今西方的肥皂大批输入中国，但它只被城里少数人用，因为价格贵，一般家庭还用不起。在中国很多地方仍用自制肥皂，它是由一种皂角树的荚果制成的，这是一种生长在中国中南部的高大的豆科植物。棕红色的豆荚有3到4英寸长，把它烘干、捣碎成浆，再把浆捏成直径2英寸的球状。这些球能像肥皂一样使用。由于这种肥皂有难闻的臭味，公共澡堂里禁止使用。

搓板主要用于洗家中面料较好的衣服。洗一般的衣物既不用肥皂也不用搓板，也不在家里，而是把衣物拿到小溪、小河、池塘边或附近有水的地方去洗。在这些有水的地方，常常排着一些大石块，把浸湿的衣服卷起来铺在石块上，用棒槌击打。图279的搓板是在江西樟树拍摄的。

图280展示了一个典型的洗衣棒槌，它由坚硬的木头做成，该照片摄于浙江的西岙。棒槌长1.5英尺，底部粗重，手柄上部直径3.5英寸。把要洗的衣物先放在水中浸湿透，而后拿到石头上用棒槌击打，打过后放到水中漂洗，之后拿出拧干，再放到石头上打。这一过程要重复几次，直到洗衣者认为衣服洗干净了。当许多妇女聚在一起

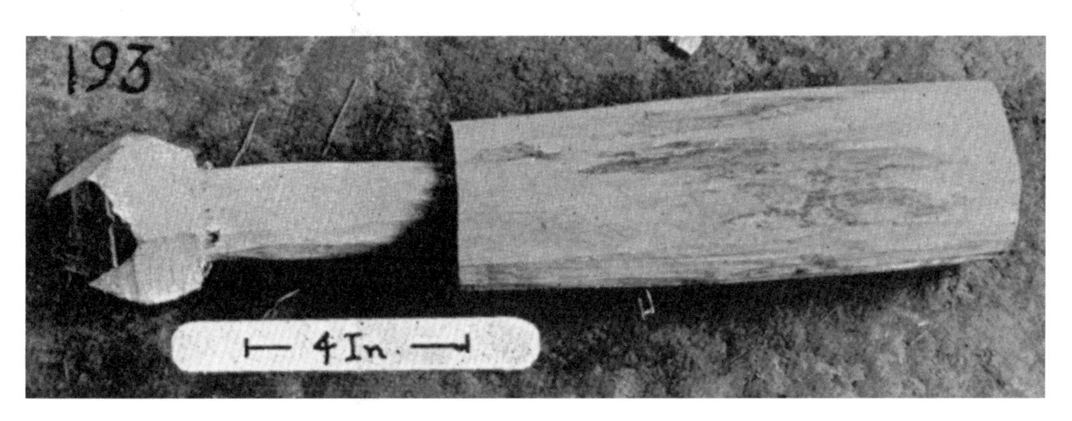

图280　洗衣用的棒槌

图281
洗衣盆

洗衣物时，她们就无休止地聊天，往往忘记了她们的洗衣程序，而过分地击打了要洗的衣服。在最后一次拧干衣物后，妇女们就将衣物装到篮子里带回家，晾晒在竹竿或篱笆上。在中国内地，人们不知道也不用衣服夹子和晒衣绳子。我偶然见到一根晾衣绳，是用两条绳子扭在一起形成的。这种情况下，如人们想象的那样，将晾衣绳先分开足够大，把衣服套过去，再把绳子拉紧，衣服就夹在两根绳子之间了。

中国的洗衣工取下晾干的衣服时，并非小心翼翼，而是一把将衣服拉下来——外国人有时搞不懂为什么洗过的衬衫或内衣裤会撕掉一块，这使他们百思不得其解。

图281是一个普通的洗衣盆，妇女要蹲着使用它。木盆的抠手用壁板的一部分做成，壁板底部固定在底板的圈槽内，这一点与西方的木盆是类似的。不过，中国工匠用熟石灰和桐油调成的油灰填补缝隙。木盆的高度为8英寸，直径22英寸，壁板厚0.75英寸。木盆外周用竹篾做的箍缠住。

熨烫

西方人或许会容易认为，洗衣业在中国是一个很发达的行业，如果这样想就错了。对西式熨烫有所了解的中国人其实是在美国生活的。毋庸置疑，在美国的中国人学会了西式熨烫。而在中国，熨烫衣服的方法非常原始，他们对此很不重视，也没有专门的洗衣店做这项服务。大家庭中的洗衣任务都是由女人承担。说到熨斗，使我们联想到中国洗衣熨烫的这种器物，这对中国裁缝来说也很熟悉。但是中国裁缝一旦把衣服做好后交给客人，除非需要做某些修整，这件衣服一般不会再与熨斗接触。

图282是一种中国专业裁缝用的熨斗，或是在自己开的店里，或是上大户人家按工做活，都会用到这种熨斗，用它熨平缝制的线缝或加工布料产生的皱褶。熨斗带有手柄管，存放木炭的碗状物用青铜铸成一体，碗状物的外面饰有几簇花形的浅浮雕。因为经常使用的缘故，熨斗的底表面（熨斗依此面而放置，它是熨斗的本体）非常光亮。熨斗的底部呈椭圆状，长轴4英寸，短轴3英寸。照片是在上海老城拍摄的。

在浙江山区，我见到用途与此相同的另一种简易熨斗（见图283）。熨斗的铁制部分是由铁匠锻打出来的，三角部分的下表面（即贴布料面）十分光滑。

图283中两个熨斗的尺寸大致相同。三角的部分厚0.25英寸，两长边2.75英寸长，短边1.5英寸长。加热时把三角形铁块插入厨灶或手炉的热炭中。

图282　裁缝用的熨铁

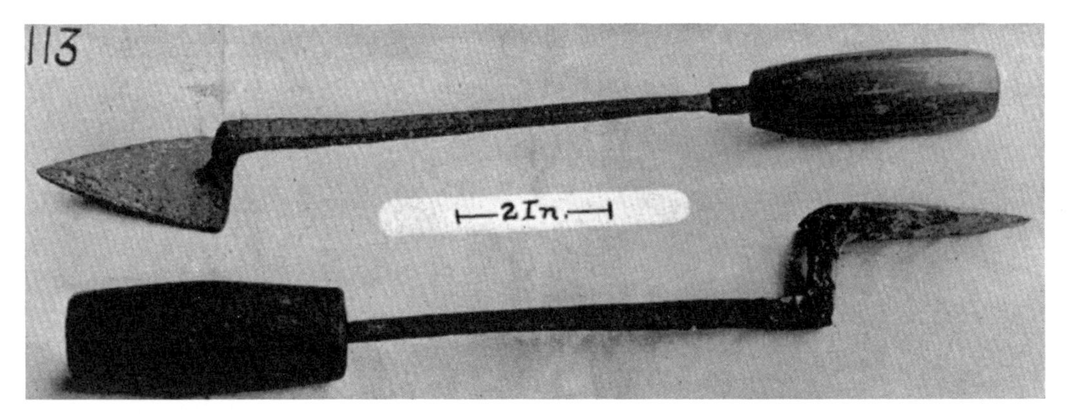

图283　裁缝用的熨斗

另一个与熨烫衣服有关的是上浆。中国人非常熟悉用大米或小麦面给布或纱线上浆。在成束的棉纱线绕到梭子上（做纬线）或上织机做经线前，先放入煮开的大米浆里，然后取出挂起来晾干。对成衣而言，用浆水喷洒在洗的衣服上，拧干后挂起来晾干。浆水的制法是：把开水倒进小麦或大米粉里，搅拌即成浆水。当衣服快干时，将其整齐地折叠起来，铺到桌子上，将木长凳或方凳倒过来压在衣服上面。这样做，可使衣服表面平整，如此省去用熨斗加热之烦。

缝纫及缝纫工具

画线工具

中国裁缝在布上画线用的工具，其原理与图372和图503所描述的木匠画线用墨斗一样，但比墨斗要简单。把一小块布折成条状，放进一些赭色土粉，一根线穿过去，把两头缝紧，防止赭色粉漏出，这样就做成了一个小画线袋。当要在裁剪的布料上画线时，就从袋子一头拉出带赭色的线来，将其绷紧在布料相应位置的上方，捏住这根线的中部上拉高，然后释放（这往往需要另一个人帮助完成），线猛地弹回到布上，这时会在布上留下一条赭色线，所要的线就画成了。图284的画线袋是在江西的万载山区拍摄的。要裁剪的布料大小可由画线粗细来判断。这个赭色粉袋约6英寸。

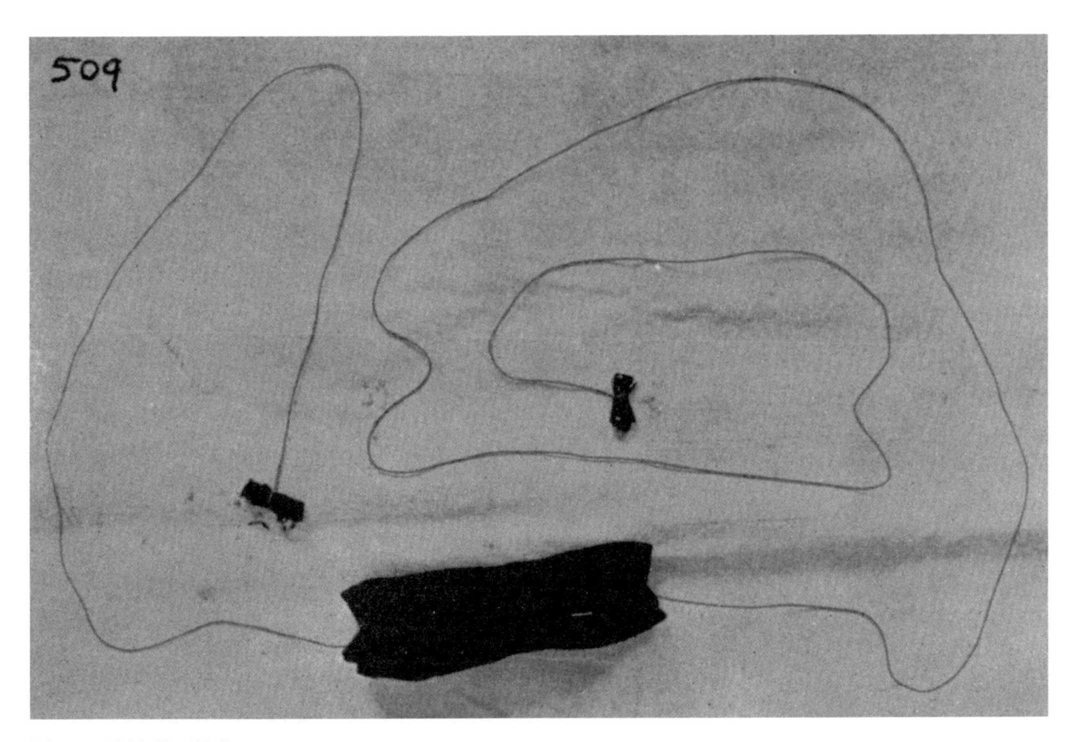

图284　裁缝的画线袋

顶针和镊子

在中国，一个做针线活妇女的全套用具中，顶针是必不可少的，除此之外，也用到镊子。我在江西时买了顶针和镊子（见图285），在牯岭空闲时给它们拍了照片。图中靠近镊子尖的顶针是用黄铜做的，另一个顶针是用熟铁做的。两个顶针的尺寸一样，直径0.75英寸，高0.625英寸。铁顶针外表的压痕好像是机器压制的，有一个外国制造的符号，可能是日文。铜顶针看起来是用本地的冲压机压的。不管压痕是不是外国机器压的，顶针的样式是中国的。使用顶针时戴在右手中指的第二节上。顶针原初做得不大，用时可以很容易把它掰开戴在粗的手指上。

镊子是用黄铜做的，它的两条腿弯曲的末端用铜焊接，并用铆钉固定。缝鞋底时，用镊子拔针很方便。但在中国有些地方，人们并不使用镊子。用镊子时，用拇指与食指捏住镊子带孔的开端。把针尖放在镊子的两腿间，借助拇指与食指使针在那里被捏紧。搁在缝制材料上的镊子的曲端起到杠杆的作用，这样，针就不费力地拔出来。在293图中可看到一个木制的镊子。

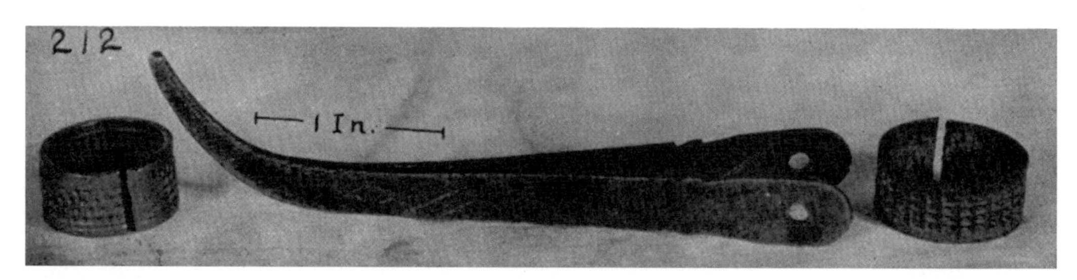

图285　顶针和镊子

眼镜

在中国的村镇街道上经常可以见到这样的情景：一个老奶奶坐在门口台阶上，拿着她的针线筐，瞅着过路人衣服的破处，找机会揽缝补的活儿。老奶奶常常在她扁平的鼻梁上架一副大镜片的中国式眼镜，我想引入这个情景以成为我在这里介绍中国眼镜的理由。图286中的那副眼镜是一种常见的样式，镜片是由无色水晶或暗色墨晶制成。由墨晶制成的镜片一面平一面凹（或说是平凹）；其他镜片则是平的，全片厚度均匀。眼镜架是用白铜做成的（白铜是锌、镍和铜的合金，在中国广泛使用）。镜架的弓形部分有两个铰链，可使镜架折平到镜片上。利用小销钉穿过镜片上相应的孔，将镜片固定于镜架的金属部分。暗色的镜片边缘大约有0.1875英寸厚，而浅色镜片的厚度普遍为0.09375英寸。

中国人使用眼镜，原本似乎是为遮挡过强的阳光，并不是帮助改善视力。大部分镜片是由墨晶制成，很少用无色水晶，即使后者也并非足够透明，而是会减弱穿过镜片的光线。在中国的文人和官员中，习惯用眼镜作为他们智识的一个外表象征（虽

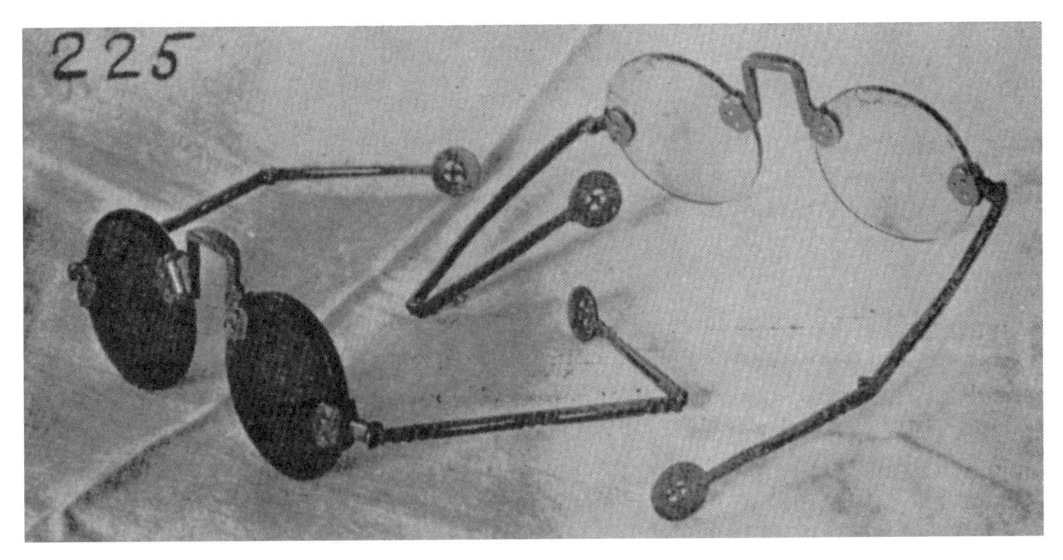

图286　眼镜

未有公开谈论，但我敢这样说）。暗色的眼镜，为擅用权力的官员用目光搜寻他在意的事物而不被他人察觉提供了极好的帮助。我们发现在中国研磨镜片只是一种经验知识：通过改变镜片形状来改善视力可能是采用凹面镜有效；而另一种情况下则使用凸面镜有效。就像许多其他科学分支一样，在17世纪传教士进入中国传授相关知识之前，中国人还不懂得折射定律。在烧灼实践中，长期以来，中国医生一直用取火镜或凸透镜去点燃针灸用的艾草。中国汉代的刘安编撰的《淮南子》中，简要记载了中国在公元前一个有关折射的经验知识及实际应用的例子。书中写道："取一块冰把它磨圆，握住它将其朝向太阳，光线通过冰镜投射到火绒上，因而会点燃。"[1]意大利人宣称他们是放大镜的发明者。一块在佛罗伦萨的墓碑上刻有碑铭："这里安息着眼镜的发明者，佛罗伦萨的萨尔维诺·德阿马托，卒于1317年。"中国人一直宣称他们首先使用了眼镜，但西方人再次予以否认，例如柏林的一位研究眼镜史的格里夫教授（R. Greeff）就是其中的一位。1868年，传教士旅行家威廉森（A. Williamson）考察了山东著名的崂山（介于即墨与青岛之间的山区），发现当地人所用的各种用作眼镜的无色水晶，有着细微的差异。我在青岛时也得知，德国耶拿的著名蔡斯光学公司已经取用该地的无色水晶制造光学仪器。只是在最近，中国的眼镜商才通过引进外国的视力检测方法以及根据检测结果配眼镜，来革新他们的行业。不过，守旧的中国人还会不时地抵制新发明，为了书院的一些文人，眼镜商必须在商行备有用水晶镜片做的眼镜。

如果如西方学者[2]所宣称的那样，眼镜是在15世纪从欧洲引进中国的，那么就有这样一个问题：为什么中国人采取这样的革命性步骤，即放弃用玻璃做镜片而代之以一种不太适合做镜片的材料？自从5世纪中国人就已经知道利用玻璃材料，在如玉石一般雕刻玻璃方面，他们堪称工艺大师。

通过引述事实不难指出眼镜是中国人发明的，并且也能发现眼镜传入西方的途径。13世纪前一位中国作家在著述中第一次提到眼镜。13世纪时，威尼斯和热那亚

[1]《淮南子》原文为："削冰令圆，举以向日，以艾承其影，则火生。"——译注
[2]赫施伯格教授，引自窝纳：《社会学》，伦敦，1910年，第227页。

商人与中国有贸易往来，因而很容易把眼镜带回国。根据记载[1]，比萨人、道明会修道士阿勒三德劳·德斯柏纳（Allessandro de Spina，卒于1313年）展示过一副眼镜，并成功做了仿制，此后制作工艺便公开了。当时意大利人已经以玻璃工艺闻名，他们的成就远不限于做眼镜。眼镜在德语中是“Brille”，与英语形容词“brilliant”相似，起源于“beryl”（希腊语），指透明的宝石，它暗示词语“眼镜”的来历并表明这种晶亮石头可用来做眼镜。

总结一下，我们必须记住眼镜的两个明显的用途，一是改善人们的视力，一是保护人们的眼睛。中国人的眼镜最初被设定用于第二个目的，保护眼睛免受强阳光刺激、避免沙尘侵袭，同时也作为官员和文人的屏障，凭借眼镜，可以观察他人而不会被人察觉。爱斯基摩人用的防雪眼镜，属于遮挡眼睛的，用骨头做成，上面刻有两个在眼睛位置的水平狭缝。

在欧洲，到13世纪为止，为改善视力用的凸透镜研磨技术已有充分的准备。此前人们知道取火镜（凸透镜）已有好几个世纪，阿拉伯数学家阿尔哈兹恩（Alhazen）在10世纪时就阐述了他的有关折射的观点；1267年罗吉尔·培根（Roger Bacon）说到眼镜的放大功能时，说视力衰退的老年人可以通过眼镜使视力得以改善。意大利人——很可能通过热那亚和威尼斯商人了解到中国眼镜——做出的贡献，或许就只是把玻璃镜片用于替代无色水晶镜片。

在转移话题之后，让我们再回到中国缝补的女人这里，来探究针的制造。女人用针很熟练地把一块补丁补到一个小工的衣服上，小工显露沮丧之相站在一边，等着穿他这件必需的衣服。

[1]《萨克森艺术博物馆通讯》第7卷，柏林，1916年。

针

图287为一套大小不同的中国针，这些针的一个主要特征是圆孔的针眼。图中挨着最大针的样品是一根磨尖的但没有穿孔眼的钢丝，它是中国裁缝用的别针，如今用外国输入的钢丝来做，而过去制针者得自己锤打出来。前面我介绍过（参见第一章）中国人可以拉制延展性好的金、银、铜丝，却不能用同样的方法拉制铁丝。

在对针尾端钻眼之前，将它放在一个小铁砧块（见图288）上，用锤子敲扁。铁砧的尖头被打入一个直径2英寸、长3英尺的圆木桩，制针者用双膝夹住木桩。把要钻孔的针放入工作台上一个小槽内，然后使用图288中的“钻子”[1]，钻子是一根细长的坚硬木杆，约23英寸长，在其顶端有一个石盘做飞轮用，直径1.5英寸，厚0.125英寸。在另一端，很细的钢钻插入一个套孔里。滑动的横杆在其中心孔处有一块破布做衬垫用，可使横杆沿着打磨得极光滑的钻杆自如地上下滑动。在针尾上钻针眼是一项精细的操作。这种钻子很适合干这个活儿，我们不得不佩服工匠使用钻子所展示的高超技艺。

孔眼钻好之后，还要将针淬火和抛光。抛光时，把针放到石板上用一块浸了油的破布覆在上面来回滚动。中国的本土制针不景气，属于那种难以抵抗外国货的竞争并在迅速消失的行业。这里的照片是在江西德安一个友善老人的铺子里拍摄的，老人坚持用传统技艺制针和做鱼钩，获利微薄。

[1] 据原文也译“泵钻”。——译注

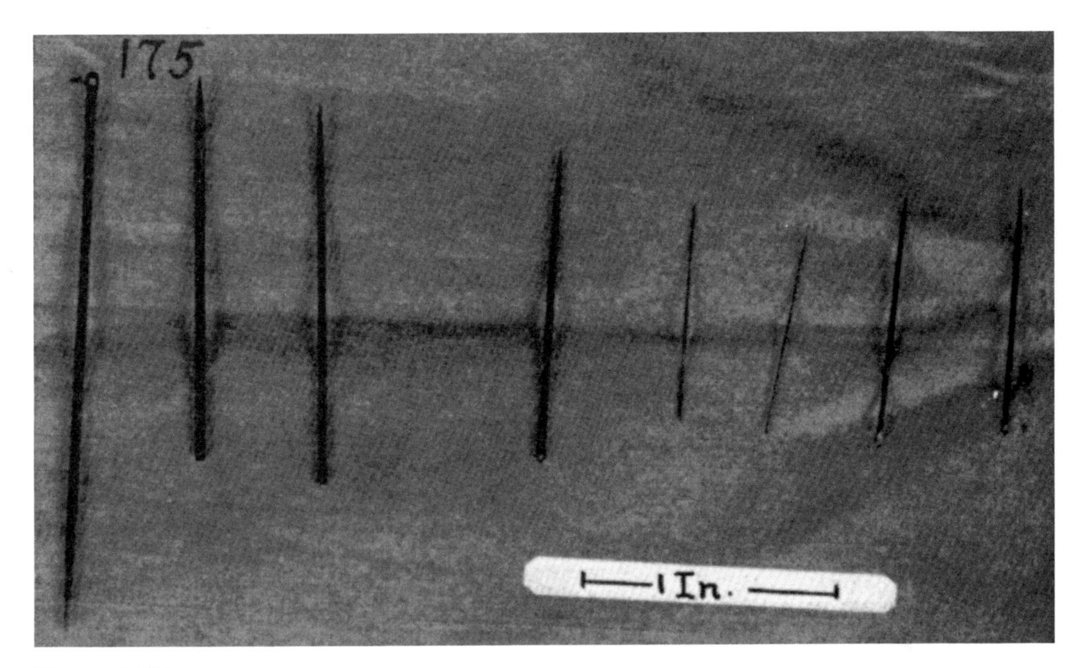

图287　中国针

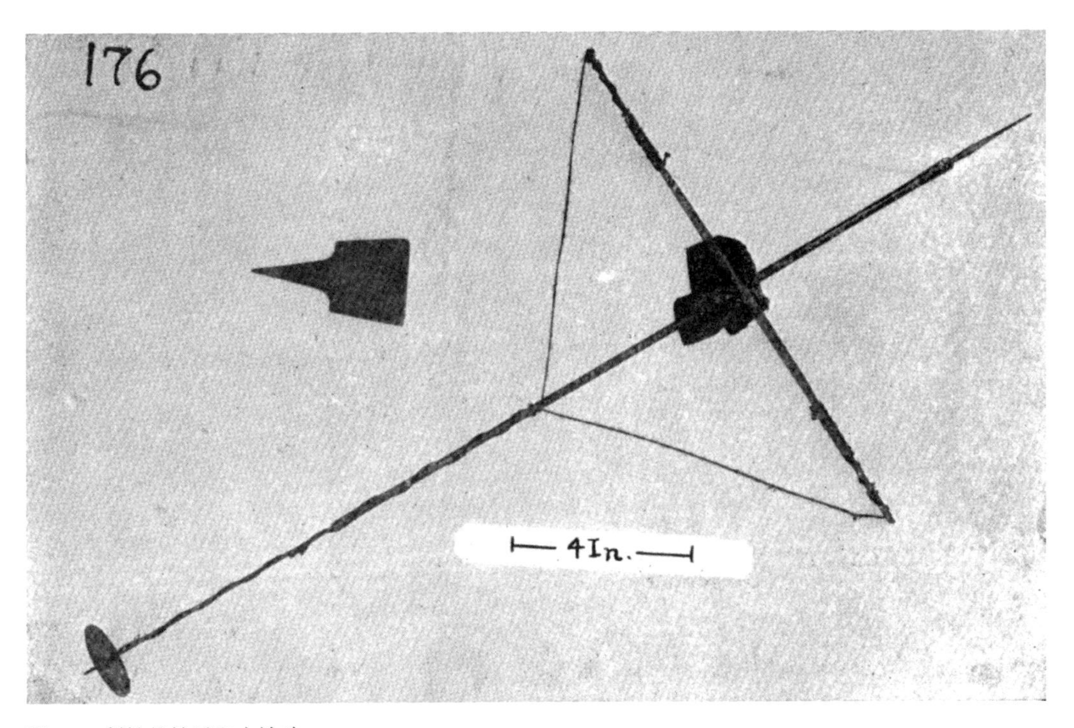

图288　制针的钻子和小铁砧

剪刀

图289是几种典型的中国剪刀。A是专业裁缝使用的一种剪刀，与其他的剪刀不同，其手柄的环状是敞开的。这种剪刀适合男裁缝用，因为如果手柄环状闭合，男裁缝用起来就不会顺手。这种剪刀的另一个特点（图中的剪刀显示不明显）是刀尖显得有些钝。这里面有一个故事，说是在很久以前，有个悲愤欲绝的裁缝，不顾一切拿剪刀把仇敌捅死了，这无形中使他从事的体面职业蒙羞。于是皇帝下令，今后裁缝必须用钝头的剪刀，以防类似的悲剧发生。由此就有了这个故事。不过从另一个角度看，很明显，锐头剪刀不利于剪布，因为下方的尖刀头容易钻到要剪布的下面的叠层中，这很可能将它们剪坏。图289中的A剪刀有8英寸长，刀刃最宽处有0.5英寸，其厚度0.125英寸。两个刀刃通过一个铆钉铆接起来。每侧在锤钝的铆钉头与刀刃中间有两个垫圈，一个是铁做的，其上的一个是黄铜做的。这两个垫圈为方形，黄铜垫圈的拐角处被剪短，呈不规则的八边形。

剪刀B用于做粗拉的家务活，甚至也在厨房使用。当准备蚕豆时，豆荚的两头要用剪刀剪去。又如处理家禽的肠子，也用这种剪刀。在农村，农民或多或少长期处于自给自足的生活状态，这种情况下，更是要用这种短而粗但刀刃硬实的剪刀，如将碎布黏糊在一起，做成类似纸板的厚布片，再用剪刀将它剪成鞋底状。用稻草、灯芯草、蓑衣草和其他纤维物质编织帽子、席子和篮子等，也要用到剪刀。这种剪刀长6.75英寸，刀刃最宽处0.75英寸，厚度0.125英寸。

剪刀C要小巧得多，主要用来做针线活。这种剪刀适于家庭妇女灵巧的手，她们在家里料理家务，而少干重体力活。这种剪刀环状的手柄缠有藤条，漆着红色，上面带有金色的斑点，不过金色斑点和红漆会很快被磨掉。这种剪刀长有5英寸，刀刃最宽处有0.4375英寸，厚度为0.046875英寸。

剪刀D主要用来做衣服，其大小和裁缝用的差不多，但尖头比较锐利，而且手柄是闭合的。很明显，只有裁缝才有使用开口环状手柄剪刀的特权。这种剪刀长有8英寸，刀刃最宽处有0.625英寸，厚度为0.1875英寸。

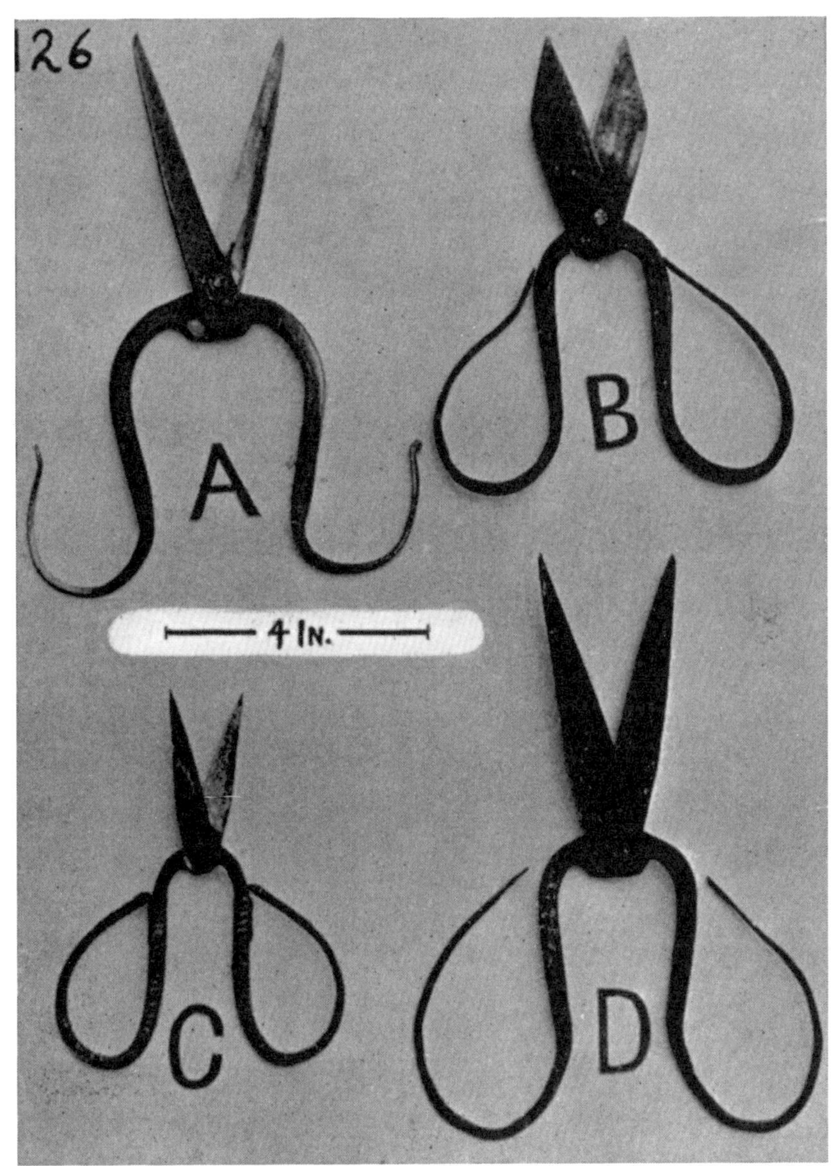

图289
中国剪刀

制剪刀在中国是一种行业，干这行的称剪刀匠。他们也生产剃须刀、镊子（用来拔除茸毛）、修手脚指甲和老茧的修脚刀，还有雕刻刀等。剪刀匠用的材料都是优质钢和含适量碳的铁。照片是在上海老城拍摄的。

日本剪刀

通常认为，日本文化与中国有深厚的渊源，不过也有许多例外。随机考察一下日本的工具，我们便发现许多工具与中国使用的有很大不同。有一种日本板锯，刀体笨拙，工匠在水平方向操作，与中国的工具全然不同。也见其他一些日本造的工具，使用起来颇顺手。剪刀，早期在中国发展，在古代阿拉伯和波斯也有发现。很奇怪，古代日本没有常见的那种中国剪刀，倒是日本式剪刀比较出名。它们用于各种活儿，甚至小到绣花。

图290是一把日本剪刀，是我从一位住在江西牯岭的日本女士那里得到的，她从日本国内带来，这把剪刀长4.75英寸，其中一个刀刃上刻有日文手写体的匠人名字。两个刀刃用弯曲的弹性钢片联结，保持在相应的位置上。使用这种剪刀时，用一只手握住剪刀的两部分，用劲压到一起。松开手之后，刀刃由尾环的弹力恢复到原来的位置。剪刀的下刀刃到手柄逐渐收细，而与之相对的上刀刃处理有别，由此防止两刀刃压在一起，不利于剪切。整个剪刀是由优质钢制成的。

剪刀——这一用铆钉（后来用螺丝钉）把两片刀刃连在一起的工具——据说是在16世纪从威尼斯传到欧洲的。就所论及的时代而言，这种观点显然是错的。值得注意的是这个说法表明剪刀起源于东方。威尼斯人多指商人，他们经常与中东人做生意，

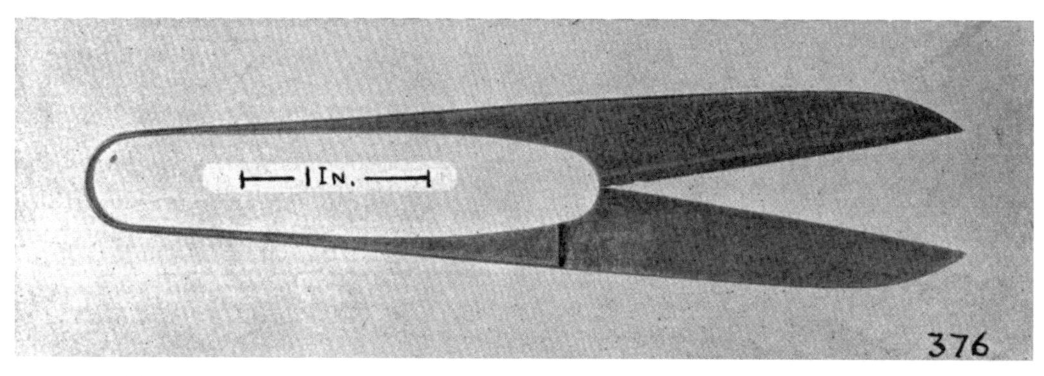

图290　日本剪刀

许多东方习俗和工具通过威尼斯传到了欧洲。

莫耶（F. S. Meyer）在他的《装饰花纹》（*Ornamentik*，莱比锡，1919）一书中，以权威的口吻说道：剪刀——由两个分立的刀刃组成、围绕中心点可动的工具，在欧洲10世纪以后零星地出现。

草鞋

图291中是做草鞋的长凳——一个普通的矮腿长凳，一端抵住墙、柱子或其他东西，以防止它移动，另一端钩住一个可称作经编绳的木头托架。匠人跨坐在长凳上，对着托架，拿着木轭（见图所示），腰上缠了一些草绳，另有麻绳系在木轭上。当要拍照时，我们没能说服这位匠人演示给我们看，无奈之下，我们只好凑合着把木轭拴在柱子上，模仿匠人将木轭放在腰间的工作情景。在木轭的中心点有一个竖直凸起的木钉，麻绳打成结钩住这个木钉，作为制草鞋的经绳，由此便可进行简单的编织。匠人在两根经绳间开始工作，先把两根经绳穿过木头托架，系在中间的长钉上，并留下相同长度的经绳挂在长钉上。接下来把用稻草拧成的草绳编到经绳上，做成一条约两

图291　做草鞋的长凳

英寸长的绳带。然后解开中间长钉上的绳结，把绳子松开的一头绕过木头托架后的木销，每个销子上绕一根，再绕回刚才编织的部位，在这里它们与原先的那两根经绳相接。现在就有了四根经绳，这样可以编织宽一点的鞋面。在图292中，右侧展示了四根经绳和编织的草鞋部分。按在木头托架上的是在里或在外的销子，经绳被聚拢或分开。随着经绳分开，编织继续，放进一些做纬绳的稻草，使编织的鞋面变窄。经绳不断从外移到里面的销子，在每次移动时放入一些做纬绳的稻草，直到木销上那部分经绳离托架中间的长钉最近，如图291所示的位置，这种编织方式与草鞋的外形相适。两根经绳的会合部分是草鞋的鞋尖，当草鞋穿久了，这个部分会向上弯曲。由于鞋底受压会撑开，故要用四根经绳。通过移动四根经绳在木头托架上的位置使它们收拢，鞋面因此而变得绷紧，而在接近鞋脚后跟的位置，经绳要再分开一些。当经绳被系在中间的销子上，草鞋就编成了。

编草鞋的凳子长4英尺6英寸，高16英寸。固定在长凳上的经绳长16英寸。木头托架长15英寸，宽2.5英寸，上面有8个销子。木轭从一端到另一端沿直线测长为19英寸，平均粗细约1.5英寸。木轭两端的绳子一头被系在凹槽上，另一头在凿刻的钩形上滑动。当匠人操作这个装置时，他使绳子随着身体摆动而伸开。在平常的编织中，用筘来打纬绳的稻草（使它压紧），而在这个装置上，匠人用手指撑在两根经绳之间，拿扎在腰间的稻草编入经绳，隔一会儿把它们打紧一些。草鞋大致编成，匠人把所有的草绳挂到中间的大钉上，然后用手拽着纬绳的稻草用力拉向身体方向。鞋子做完以后，匠人将草鞋放在地面上（最好在石板上）用图291中的棒槌使劲捶打。草鞋会变得柔软而舒适，表面也更平滑一些。而后用一根细麻绳穿过鞋前部的孔，再打一个结，草鞋就可以穿了。为了在穿时把草鞋固定住，鞋带穿过鞋子两侧分散的套孔，在鞋面上打好结。

在图292中，可见处在不同位置的草鞋，有一只仅完成了一部分。位于左侧的一只鞋，整个伸平，显示出草鞋的底部。中间的两只草鞋已经做好，并有带子用来系在脚上。右边是一只未完成的草鞋，显示了用编成辫的麻绳系住外面的草绳以固定带子。这一编织从鞋尖开始，在编鞋后跟的两个环处结束。这两个环固定在鞋子的两侧，以使草鞋后部折成一个搁脚后跟的空间。草鞋后部的上折在图291中看得很清楚，在工作凳上放有一只做好的草鞋，可见它的侧面。

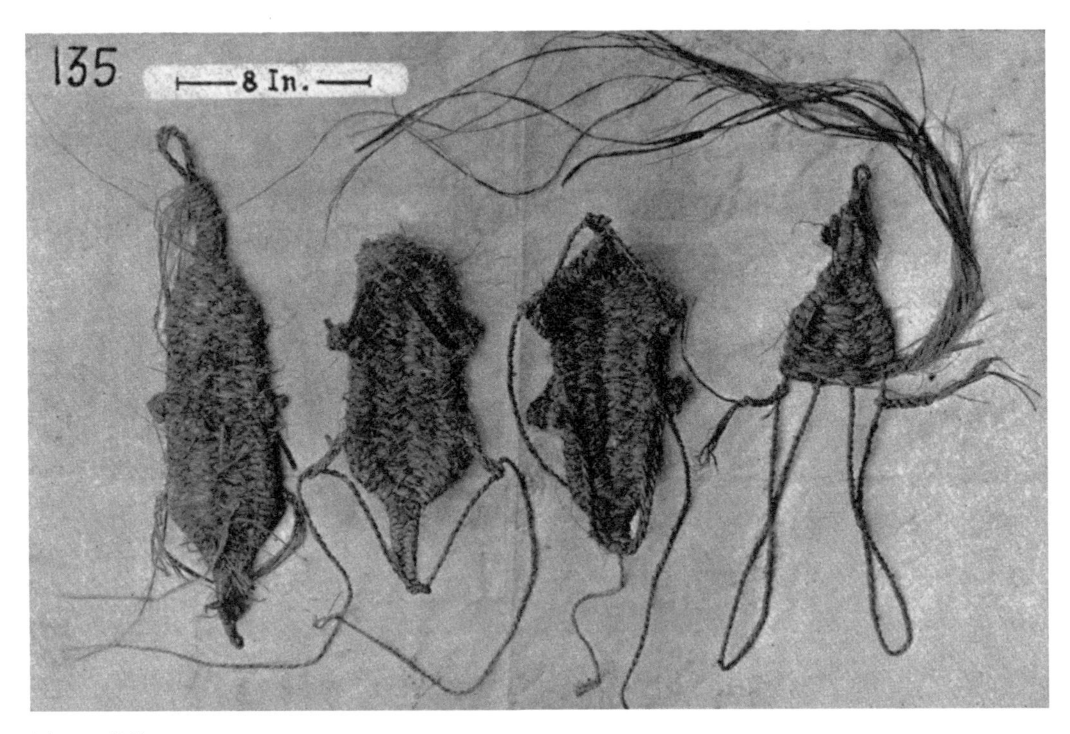

图292　草鞋

在乡下，农民在雨天或在石路上会穿着这种草鞋，一般情况下他们都是赤脚走路的。而那些走街串巷的挑夫、轿夫、推独轮车的小贩和那些拉黄包车的车夫才会整天穿着草鞋。各地的草鞋在制作上有一些不同，但制作的工具都是相同的。照片摄于浙江省的西岙。

布鞋

中国人平时穿布做的鞋，而不是皮革做的鞋。鞣制皮革的化学过程中要用到鞣酸，而在我访问过的地方，当地人根本不知鞣酸是何物，他们把石灰敷在兽皮上，做出来的就是一块糙皮而不像光滑的皮革。

因而一点儿不奇怪，中国人对皮革的利用很少。在与外国人接触后，他们学会了对皮革的不同利用，比如制作皮带、皮绳和皮鞋等。在中国的调查表明，直到近代，不管什么牲畜死了，都是按老办法将它整个埋掉。佛教禁吃牛肉，而缺乏适宜的制革法使得皮革利用十分有限。对禽羽的利用也是如此，他们不会制作羽绒枕头和被褥。

中国人做鞋常用棉布，有时也用丝绸做鞋面。相对于做鞋底，做鞋面是简单的针线活。冬天穿的棉鞋要用棉花，做棉鞋要复杂得多。在中国的一般家庭，每一块布片都要收起来以用作布鞋的鞋底料。布片先要彻底清洗，而后铺到板子上晾干，这样布片平整得就像熨过似的。在宁波，有一个专门收集布片的地方，我曾路过那里，见他们在洗的时候用连枷捶击，连枷的结构如我在前面描述过的那样（见图111）。将数层布片糊在一起，制出大致的轮廓，将多余的部分裁掉，矩形的鞋底层就成型了。在糊鞋底时，先用一大块布做底样，再按着底样把小块布用面粉糨糊粘起来，不规则的棉布片拼接时不重叠，最后的成品看起来像中国式的填格字谜。每一个鞋底都有3～4层，在鞋底上再蒙上棉布。从一大块布上切出20到30片，一片叠一片叠好，在一边贴上布然后缝在一起。布边的颜色往往与和它缝在一起的鞋面同色。女工们在她们的大腿上用麻绳将鞋缝住，缝纫活开始时，用一排线将布边固定在鞋底上。从这么多糊好的布层中用顶针将线穿过可是个困难活儿。女工们通常将线穿过鞋底然后用专用工具——木镊子（见图293）将线头挑出来。图的左边是一个未完工的鞋底，黑色的布边还清晰可见，图右边所示的是鞋的底面。鞋底与鞋边被缝上后，接着开始缝鞋面，缝鞋面的工作通常委托修补匠来干，他们用半圆刀干着同样的裁边活。农村人经常在做好鞋底后，自己用剪刀或凿子将布边修整齐，当然是在他们有凿子时才能这么干。

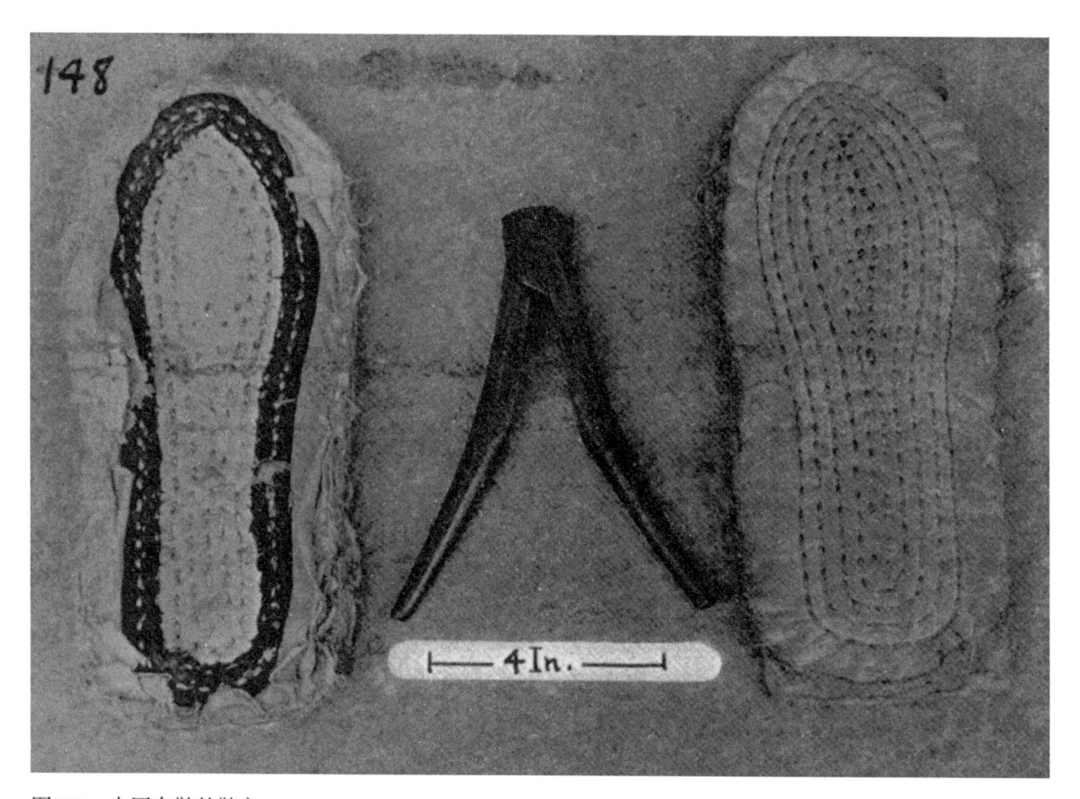

图293　中国布鞋的鞋底

穷人甚至连布片都凑不够而不得不用纸张来做鞋底的鞋层，他们自嘲说用纸做的跟用棉花做的一样暖和。

图中的拔针器是用一块硬木制成的，其中的一个角在底部分叉，其他的角则用草填上。一根木楔贯穿其中，形成寰枢关节以便让针能通过去。这种鞋底大约10.5英寸长，1/4英寸厚。在雨天里，那种有平头钉的皮鞋往往磨损得很快。一般他们都涂上厚厚的一层油以防皮革腐坏。照片摄于浙江省的西岙。

雨具

中国有些地区多雨，西方人爱嘲笑这种天气，尤其是看到士兵行军时携带着雨具。其实，我们都有过被大雨浇湿的糟糕经历，而在中国这种情况更普遍，几十秒内就会被雨浇个透。如果中国人穿的棉袄被雨湿透，棉花板结，棉衣将不再保暖。提防多雨的天气使得人们想出一些办法。

图294
斗笠

为温饱而劳作的农民必须适应各种天气。农民在地里干活，不可能随身带把雨伞，因而常用其他方式，如图294所示的斗笠。这种斗笠直径约3英尺，主要材料是干的竹叶鞘，用细竹条宽松地编织而成。有些斗笠在帽檐处有对称的把手，当劳动者在路上背重物时，斗笠可挂在背筐上。

在安徽当涂拍的这张图片展示了斗笠的两面，一面可见它是怎么戴的，另一面显示了它的结构。跟随我多年的翻译彭先生为拍照摆出姿势，而农民是不愿这样做的。斗笠所用叶状的竹叶鞘采自竹子根部，在竹笋早期生长时附有这种叶鞘。编斗笠的篾条也取自竹子，这样看来，整个斗笠就是个竹制品。

编织

在甘肃省，有一多半的人信奉伊斯兰教，男女广泛擅长编织，那里以特色编织闻名。实际上，掌握这一技艺几乎是中国穆斯林的一大特征。与西方的编织法不同，中国的袜子和手套是从手指头和脚趾织起的。在保加利亚，也是以这种非西方式的方法编织的，这很可能是传承了土耳其的传统工艺，要用针编织。

迄今，按多种版本百科全书的说法，编织工艺是欧洲人的发明，在15世纪以前不见明确的文献记载。然而，实际有更早的记载，在《马可波罗游记》第一卷第29章中就提到编织工艺。约在1272年马可波罗行经与大不里士（Tabriz）[1]邻近的圣巴萨莫（Saint Barsamo）修道院，他提到那里大量的信徒“为了打发时间，不断编织宽幅羊毛带，并将羊毛带作为供品祭献。羊毛带也送朋友或上层人士，这是祛病消灾的吉物，人们虔诚渴望拥有”。以上资料我节选自亨利·约尔爵士（Sir Henry Yule）的版本，其中提到的修道院无疑位于马拉提阿（Malatia）附近。由此我们可推知13世纪后二十几年编织工艺已为波斯所用。马可波罗对编织没有更多的解释，可见这种工艺在他那个时代的意大利很常见。

在对属于拜占庭时期（约400—650）的埃及阿切米姆（Achimim）古墓的发掘中，出土了编织帽和编织短袜，是用不同颜色的羊毛编织成的，编织短袜在脚趾处分为两部分，一部分套大脚趾，另一部分套在其他的脚趾。这种设计对扣紧当时穿的便带鞋很必要，这种鞋的鞋带夹在大脚趾和相邻的脚趾间。当今日本人穿的木屐与之类似，而日本人的布袜很像中国人缝制的袜子。

有些人宣称，编织技术早就为古希腊人所熟悉，但没有证据支持这一说法。也许引起人们做出这一推测的是一些古希腊陶器上绘制的人物画，画中人物穿着一种无袖罩袍，露出的胳膊和腿被很像经编针织的内衣包住。陶器上的Z形图案易让人联想到

[1] 今属伊朗东阿塞拜疆省的首府。——译注

图295　中国袜子

照片中显示了在晒的中国长袜，它们用粗棉布做成，没有弹性，大小适合脚型。袜底有细密的针脚，起耐磨作用。近年来外国生产的针织线袜输入中国，逐渐取代了照片中的手工缝制布袜。

编织品，例如，在那不勒斯博物馆的大流士陶瓶和在卢沃迪普利亚主教堂的阿普利亚陶瓶上都有这种绘画。

我们能够提供更令人信服的证据，以证明编织工艺在罗马帝国时代（前29—284）就为人所知。在卡农图姆[1]出土了大量有意思的盔甲碎片，它们的年代可追溯到罗马帝国时代，其中一些盔甲碎片是用金属丝连缀的，所呈现的金属丝质感，表

[1] 位于古罗马时期从波罗的海通往亚得里亚海和从黑海通往莱茵河商路的交会处，曾为繁华城市，4世纪毁于战火。——译注

明当时有关编织的原理已为罗马人熟悉。另外有趣的是，在意大利语中有一个表达编织的词“far la maglia”，也常用“far la calza”，Maglia指的就是盔甲片或连缀的环。

在丹麦的泥沼墓地出土了编织羊绒帽，在日德兰半岛特林得昊（Trindhoë）墓出土的一具橡木制棺材里发现了编织的无檐女帽。法勒（Forrer）在他的《史前古物词典》（柏林和斯图加特出版，1907）中，研究了这些发现以及上述从阿切米姆古墓出土的文物，断定它们是手工编织的。他说阿切米姆古墓出土的帽子有一些是用白色亚麻线织的，有一些是用彩色毛纺线织的。使用的方法类似编织渔网，有些还带有透空的图案，这一样式意味着编织时必须用到带钩尖的织针。钩编工艺是一种最简单的古老编织法，就像在用两根针编织一样。在古代瑞士人居住的湖上木屋中发现的一根木制钩针和一根青铜针，也支持了这一观点。

直到18世纪末，在德国只有两种针是用来织袜子的，还有一种针是用来织女工的胸衣紧扣。这些工艺细节不为人所知，不过，从袜子编织成品可见沿着整只袜子有一道线缝。在英语中有“编织套”一词，是指一种小圆筒形插套缚在编织工的衣服上，用来装织针。由此可以推论，英国与德国的编织法相同。最近我读到一段话，使我有启发：“在意大利南部使用的织针是弯的，在编织过程中，一根织针的末端放在插套里，这个插套或拴在腰间，或别在围裙带上。这些插套通常带一个心形坠，银制心形坠熔铸制成，展示了银匠的技艺。”

编织技术不能说是欧洲人发明的。对中国而言，编织技术大概是在7、8世纪由阿拉伯人带来，当时，大量的阿拉伯雇佣兵到中国参与平息叛乱，后来有些士兵定居下来。阿切米姆古墓的编织品属拜占庭时代，但这与后来占据埃及的阿拉伯人没有关联。不过，我们可以假设阿拉伯人在埃及学会了编织技术，并将编织技术带到其他地区。如我们所知道的，阿拉伯人的文化影响力在西班牙非常大（711—1492），事实上，过去认为编织工艺是从西班牙传到欧洲其他国家的。

在欧洲有关最早的编织品的记载中，我们可知16世纪英国皇室穿用西班牙的编织袜。先进的编织技术如何被引进英格兰，一个传统的解释是，编织染色袜的工艺以及从植物和苔藓中提取染料的技术，都来自一艘船上的获救水手，而这艘船属1588年惨遭厄运的西班牙舰队。

制革

中国人从来没有掌握真正的制革工艺，即通过鞣剂将牛皮和兽皮制成皮革的工艺。更让人惊奇的是，中国当地有富含鞣酸（一种常用鞣剂）植物和树木，植物学家数出的就有40种之多。因商业用途西方从中国进口的五倍子中就含有大量的鞣酸。吃柞树叶的柞蚕所结的茧和茧丝，都要浸在苏打水中使外壳软化，其胶黏的外壳就富含鞣酸。还有，每天从上百万的茶壶倒出的剩茶叶中也含鞣酸（也称丹宁酸）。

中国人处理皮革和印度人一样，都采用原始的方法。相对而言，印度人已掌握使

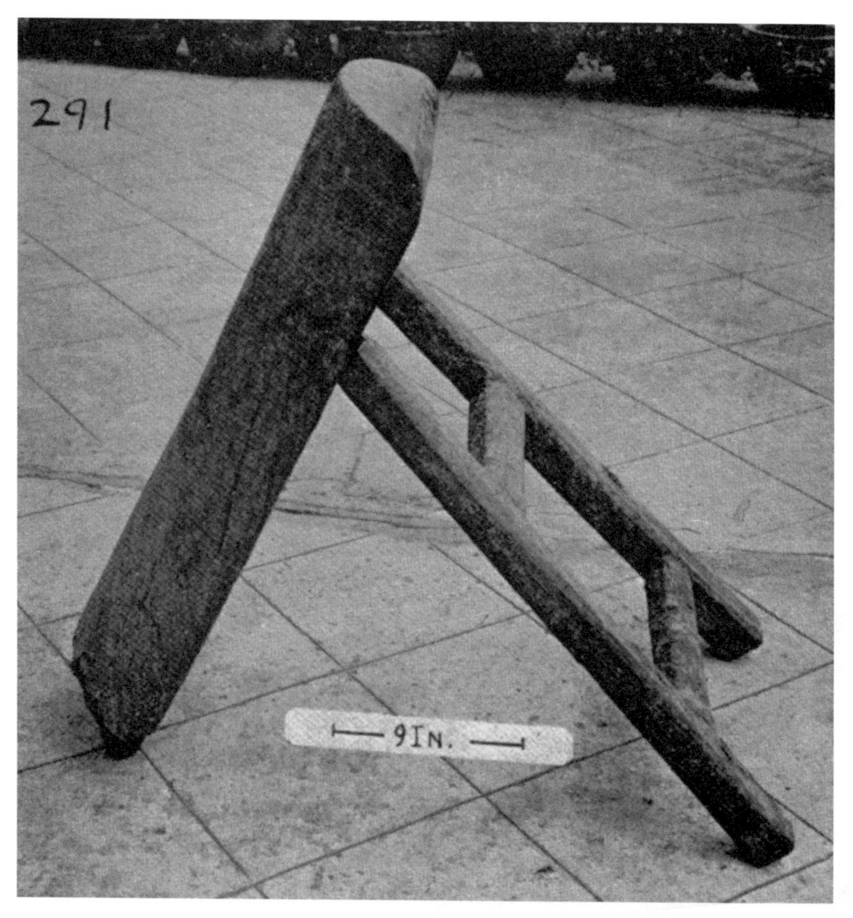

图296
皮匠用的“梁撑”，用于刮下生皮上的黏附物

用鞣剂的基本原理。在印度，处理方法是将含鞣酸的湿树皮塞入生皮，生皮缝起来挂在树上。唯一需要花工夫的是在这一过程中使树皮保持潮湿，由此生皮便渐渐转变成熟皮。同样的皮子在中国也能制作，但方法不是用鞣酸。

中国制革的基本原料是黄牛皮或水牛皮。先从牛体上取皮，然后把取下的皮子铺在地上，撒上生石灰后再洒些水，这样处理后皮子开始收缩。大约过一小时，用带凸面的梁木把皮子撑开，即所说的“梁撑”，然后用刮刀由上向下刮。图296中的梁撑包括两部分，梁木主体和支撑架。支撑架松松地插入梁木榫眼，梁木长32英寸。在有些地方，只用梁木部分。工作时，工匠用膝盖抵住生皮，弯着腰刮去生皮内的黏附物和外表的毛。

利用梁木刮生皮（见图297）时，为了做好保护，工匠穿着一个大皮围裙。刮过

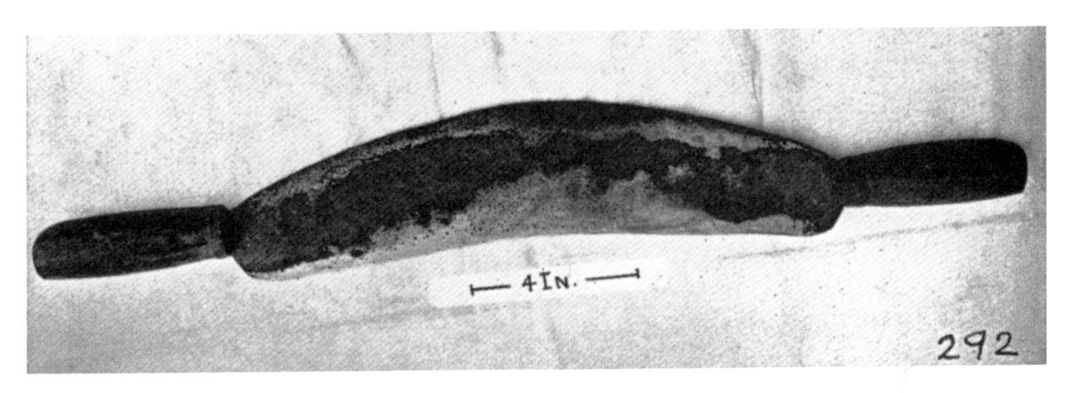

图297　皮匠的刮刀

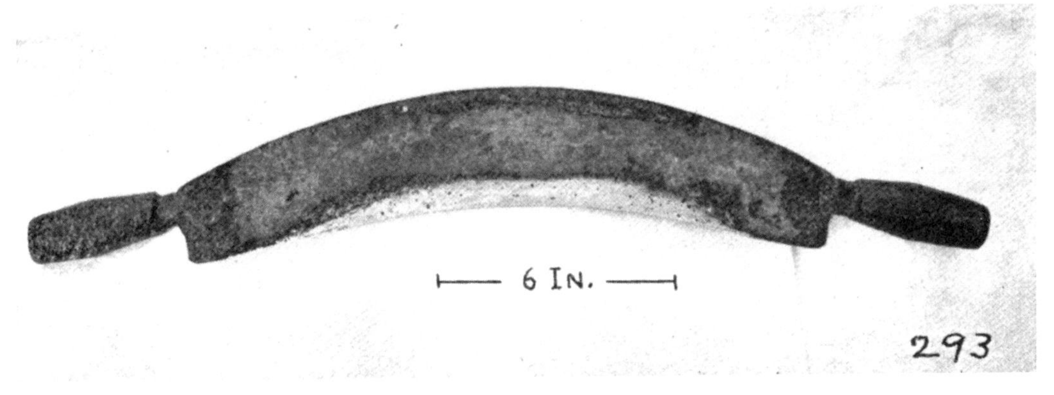

图298　皮匠的刮刀

该刀23.5英寸长，3英寸宽，整体比另一把刮刀弯得多。

图299
晾皮子

图300
晾皮子
刮过的生皮铺在竹竿搭的架子上。

的皮子放进一个砖砌的水池里，要泡10到15天。刮生皮刀的刀刃向里弯，以与梁木的凸面相适。泡在水池里的皮子所发出的恶臭无法描述和想象，一阵风吹过来迫使我止步，而一个小孩坐在水池边上玩，毫不在意。工匠家的其他人也在这里干活、吃饭、睡觉，全不受这种味道的影响。

如图297所示，刮刀有两英尺长，两边的把手9英寸长，中间是15英寸长的金属刀刃，刀刃最宽处有3.25英寸。

图299和图300是处理后的生皮，由木棍撑起在太阳下晾晒，皮子的边缘没有处理，仍是不规则的缺口。

用中国的方法制出的皮革质量很差。这种皮革做成的鞋只在下雨天穿，而且鞋底要钉很多平头钉，因为这种皮革在水中很容易变软而黏糊糊的。为了不让皮鞋生霉，得经常给鞋擦油。

我见过的质量稍好些的皮革是江西省建昌地区产的。实际上其生产过程和上面描述的并无二致，只是在晾干后会再把皮革放到烧稻糠的炉子上，两边交替地用烟火烤。所用的砖炉形状很像厨房用的方形炉灶，上面有一个直径约5英寸的圆孔。皮革在圆孔上来回移动，直到整个表面都烤到所需的质感。砖炉上没有烟囱，烟很快从孔中飘散出去。

不管用哪种制革方式，皮革制好后都要叠起来堆好，并用重木压着，直到用时取出。制雨鞋的皮匠准备好所用的皮革后，还要再做些处理，其中一个步骤就是用刀刮平皮革的内表面，如图301所示。

把干皮子放在如图302中奇怪的架子上。之后皮匠沿着与木梁平行的方向用刀具（见图301），从里向外推压以刮去皮子表面凹凸不平的部分。这需皮匠把轭状的把手顶在腹部，同时握住刀具的把手推动。这里使用的工作架梁很长，只在一端有固定支点，在如图所示位置，两只木脚楔进其左端的榫眼内。如果只是用到工作架的一部分，可以往后放，让部分木梁伸出门外到街上。这虽然挡行人的道，却没有人在意，行人会绕道而过。有耐性的中国人不像西方人那样易于冲动，把他人造成的不便视为对自己的侮辱。对中国人而言，别人要做的事自有其理，就像刮风下雨一样不可避免。

为了让皮革柔顺些，还得用一个与图301刀具相似，但为钝刀刃的工具（见图

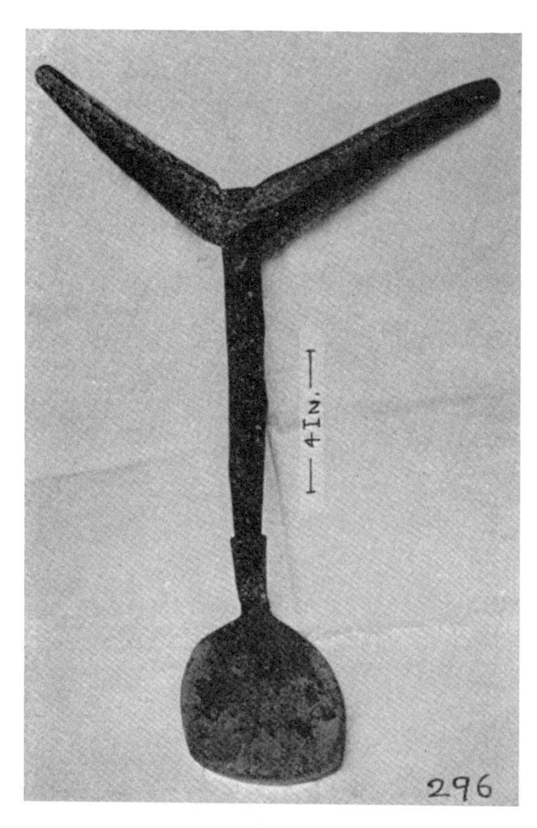

图301
皮匠的修整刀具
该装置从丫杈处到刀口有17英寸长，刀口微呈弧形，5英寸宽。从刀口到插孔末端的金属部分7英寸长。

图302　皮匠修整皮革用的木架

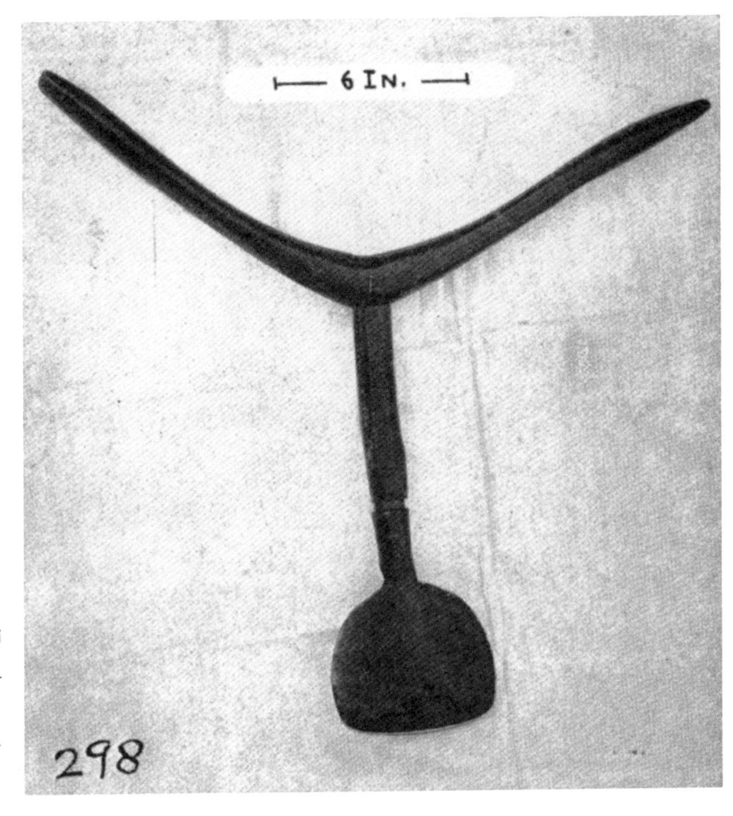

图303
皮匠用来柔顺皮革的刀具
该刀具与图301中的刀具形状相似，以相同的方式在同一个木架上操作。它的刀刃是钝的，不用于切割皮子，只是使皮子平整和柔顺。

303）。上面所说的“梁撑”也用在这里起支撑作用。

我在山东一个农村集市上，见到一种廉价而有效的使皮革柔顺的方法。在人们来赶集买东西之前，聪明的皮匠先将带来的皮子摊在地上，当很多人在集市上走来走去便会将皮子踩平变软。

以上图片摄于不同的地方。图297和图303摄于江西的建康；图296、图298到图302摄于江西的建昌。

在沿海有些地方，烟熏制革没人用过，也不为人所知。那里的皮匠对自己的产品很失望，眼看着大量的鞣制皮革从通商口岸运进来，并很快为中国人接受。在属内陆地区与福建毗邻的江西建昌，上面所说的烟熏制革法仍有市场，我在湖北省也见过用烟熏法制革。

做鞋

做鞋在中国是一种游商的生意。绝大部分鞋子的鞋底和鞋帮都是布的，其制作过程见前文的描述。鞋底通常由女人们在家制作，鞋帮也如此。而后鞋底和鞋帮都交给街上的鞋匠，鞋匠用他的刀子（见图305，另一种刀见图306）把鞋底修平整，并将鞋帮沿着外沿缝到鞋底上，然后用形似砧板的一块木头当膝板（见图198）。缝制活儿是在如图304所示的木制鞋楦头上做的。鞋楦头用来给鞋子定型，它包括两部分，一部分用来做鞋面或鞋尖，另一部分做鞋跟。在这两部分之间，塞入木块并在最后打楔子，以保证鞋的适宜长度。中国人的鞋不分左右脚，鞋匠通常只备有三种尺寸的鞋楦，按中国尺寸，第一种鞋10寸长，第二种鞋9.9寸长，第三种鞋9.8寸

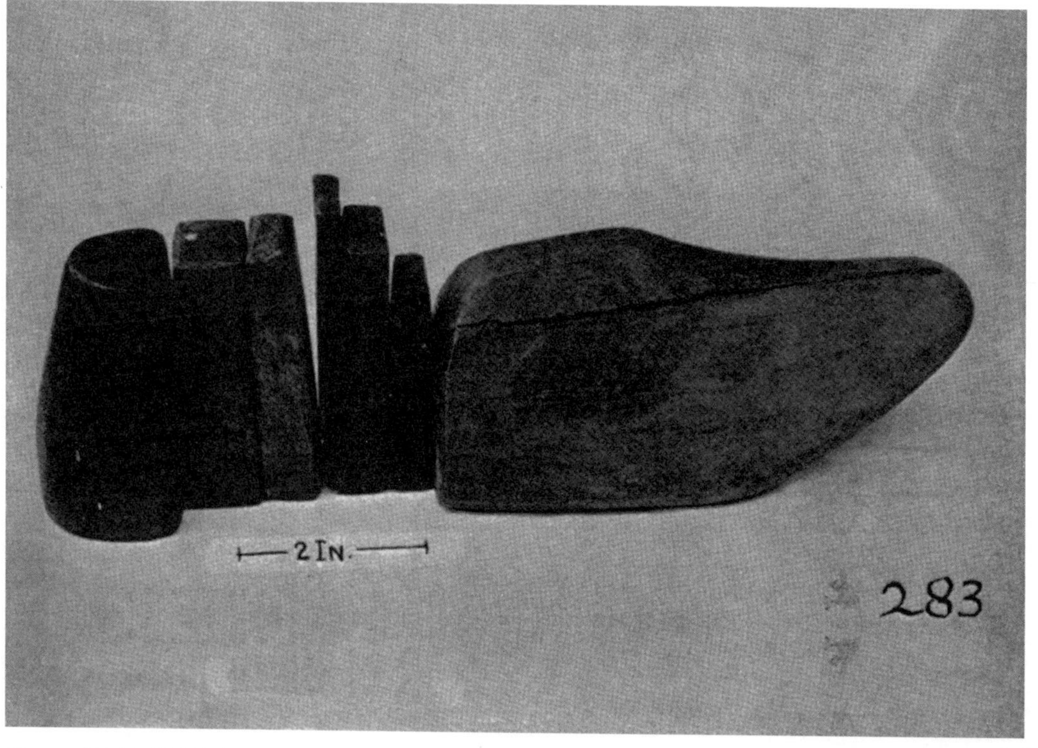

图304　鞋匠用的鞋楦头

图305
鞋匠修整鞋底用的刀
照片摄于江西德安。刀4.5英寸见方，有一个圆角。铁柄脚插在3.25英寸长的木柄中。刀片厚0.375英寸，刃口锋利如剃刀。

图306
鞋匠的刀
这是鞋匠用的另一种形状的刀。刀身4.5英寸长，刀口2英寸宽。铁柄脚插入木手柄，3.5英寸长，粗细1.25英寸。为防木柄开裂，装有金属箍套。照片摄于江西建昌。

长[1]。三种鞋的鞋跟都一样。那些脚偏大或偏小的人，会有自己的尺寸，做鞋时拿给鞋匠参考。

图304中的鞋楦头由硬木制成，这种合成的鞋楦长度为9.75英寸。在中国内地，女人裹足现象依然存在。给畸形的小脚做鞋不在鞋匠的范围。女人们多是自己或是靠佣人来做鞋。鞋楦也用不上。事实上，女人的小脚裹得不一，各有不同，每个女人都有自己的鞋楦头。

[1] 中国的尺度按十进位，所进行的换算有时并不精确。

鞋匠工具

缝鞋时用来固定鞋的是一个灵巧的夹具（见图307）。夹具包括两块木板，木板的一端榫接一个底托，另一端相抵接，用一根绳子将这两块斜立的木板固定在位。一个钳夹由此做成，要缝的鞋就夹在像钳口一样的木板端头中。这个装置立在地上，鞋匠坐在矮凳或工具箱上，把夹具放在两膝中间。以这样的工作姿势，中国鞋匠很容易像西方同行一样形成内八字脚。这个夹具高23英寸，底部开口宽8.5英寸。夹板的夹口宽3.5英寸，厚半英寸，底托厚1.75英寸。

图308是缝制布鞋所用的一种更为精巧的夹具。其基本原理与上述夹具一样，但该夹具用来收紧夹口以夹紧木板的是一个木栓，木栓穿过木夹的长条上竖直的开槽。通过向下压水平位的木栓，木栓两端的木节由增大摩擦而收紧夹口来固定。我在江西西北的万载山区一个孤零零的农户家看到这个装置，于是把它拍了下来。

鞋匠通常都要用到夹具，偶尔也见单门独户的家庭，妇女用它承担全家人的做鞋之责。在我的孩童时代，德国的马具匠也用类似的夹具来固定皮革，以腾出两手用双针双线缝制。西方的鞋匠也用双针双线的缝法，把鞋放在膝盖上，用一根皮带扎住然后用脚来控制拽紧。

中国人纳鞋底用的锥子有一个很大的球形柄，这种球柄能使手掌使上劲。在家庭中做鞋很少用这种锥子，家庭做的鞋底针脚比较细密，因为是用一根针缝制，一个针眼只穿一根线。这种缝纫活儿很麻烦。另有一个重要点，家庭纳鞋底要用整根的线，因而有经验的女人搓麻线时会估测出适宜的长度。

鞋匠在缝鞋时右手拿着针，左手拿一个小圆木棒。他先用锥子在鞋底上扎出眼，用猪鬃做引线，用两根麻线以相反的方向穿过。接着将麻线套到一只手中的锥子柄上，另一只手借木棒作用将线拉紧。然后以同样的方法穿过一个又一个针眼。在有些地区，鞋匠用的不是木棒或拉把，而是一根竹管。竹管长约4英寸，直径1英寸，一端封闭一端开口，开口一端塞有浸油的棉花。在每次用针前，鞋匠会把针尖放进油棉花里蘸一下。这种用两根针引线，交叉穿过同一针眼的缝制法也同样适用于西方的鞋匠

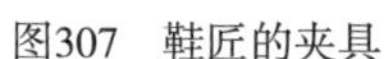
图307　鞋匠的夹具

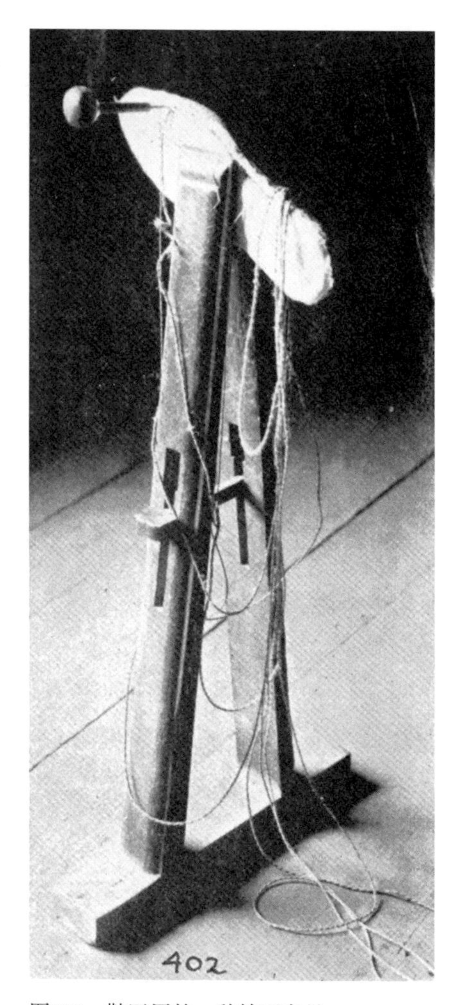

图308　鞋匠用的一种精巧夹具

和皮匠。鞋匠毫不困难地将线连在猪鬃上穿引缝制，跟用两根线缝制的方法一样，不过鞋匠得捏住针的底部。

在钢针出现之前的诸多古老缝纫法中，用锥子和鬃毛做引线的方法是令人充满联想的。我们知道，当时荆棘刺、鱼骨刺都被用作针在缝纫物上扎眼。那时期，是否拿鬃毛做引线尚无证据，尽管感觉很有可能。我们还想弄清的一个问题是，中国鞋匠用鬃毛作为引线是否比欧洲人要早？

图309中是两个锥子和拉线用的小木棒。较大的锥子平底，0.09375英寸宽，小些的锥子平底，只有0.0625英寸宽。大锥子用来纳鞋底，小锥子用来缝鞋帮。小圆

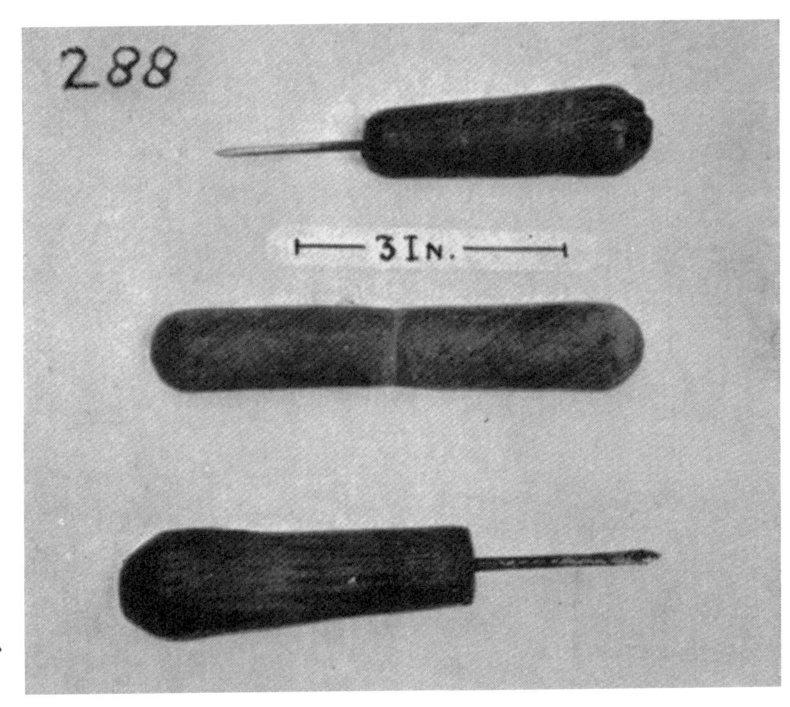

图309
鞋匠的锥子和拉线用的小木棒

木棒5.5英寸长，用来拉线，图中可见圆木棒的中间因多次拉线而磨出的沟槽。为了系上猪鬃，先要把线的纤维捻开，而后将鬃毛的末端磨散开，这样便可把捻开的线头与磨散开的鬃毛连上，使磨散开的部分鬃毛穿过由拉伸形成的线股环里，这一程序经几次重复而完成。

布鞋磨损很快，脚趾部分的布最先磨破，接着鞋底磨薄、脚后跟部分磨偏。这时鞋匠就有活儿干了，他用随身带的皮子给要补的地方打补丁。鞋匠剪皮子用的大剪子如图312所示，9.75英寸长，有富有特色而舒适的护环——我们也在别的剪子上见过。鞋匠常用大平头钉修补磨坏的鞋底。补鞋时，把鞋放在鞋撑上，该工具如图313所示，由铸铁制成，顶部呈适合鞋的模样。鞋撑的柱上有一个疙瘩，鞋匠可以以此为准将其插进地里或路基的石缝中，这样工作时鞋撑很稳定。鞋撑有10英寸长，顶部5.75英寸长，一端宽2英寸，另一端宽1英寸。

图314是拔钉锤，是用来拔平头钉和锤打新制的鞋底使其柔韧。锤头3.75英寸长，锤头的端面1英寸见方，另一端开衩，用于夹住钉子拔出。整个锤子连同把手有5英寸长。

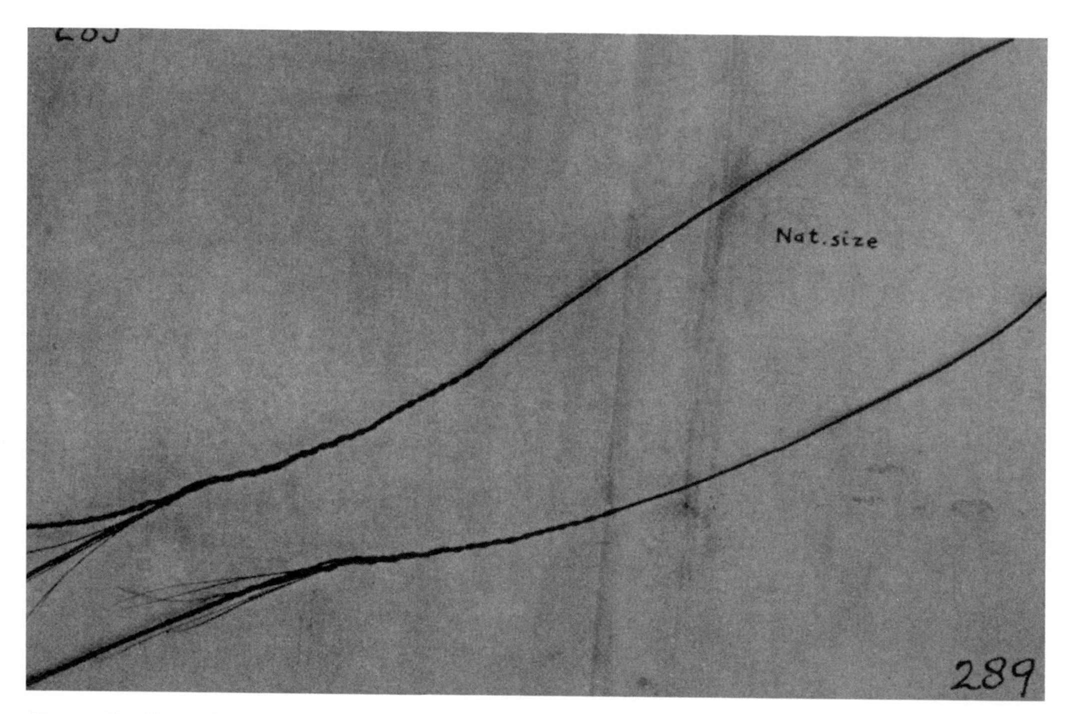

图310　鞋匠捻开的带鬃毛的线

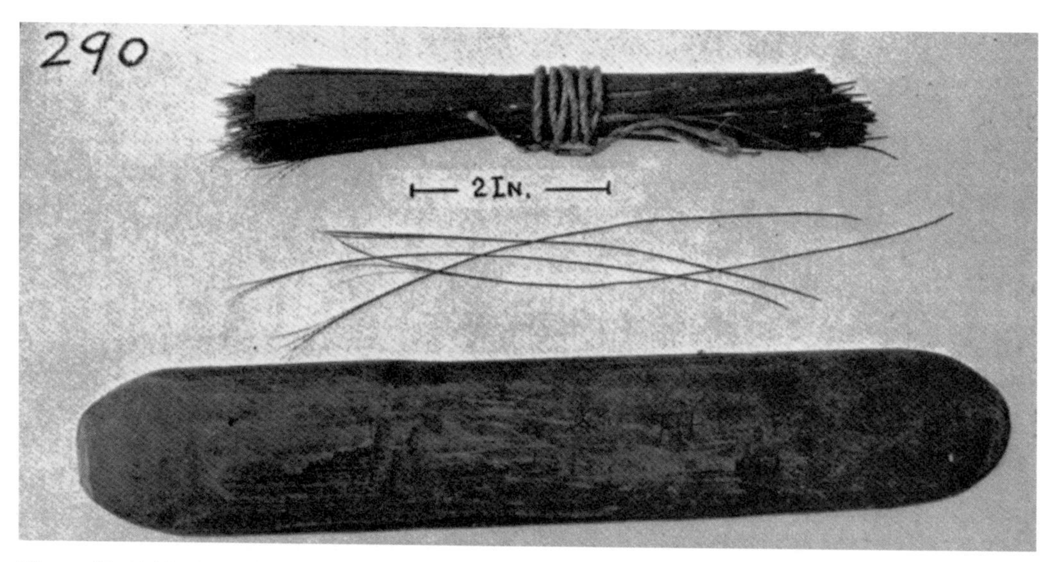

图311　鞋匠用的鬃毛和磨光的竹板

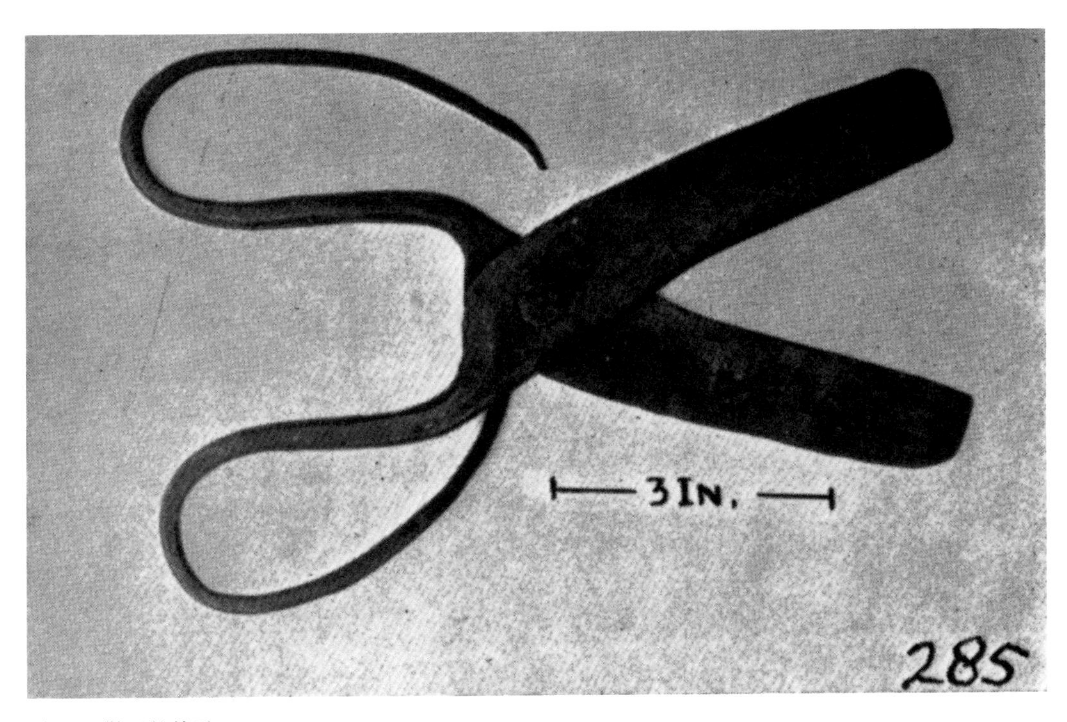

图312　鞋匠的剪子

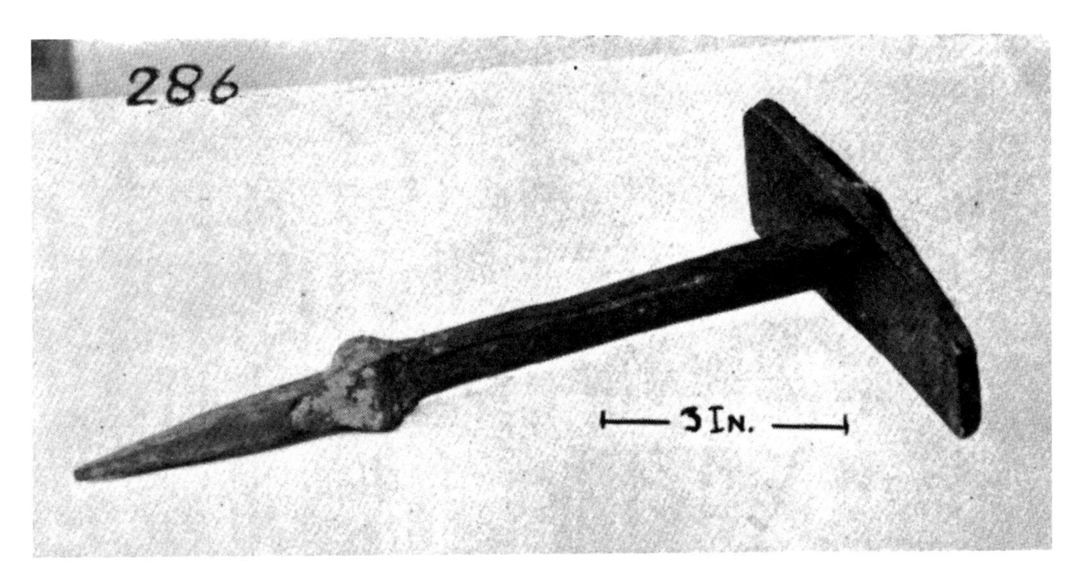

图313　鞋匠的鞋撑

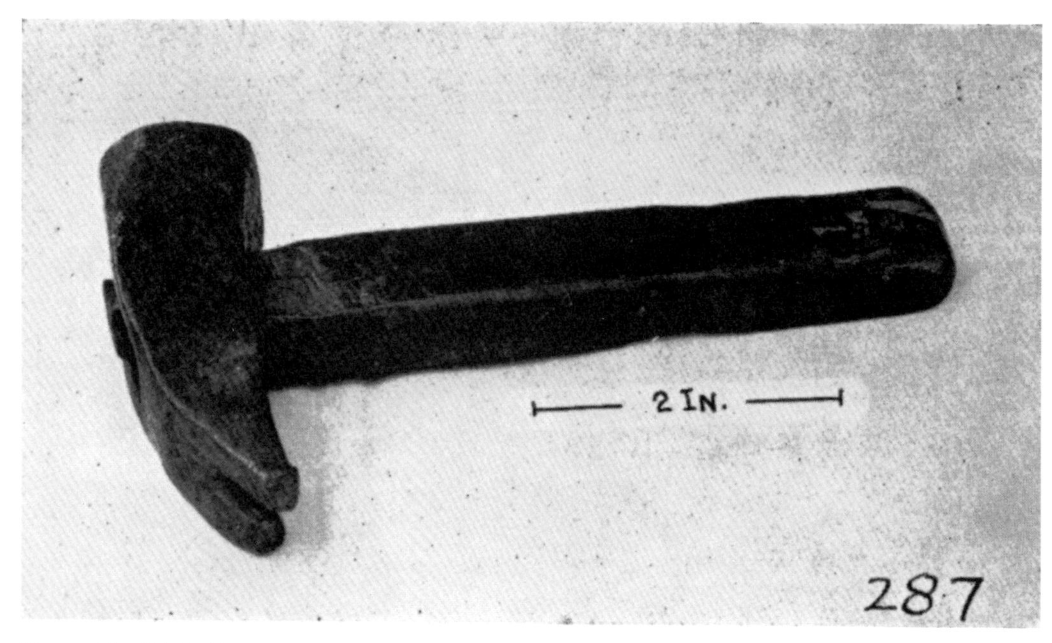

图314　鞋匠的拔钉锤

流动的鞋商随身携带着谋生的全部家什。他们肩上挑着扁担，一头挂着带抽屉的木箱，里面放着工具；另一头挂着筐子，装着其他的用具，箱子也能当凳子用。鞋商总是带着一卷麻线。但我从没见过鞋商给线绳上蜡。在江苏地区，鞋商用纺锤（见图245）来搓线，其他地方的人搓线是用腿或放在大腿上的瓦片。

中国也有固定的鞋店门面。事实上，流动的鞋商通常是鞋店的学徒。店铺的鞋匠修补鞋通常用他们早准备下的皮子。如前面说过的，他们的皮子不使用鞣剂，质量之差，甚至都不配叫皮革。

中国制鞋的工序在很多方面与德国的一样。我做的描述源于我在中国乡村的考察，那些地方还没有受到国外技术的影响。如果从欧洲传入制鞋技术，就会有人提出问题，为什么制鞋中给线绳上蜡，为何使用球状反射镜等。而所说的这些在近年每个德国鞋店里都已是必备的。

第四章

建筑工具

伐木

如同在美国一样，中国的森林正在逐渐消失。大规模砍伐森林已成为现代文明的一个特征，并且产生了某些方法和手段来促成这种目的。尤其在美国，整个大陆的原始森林已成为贪婪的木材商的牺牲品。在中国，森林砍伐是一个缓慢的过程，延续了好几个世纪，在大量时间花在手工上并且劳动成本不值钱的情况下，普通的伐木工具和方法通常就足够用了。在中国中部和南部山区仍有大片的森林，当一位农民需要一棵树做木料时，他就用斧子把树砍倒，用刀去掉树枝，当场把它锯成适宜的长度，而后将这些木料放在肩上扛走。如果这位农民需要一根全长的树干，并且得搬运一段距离，他有时就会在靠近树干重心的地方打入一根木楔，用它当作一个把手使这根木头在肩上保持稳定。因而，你会看到一个人肩扛着一根长25英尺、直径一英尺的树的粗端，从鄱阳湖一路走到牯岭——先是走一段两小时的上坡路到山坡下，然后是持续地爬坡两小时。在牯岭，这样的树锯下来是建房子用的。如果要搬运大一些的树木，就得靠许多的劳力用绳子和杠子，每根杠子要两个人用肩膀抬。没有其他的机械手段，也不使用畜力。

在另外一些地区，大量的木材被砍伐，一起装上竹筏漂流运输。撑筏的人用一根普通的矛或原木钩来控制木头。在浙江西南部的山区，我见过一排排被砍伐的木材沿着山间溪水漂流。每当春汛时节，木头会滚入溪流中，伐木工的任务就是带着原木钩，跟随山间溪流——有时要走好几英里，直到汇入一条稍缓一些的河流——寻找下坡途中被挡住的木头，以让它们重新上路。在平静的水里，漂流下来的木头会被集拢起来，统一装上竹筏。

写到这里，我要对在浙江温州港腹地进行的肆意砍伐提出抗议，据说砍伐是受日本利益集团鼓动的。中国有一个森林局，在许多省设有森林站，浙江是其中一个。那些本应进行抗议的官员受到贿赂，事情于是就摆平了。在距离温州沿河两三天路程的衢州，因为森林砍伐，在过去五年里造成水位上涨，水位比人们印象中的以往任何时候都高。在这条河上游的龙泉地区，山上森林还没有完全被毁掉，当地士绅拒绝出卖更多的木头烧木炭。税务官员对这种抵制气得发疯，并发誓“为了国家的利益”会继续进行这项赚钱的买卖，必要时甚至动用武力。

斧子

中国的森林濒于消失的一个结果，使真正用来伐木的斧子成了稀有品，但我最终还是在江西建昌见到了一把。建昌靠近福建，那里有一条由密集的林木形成的自然边界。图315就是这种伐木斧子的全貌。斧子从斧顶到刃长9英寸；斧顶端呈方形，边长1.125英寸；斧刃长为1.5英寸；斧子连柄全长为2英尺。

有趣的是，实物可以证实（中国的短柄小斧也是这种情况，见图350），中国人充分意识到制作应手斧子的好处，即让斧顶部分的重量超过斧刃部分的重量（或至少相等）。如果不是这样，比如使用德国的斧子，就得更紧地握住斧柄，以防重得多的斧刃端偏离要砍的方向。当然，中国人不是唯一利用这一原理的民族。在萨尔堡（从前的一个罗马要塞，位于德国赖米兹防线上）出土的一个罗马时代的重铁斧，也显示了这种结构，瑞典的斧子从古至今也是如此。一位瑞典传教士，G. 内斯特劳姆（G. Nystroem）先生从前做过木工生意，他告诉我说，瑞典现在的斧子就是这种类型。他估计斧顶部分与斧刃部分的长度比为1比2，也就是说从斧顶面到穿孔的距离为从斧刃口到穿孔距离的一半。现如今，瑞典斧子大部分已由工厂制造，但在农村地区，许多斧子仍由村里的铁匠打制。我也得到一把丹麦斧子，它显示出同样的特征，从而可证实那位瑞典传教士的话。

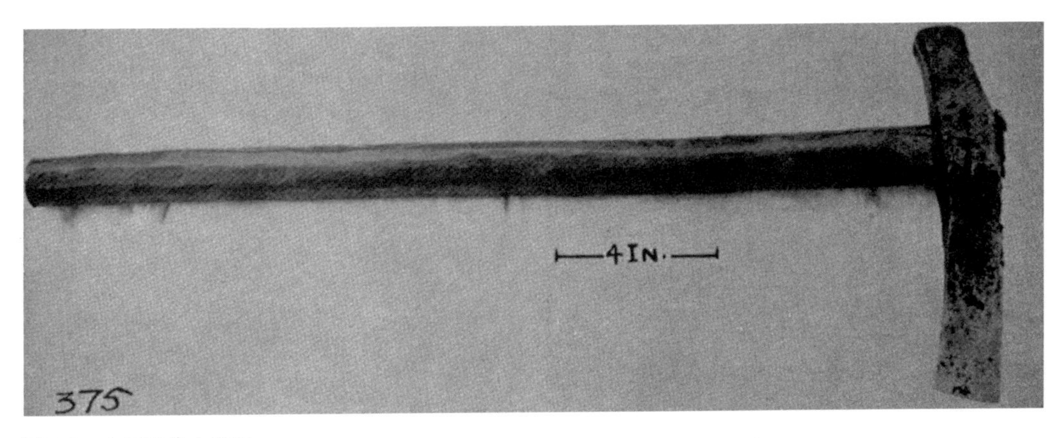

图315　中国的伐木斧子

原木钩

中国人不知道西方的那种滚木钩，使用的是图316中的工具。它有一个略微有点弯的钢尖（从铁环套旁伸出），钢尖、铁环套为一体，长约6英寸，安装在长4英尺8英寸的竹竿的顶端。把钩子插到原木下用力撬，就可以获得强大的杠杆作用。中国木匠通常会在院子里堆一大堆原木，处理原木时就用到这里说的钩子。另一个用这种工具的方法是，用钩子的尖头用力向下猛扎木头，然后拉住把手来移动原木。我们在江西临江拍下了这种工具。

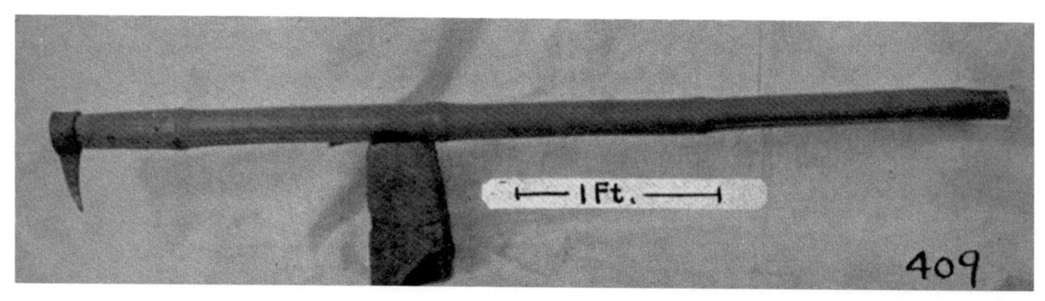

图316　中国的原木钩

打号锤

图317中的打号锤是从江西省南昌的一个旧货商那儿买的。两把锤头都是锻造的，打号模是手刻的。每做一把锤子都要在侧面打上商号和工匠姓名。而锤击面上的印模据说是用来给木材打号的。步骤是先把锤子上的印模蘸上红墨水，然后拿锤子敲击木头打印，这样就在木头上留下清晰的红印。砍去枝杈锯成段的原木两端就用这种方式打号，以便这些木头顺着山间溪流漂流下来容易识别出它们。我从未见过将号烙到木头上的。图317中的锤柄不是原装的。

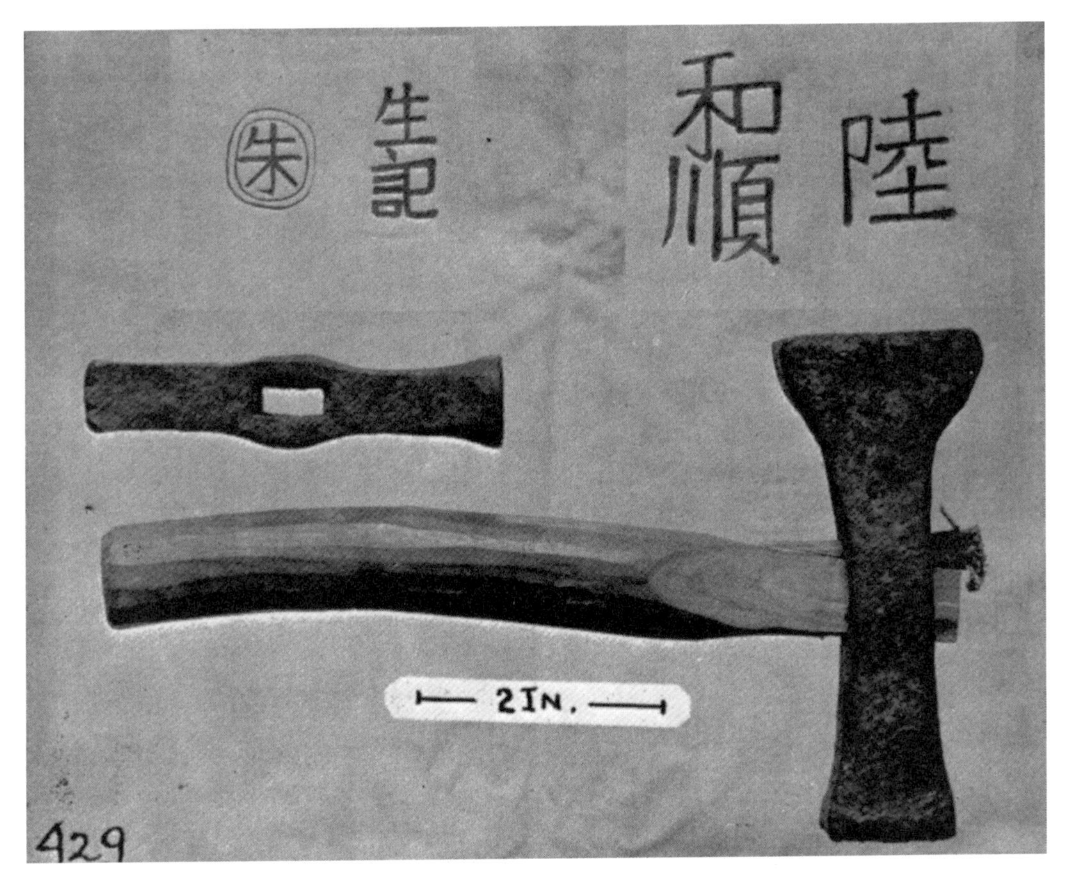

图317　打号锤

带柄的大锤子，金属部分长4英寸；另一把锤子的金属部分长3.75英寸。图中的中国文字（从左至右）是：朱（人的姓），生记（商号名）；和顺（也是商号名），陆（是人的姓）。图中所示的文字是锤子上的真实印记。

对中国人来说，多多少少用些力，拿模（或印）给物件打个印记是很普遍的观念。锡器、金银首饰、铁工具、刀具，都是这样打印记的。有时陶器、瓷器、砖也这样打印记。当然，模或印的材料软硬不同，要根据被打印记的材料而定，从最硬的钢铁到软木都有。[1]有趣的是，尽管中国人有这样的技术知识，但他们从来不用锻造方法做硬币，直到最近，制作硬币还墨守传统的铸造方法。

[1] 中国从秦汉时期就有“物勒工名”的说法，即在做好的物品上打上工匠的姓名或作坊名号。——译注

竹子的利用

在中国，竹子属于最具有经济重要性的植物，它的用途似乎数不胜数。我随意从千百种的应用中举几个例子，在穿越这个国家时我们处处都能碰到这些应用。未劈开的整根竹子或一部分，用来做船的桅杆、房屋建筑中的脚手架、篱笆、水管、拐杖、扁担、家具、钓鱼竿、水井设备、工具把手、容器，劈开的竹条用来做席子、篮子、斗笠、乐器、弓箭、椅子和凳子、桌子和搁板、屏障、筹码和代用币、筷子、扇子、梳子、伞骨、火把、蜡烛芯、竹绳以及其他许多东西。

植物学家能区分大量不同种类的竹子。不过，许多竹子品种在30～60年里只开花结果一次，植物学家对不同种类竹子进行系统分类的工作几乎还没有做。竹子种类差异极大，有一些竹子长得高达100英尺，而一种黑杆类竹子却超不过人的身高。竹节的间距通常随品种而异，这提供了一种分类方法。有一些竹子，在近根部处节和节靠在一起，而越往上竹节的间距就越拉开。大部分竹子腹中是空的，但也有竹子是实心的。大部分竹子是圆形的，但也有一些是方形的。

竹子的栽培没有什么值得多说的，它们在中国长江以南的任何地方都生长茂盛。一棵成竹会在它四周的土里伸出若干的笋子，笋子长在冬末和早春，由笋子逐渐长大成新竹。竹子生长很快，一个季节可以长20～100英尺，高度差异与品种有关。我曾经在春天测量过一棵幼竹的成长，发现它在20小时里长高了25英寸。竹笋的形状为圆锥形，底部直径可达4英寸，高度可达1英尺或更多。竹笋很嫩，口味极好，在生长季节数量巨大，由数千艘船运送，在市场上当蔬菜出售。有一条不成文的规定，清明之后（在4月的第5天）就不能再砍竹笋了。被勤劳的采摘者漏下的任何一个竹笋，此后都有机会长得亭亭玉立。

砍竹子要用砍刀，如图318中标记A的刀形所示。使用这种砍刀，要尽可能在离地面近的竹节下围着中空的竹竿将它砍断。这把砍刀总长为19英寸。刀柄是临时装的，原来的刀柄与照片上标记B的砍刀的刀柄相同。砍刀从柄脚到刀尖长为13英寸。刀身最宽处为3英寸。刀背厚薄不均，柄脚处厚0.25英寸，到刀尖处则增加到0.5英

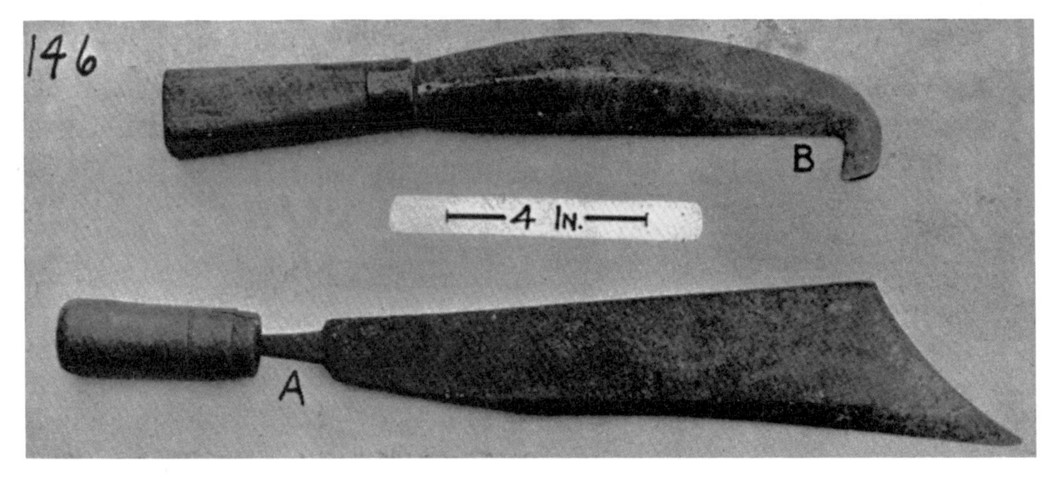

图318　竹子砍刀和劈刀

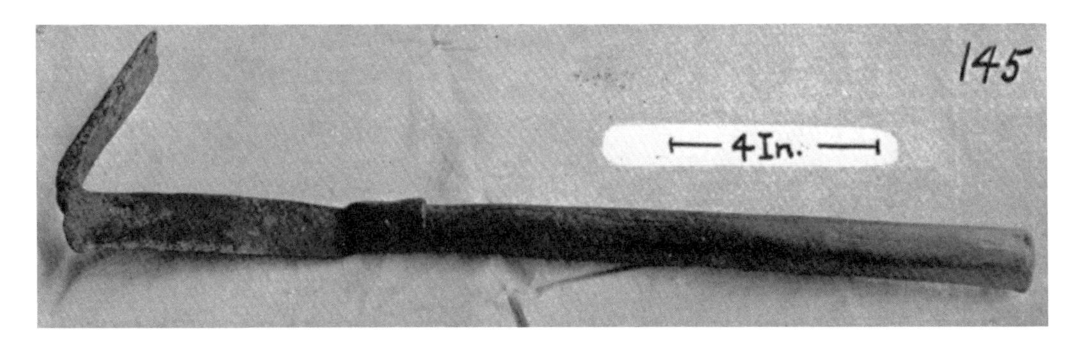

图319　砍竹子的锄刀

寸。这使得砍刀的头部非常重，但这有助于有力的砍击。

一位竹篾匠买回一整根竹子，先将它锯成适宜的长度，再如图318中的B砍刀将这些竹子劈开以合其所用。竹篾匠直握住一段竹子，从顶端开始劈，一旦顶端劈开，而后就会非常容易，这是由于刀的截面呈三角形之故。刀口（图中所示工具向下的一面）向下，三角形起到一个楔子的作用，迫使劈开的竹子分离。刀口像刀片一样锋利，所要做的就是将刀子向下按，直到出现一个裂口。要劈的竹子立在地上，刀子一直向下最后将触及地面，而刀身前的刀鼻，能护着刀口使其不被碰钝。刀总长14英寸，最宽处为2英寸，刀脊中线的厚度为0.375英寸。刀的尾端牢牢穿进手柄。用一个铁箍把刀柄紧固住。图318是在上海老城拍摄的。

图319中的工具是以一个锄头与刀结合的形式制作的。该工具的金属部分末端打

制成插口，以安装木柄；另一端以适当角度弯成锄头。该工具的直杆部做成刀的式样，从而使该工具有两个用途：先用锄头把笋尖边的泥土拨开，使整个竹笋露出来；然后用工具中的刀将竹笋从根部砍下。图319是在浙江的西岙拍摄的。

这件锄刀长18.5英寸（包括刀柄），其刀宽，就平坦部分看，从刀柄向下延伸至锄头，宽1.375英寸，刀背厚为0.25英寸。构成锄头的部分长5.625英寸。锄头口呈凹形，两个尖之间的距离为1.125英寸。请注意位于刀身底端凸出的刀鼻，它用于保护刀口。而刀身顶端锻打成插口，以安装木柄。

竹子切削出的刨花可用来填充垫子和枕头，所用工具如图320所示，大的椭圆平板座由竹子制成，上有圆孔用来将图中所见的铁刀扣在底座上，下面的两个圆孔是为在同底座上换用大号的刀而设，所用的大号的刀为一个斜台有刃的矩形铁块。在刀的矩形部分遮盖下，有一个1英寸×2英寸的孔，刨花即由此而出。刀口位置与竹板之间有一个约0.0625英寸的空隙。使用此工具时，手握住刀后部的弧形部位（见图320底部，该部分的竹质已被挖空）。要切刨花时，就沿竹子推动这件工具，就像使用木匠

图320　竹刨刀

图321　竹刮刀

刨子一样。该工具的金属部分宽1.125英寸，长2.5英寸，不包括两头的小爪——弯成适当角度，成为穿进竹板的柄脚。两柄脚仅靠摩擦压紧在孔里的，它们长达2英寸，尽管竹板底座的平均厚度才大约0.625英寸。紧靠刀口的前方，竹底座削成斜面以与刀紧贴。还有其他类似的窄刀身工具，是用来切竹条或竹片的。刀口与板面的间距决定了要切的竹条、竹片或刨花的厚度。这与下面要描述的工具一样，它代表了制作一种类似木匠刨子的早期尝试。图320是在上海老城拍摄的。

竹子外表面覆有一层薄膜，富含二氧化硅，中国人在砍下竹子制作用具之前会将其去掉。薄膜最初为深绿色，年复一年颜色逐渐变浅，最后变成浅黄色。颜色是判断竹龄的唯一方法，因为竹子几个月就能长到它的最粗和最高状态。图321中的工具是用来刮去竹子外表薄膜的，刀为弧形，通过两个柄脚，固定于一节竹管。刀口离竹管的距离刚好适合沿竹竿推刀具刮薄膜而不致切到竹竿。竹管的直径为1.5英寸，长6英寸。使用时右手握刀，大拇指肚搁在刀身上，以背离操刀者的身体方向在竹竿上推刀。图321是在江西省抚州拍摄的。

木工用具

锯

用如图322所示的锯，可将原木解成木板。这只锯的高为5英尺，支撑锯条的横木长30英寸。圆形木杆直径约2英寸，与锯条平行，撑在两横木中间，仅借助压力而没有用卯榫连接。锯条由当地的铁匠打制，长4英尺7英寸，宽2.5英寸，厚约0.0625英寸。从锯条中间开始，锯齿以这样的方式安排——两半锯齿各指向相对的锯条末端方向。换句话说，从锯条一端到中间的齿开成一个方向，而锯条另一端到中间的齿

图322
（双人拉）大锯

图323　拉锯和锯木架子

则开成相反的方向。采用这种齿向排列，可使两个拉锯人都做等量的功。使用这种老式的大锯，向下拉锯的人做了实际的切割，而在上面的人只是把锯再拉上去，如此往复。在锯条的两端连接有铁条打制的环，通过铁环，锯条被锯框中的边手木棍拉紧，也可更换锯条以对不同尺寸的原木用锯。如果锯条调整得离中心支撑处较远，自然就适合锯较粗的原木。锯条被绳子用套棍拉紧。锯框的两个边手采用硬木，而中心的支撑通常用松木。大锯总得两个匠人来拉，每个边手一人。拉锯的人抓住边手，锯条处在两人的手间。

原木被锯时放置的方式多种多样，而专业的锯木匠通常采用图323中的方式。这得先搭成一个锯木架子，把两根木柱的一头交叉绑在一起，另一头分开。然后把要锯的原木抬起半截悬空，放在木架上，使两根木柱中的一个长头紧靠在原木上，另一个短头被压在原木下方，用绳子把原木和木架牢牢地绑在一起。拉上锯的人靠着原木放一块木板，以便能站在上面拉锯。原木在木架上的位置可以调整，以方便拉锯。开锯的时候，原木悬空的一头较短，这样拉锯的人很容易够着。随着锯缝的深入，原木的

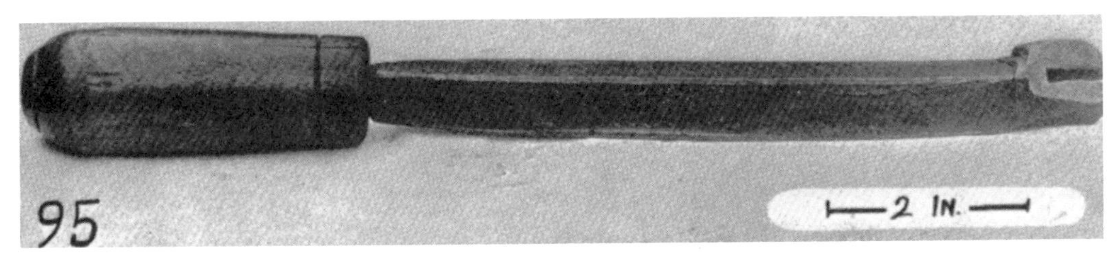

图324　锯木匠用的锯条扳子，二合一的锯条扳子和锉刀

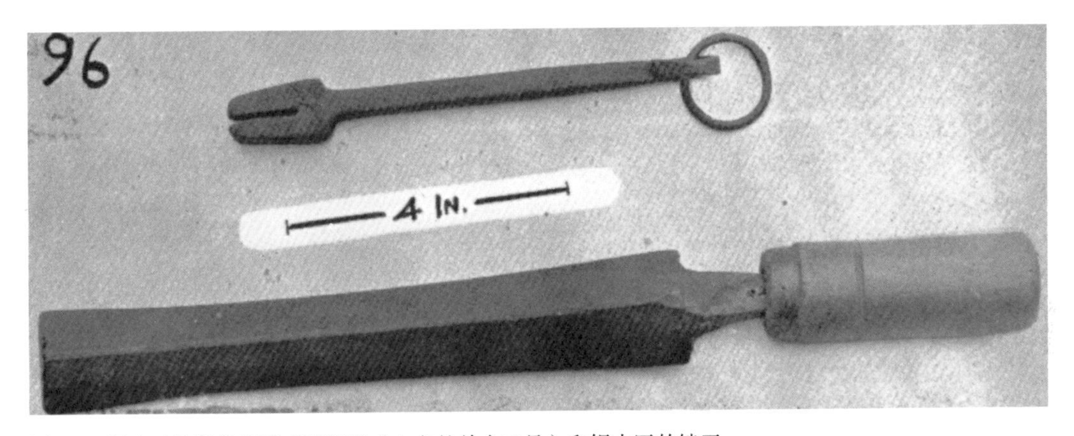

图325　锯木匠的锯条扳子或调锯器（上方的单个工具）和锯木匠的锉刀

位置改变，与地面形成很大的夹角。锯缝尽可能长一些，但接近下端不便用锯时，就要把原木倒过来重新开锯，直到新锯缝与原来的锯缝接起来。打楔子是用来防止在拉锯时锯缝把锯条挤住。要加工的粗重原木得搁在厚木板或横木上（放在另一些大圆木上），并且末端要用大石头压载。已锯开的原木悬空端有时得加一根短的竖木头撑住。要锯的又重又硬的原木，放置时尾部得立起来，锯木匠在水平位置上用锯[1]，并尽可能远地向下运锯，而后将木板破开。

锯木匠的工具包括锯、锯条扳子、锉刀、墨斗和油壶。

图324中的是一个二合一工具，是锯条扳子和锉刀的结合，该工具长（含柄）为11英寸。锉刀呈三角形，上边的两个面光滑，底下的面呈锯齿状隆起。锯条扳子和锉刀分开的形式如图325所示。用刻有槽口的锯条扳子，可把锯齿交替地扳成相反方

[1] 原文没有细致说明，实际是要在地面挖坑，原木水平放置于坑上，拉下锯的人在坑里用锯。——译注

图326 锯木匠用的油壶

图327 木锯

向，这样做可使拉锯时锯缝变宽，不会挤锯。

拉锯时，为避免锯条与木头摩擦发涩，要用油壶不时地给锯条上油。油壶是一个竹管黏在基座上，上面开口，填入一卷浸透了油的棉花。在开口端，棉花条从那儿伸出，触及锯条，产生摩擦。图326中是一个典型的油壶，外表脏兮兮的。油壶整个高度是6.5英寸，竹管直径为1.5英寸。

图327是在江西使用的一种解板锯。要用来解成板的木头水平放在两个木架上，并用铁“扒钉”固定住。拉锯的人在原木两边各一个，竖直拿着锯的边手，锯条朝下，且调到与锯框成适宜的角度，以便当前后拉锯时，锯条是在水平位置上运动。随着锯的进展，锯木匠顺着原木长度方向慢慢挪步，依次拿起解开的木板。对这种用锯的方式来说，锯条和锯框的中心木杆的空间就不需要留很宽，我们也确实发现，这种方式使用的锯，锯条和中心杆的空间与它们的长度相比总是很窄的。图片中的锯全长为4英尺2英寸，两端的横木长11英寸，锯条宽近2英寸。正如前面所指，锯齿以一种独特的中国方式排列，从锯条中心看，一半锯齿指向一个方向，另一半锯齿则指另一个方向。锯的中心木杆紧撑在两个边手中间，不用卯榫连接，这是出于功能上的考虑。

图328是拉大锯的木匠照片。可以注意到，他们的锯缝只到木架子，然后原木被倒过来从另一端开锯。这张照片和另一张照片（表现锯木板和工具的）是在不同地方

图328　锯木匠正在将木头解成木板

拍摄的，图322、图324和图328拍摄于浙江的甲村，图326拍摄于浙江的西岙，图323和图325拍摄于上海老城。

图329是华中地区使用的一种锯，它是在江西牯岭为莫瑟博物馆收购的。锯上由铁匠锻造的锯条宽2英寸，长4英尺，每端都有铆接的环。锯的中心支撑杆是松的，甚至没做连接的凹槽。即便如此，它借助了边手横木的杠杆作用，牢固支撑于两个边手之间，这种杠杆作用由几股绳子与一根套索木棍紧扭在一起的张力产生，所用的绳子是由一种棕榈纤维制成的。锯的整个长度为4英尺5英寸，宽1英尺1英寸。说

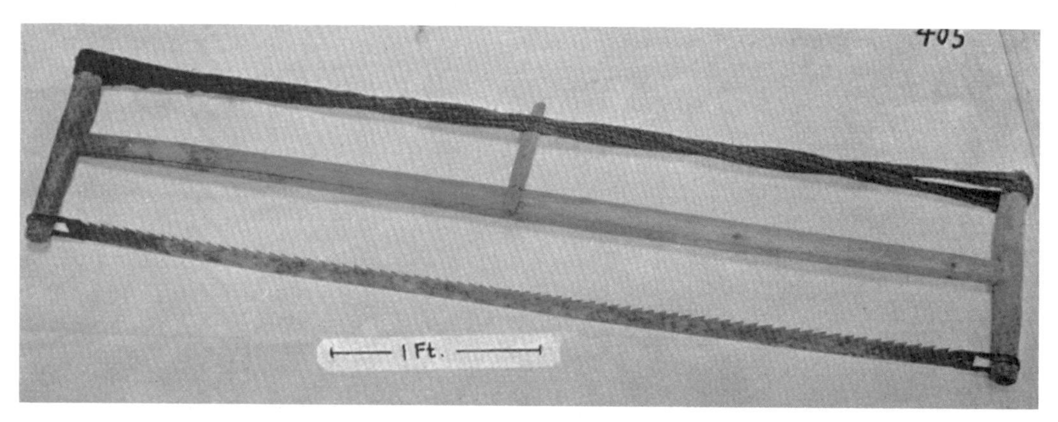

图329　木锯

图330　将被锯成木板的木头

来这种锯完全是一个很令人烦恼的设计，但使用它的秘诀就在于使工匠一天能吃上三顿米饭。中国工匠也是有血有肉的人，但用这种锯一天拉上12小时，并没有让他们烦劳死。

图330是一根用斧刨削方了的木头，平放在两个支架上准备要锯。这种支撑木头的方式遍及江西省，似乎比我们在华东地区见到的倾斜固定原木的方式要方便得多。图中所见支架由两根木头以一种简单方式组成，它们交叉地钉在一起，一根斜木柱一端靠在交叉处。斜木柱的较低一端抵到地上，或钉到地板上（如图中那样在木地板上

图331
用三角木架固定的将被锯成木板的木头
这根方木已做了标记，将被水平地解成四块木板，方木上标示的水平墨线隐约可见。

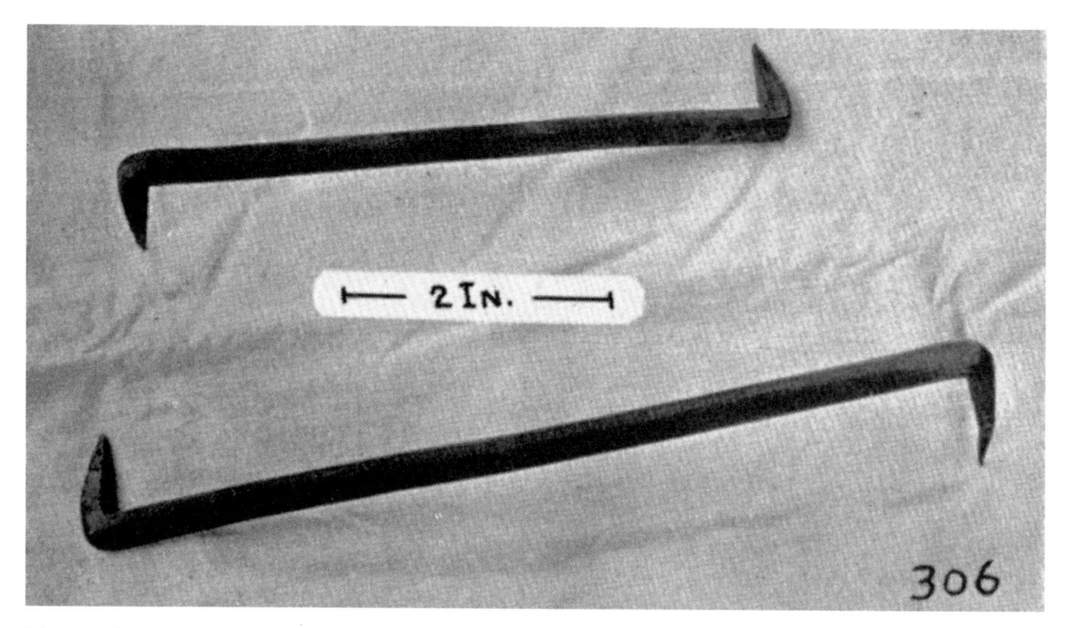

图332　扒钉

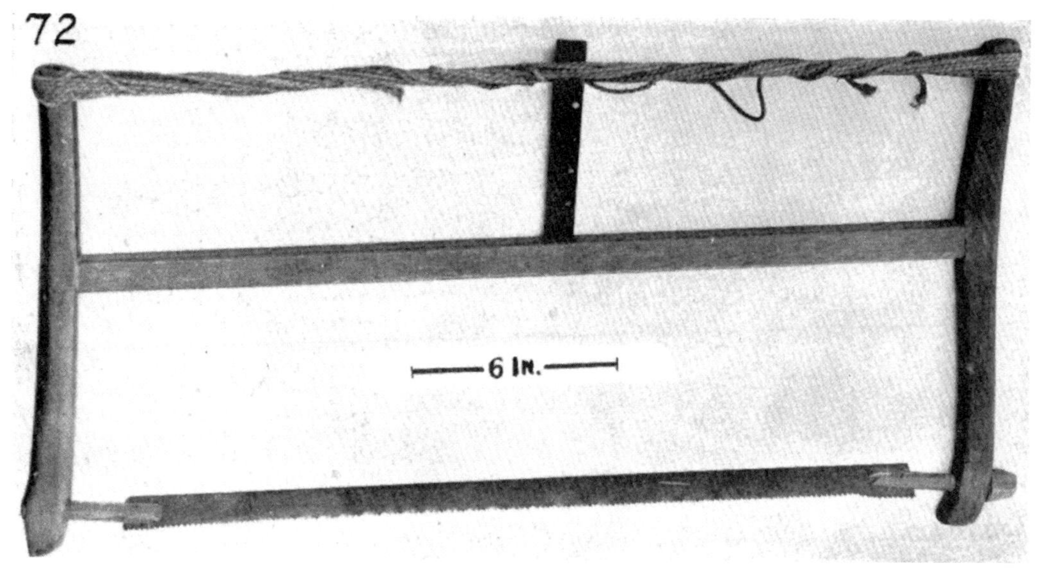

图333　木匠的锯

用锯的话）。在斜木柱的较高端，用绳子或铁丝挂一块大石头以使整个结构更牢固。借助铁扒钉，把要锯的木头钉在斜木柱的上端。结合图331能看得清楚一些，它显示了支架的近景。这些铁扒钉把要锯的木头牢牢固定在斜木柱上。图332是两个分开的铁扒钉，一个长5英寸，另一个长6.75英寸，都是由当地的铁匠打制的。锯的过程中，锯木匠一人站一边，顺着木头的长度方向挪步，以适宜的高度竖直拿着锯框的边手，锯条与锯框成适当角度，水平地前后滑动，距地面约3英尺。在木头的每个侧面都用墨斗（见图372和图503）仔细地打上墨线。随着锯口的深入，锯木匠得插入斧子头式的木楔（见图331中挂在铁丝上的斧子）。当钉扒钉时，斧子也当锤子用。

图333中木匠锯的框架由硬木制成，沿中心杆全长为27.5英寸。中心杆与边侧木榫接，边侧木长为14.5英寸。锯条长23英寸，宽1.125英寸，由一个当地的铁匠打制，用开槽的木栓和铆钉固定。木栓直径为半英寸，头上是一个纽，以免木栓从穿入的孔洞里滑出。用小木棍拧紧连接两个边侧木端的绳子，就可以使锯条张紧。锯条与框架平面总是成一定角度，在锯的过程中，这样能使木匠看到锯条沿期望的线切割。锯条成一定角度的另一优点是，能切割任意长度的木头。如果锯条与框架处于同一平

图334
横割大锯

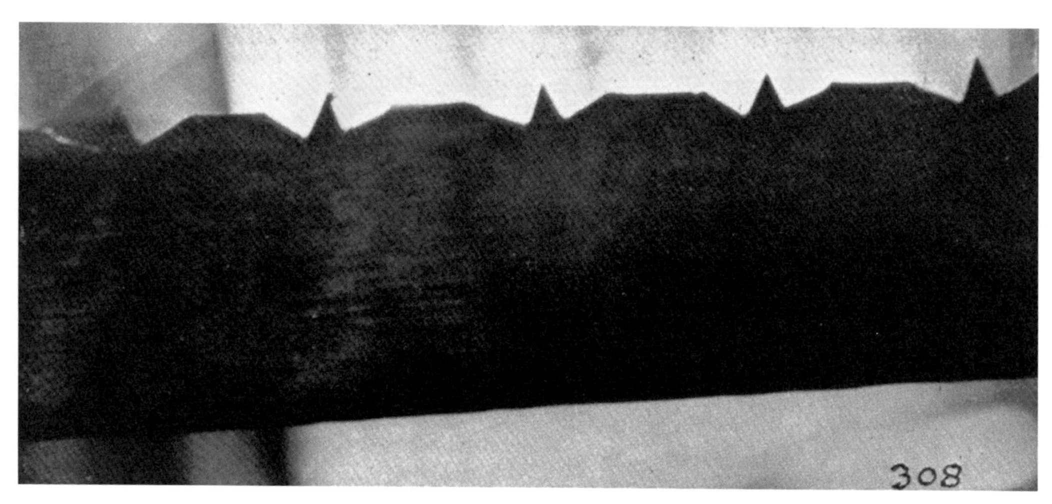

图335 锯齿排列不同寻常

面，那么锯缝的长度只能限制在锯条和框架中心杆之间的距离。这把锯的锯齿设置成向前推进的方式。在木匠铺里摆放有同一类型不同大小的锯，据我观察，锯只能以框架大小或锯条的长短来区分，而不能以锯齿的形状区分。是否有细锯有特殊的锯齿用于切割木纹理，尚不清楚。图333是在上海老城拍摄的。

图334中的锯是一把大尺寸的框锯。它锯条和中心杆的距离约为2英尺，能用来锯割粗大的原木。锯的麻绳通常用小木棍扭紧，使锯条处于张紧状态。附加的绳子是为绑紧摇晃的框架想的临时办法。如图335所示，这把锯的锯齿排列不同寻常，是一种以前我在中国从未见过的类型。普通的木板锯和框锯的锯齿一般是V字形，而在这把锯中，两个锯齿之间总有一个低一些的隆起，以有助于清除积聚的锯屑。此外，这把锯的锯齿不是倾斜的，而是呈等腰的尖角。这种锯齿顺着樟木的纹理可锯出大小10英寸×4英寸，厚约0.1875英寸的薄板，这适合用作图79至图83所描述的龙骨水车的板叶。这把锯的锯条宽1.5英寸，锯齿尖的间距为1英寸。这把锯的全长为5.5英尺，宽3英尺多一点。这把锯的巨大尺寸可以这样解释，既可用于锯成小木板，也可用于把整根樟木横切成适宜的段木，由段木再制作小木板。工作时，两人拉一把锯，垂直握着框架边手，尖利的锯齿向下，竖直向下切割。在一家铺子里（见图532），一段樟木靠住柱子，被打入木楔，这段樟木将做成板叶。

船匠用截圆锯

图336是造船匠使用的一把截圆锯，拍摄于江西省抚州一个制造优质河船的地方。为了在木材或木板上开孔，造船匠先用钻钻一个洞，大小要能插入锯的尖头，然后用锯将这个洞扩大到所要的大小。在其他木匠那里我从未见过使用这样的锯，看来这锯是造船匠专用的。为同样的目的，造船匠也使用一种钢丝锯，钢丝上用锉刀或凿子以很近的间隔开出V形切口做锯齿，使用时，钢丝锯套在弯成弓形的竹竿两端，先在木头上钻一个孔，把松开的钢丝锯穿过孔，再套固在竹竿的两端。钢丝锯连端头的长度是1.5英尺。

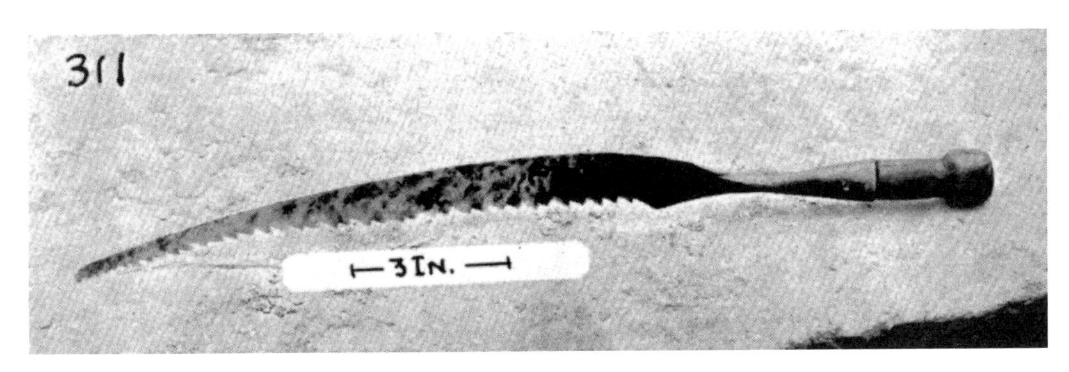

图336　截圆锯

横割大锯

横割大锯在中国也有使用。锯条呈弧形，锯齿锋利，锯齿位于锯条的凹部，拉锯时两人操作。锯齿的方向表明，锯时需要拉动装有铰链的把手，把手与锯条做成适宜角度。图337中的锯的长度是2英尺10英寸。该照片摄于江西省抚州。

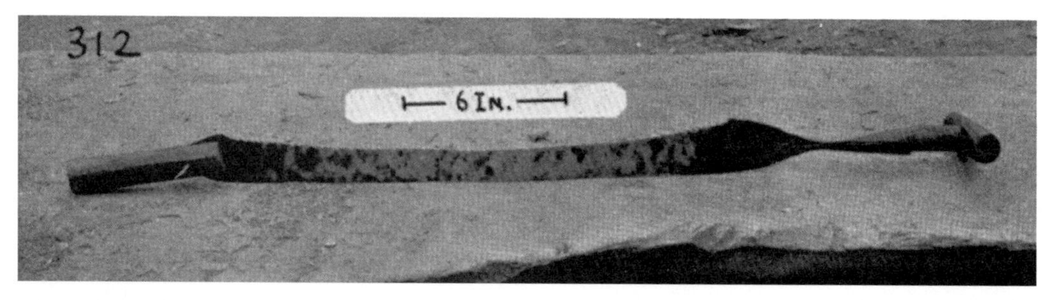

图337　横割大锯

篾匠用锯

图338中的工具为框锯的一种改良，用来张紧锯条的麻绳和木棍非常巧妙地被一根柔韧的竹竿代替，竹竿穿过榫眼被钩在锯框的两个端头。通过竹竿弯曲朝向框架中心，并用麻绳或竹条固定住竹竿将锯条拉紧。这种类型的锯在中国许多地方都有竹匠在使用，该照片摄于江西省省会南昌。

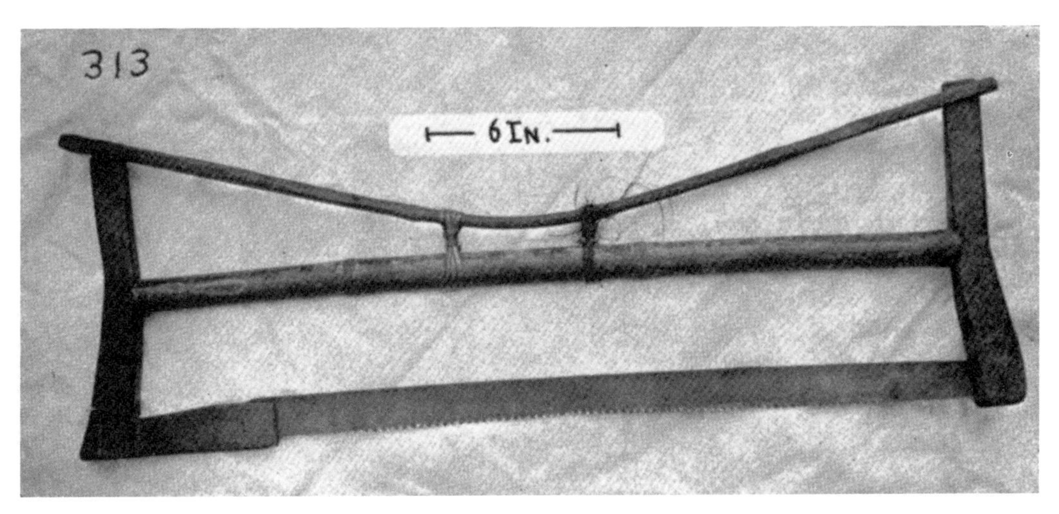

图338　竹木匠的锯

干柴锯

景德镇山区要为熊熊燃烧的窑炉提供全部的木头燃料（一个窑炉使用将近一千担的木柴）。在那里，通常使用图339中的那种类型的锯，将碗口粗的树木横切成长约1.5英尺的小木段。该锯一人即可操作，使用时往前推。锯的锯条长3英尺9英寸，宽1.25英寸。锯弓是柳木做的，直径1.25英寸。锯条的末端带孔，锯弓两端的开槽也带孔，把锯条末端插入开槽，用铁钉穿过开孔牢牢固定。

这种锯可能是最早的用框架张紧锯条的类型。早期制作锯的匠人要解决的问题比较特殊，为有效的用锯，对锯条加拉力是必需的，这样就得使锯条足够厚，以防止锯条因弯曲而折断。然而，锯条厚了意味着锯出的是宽缝口，相应地要花更多的力气。

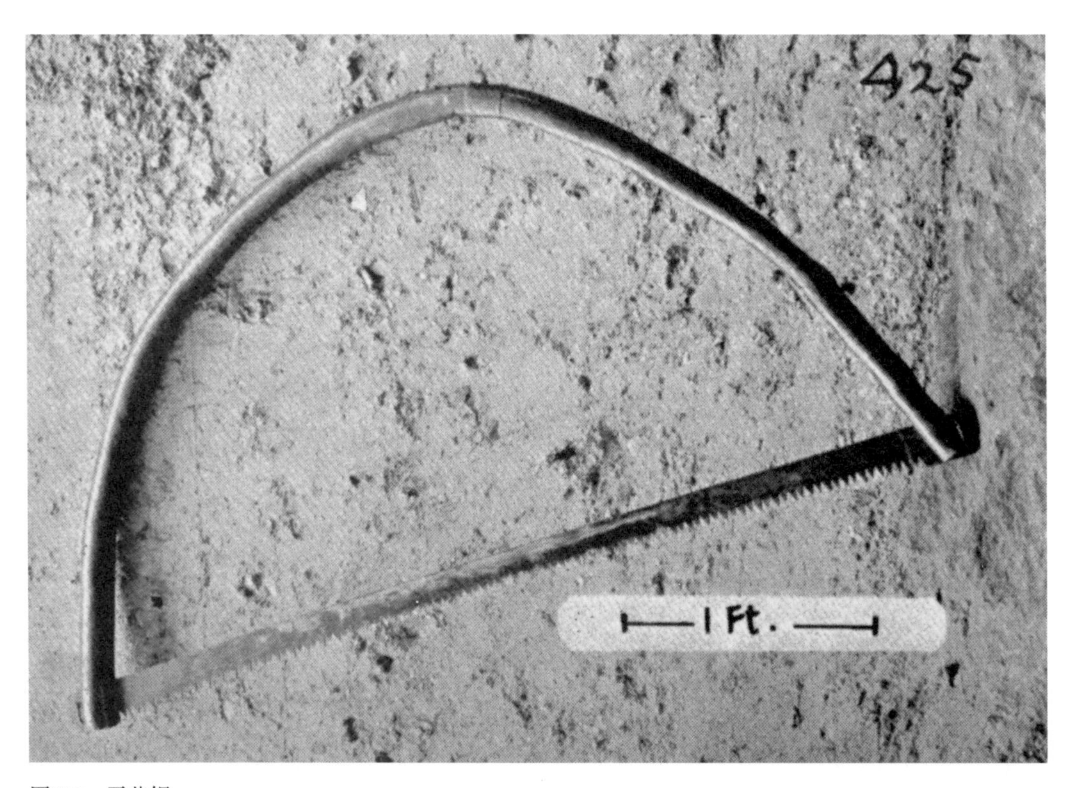

图339　干柴锯

这个问题最终被解决，方法是通过制成一把薄的锯条，在框架上拉紧以克服弯折或断裂的倾向，同时使它能锯出窄缝口。这样做的最初尝试，很可能是在弯曲如弓的木棍之间把锯条拉紧。这种锯最早见于一个公元前6世纪的阁楼花瓶上的画中，这个花瓶发现于意大利中部的奥维多，现存于美国波士顿艺术博物馆。[1]这个花瓶上描绘了一个古希腊铁匠场，在其背景的工具中清晰地画有锯。

[1] 花瓶上的图画曾在1920年莱比锡阿尔伯特“古代的技术”展中展出。

伐木锯

图340中是一把伐木锯，从把手到把手的直线长度为3英尺8.5英寸，锯条的最宽处为2.75英寸。这把双人拉的伐木锯的锯齿按常见的中国锯的方式排列，也就是说，以锯条的中间为界，一半锯齿指向一个方向，另一半锯齿则指向另一个方向。把手是木头的，长8英寸，钉在锯条末端的铁环里。

图340的锯和图339的锯，是我在一个叫作大窑的地方发现和拍摄的，那个地方位于浙江省龙泉地区。“大窑”的名字指的是当地曾在南宋王朝（1127—1279）时兴旺的制瓷业，它专为当时在杭州的朝廷供应青瓷器，杭州也是马可波罗曾经待过的地方。

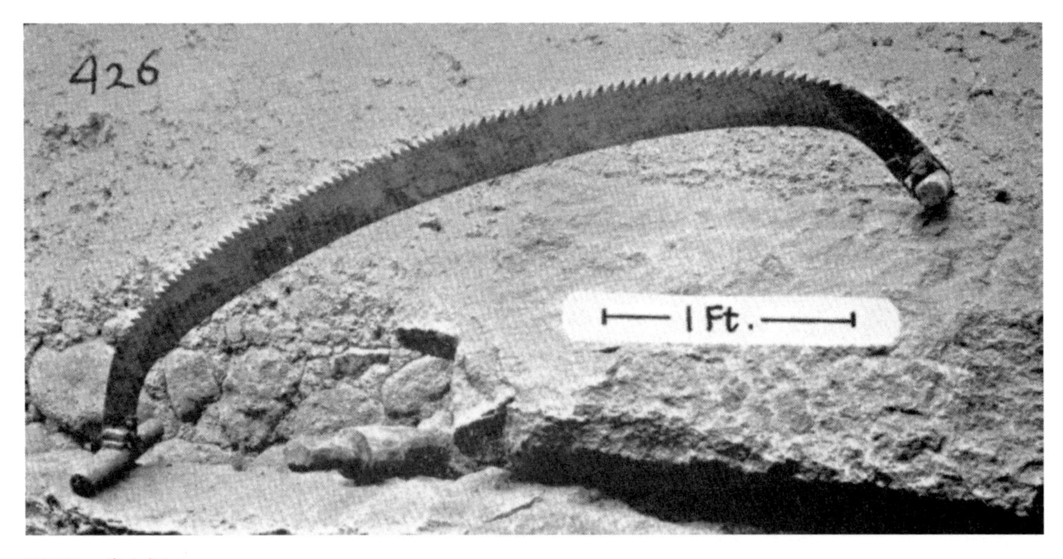

图340　伐木锯

日本伐木锯

日本木匠有一种习惯，就是独自干活。一个人从木头上解木板，一个人伐树，不论树粗还是细。图341中的锯就是伐树用的，而且他们的操作程序非常独特。我第一次看见这把锯，是在江西省牯岭，一个日本人拿着这把锯，末端沾上了土，这表明土与锯的使用密切相关。

日本农民在伐木之前，要先清理树的底端，让树根露出来，然后两手握锯，将锯子头插进土里，刚好横过一个树根。再一个树根接一个树根地处理，直到树可以砍伐为止。用这种方法，一个人独自耐心工作，能用一把很小的锯将一棵大树砍倒，而这把锯初看上去似乎完全不能胜任这样的工作。

图中的锯长35.75英寸，有锯齿的锯身部分长16.75英寸，锯身最宽处为3.128英寸。虽然整把锯的形状显得非常原始，但锯身是由机器轧制的，而不是用手工捶打成的。锯身厚度约为0.03125英寸，靠柄把处增加到约0.09375英寸。柄把与锯身一样平，宽度大约等于柄的直径，插入木柄的狭槽里，柄上用很长的藤条缠绕，紧紧裹住，使操作的人握住锯的手感很好。如图所示，锯齿指向柄把方向，因而用锯时要往前推。

由日本木匠所使用工具的方式可看出其工作空间狭小，缺少椅凳，常常得蹲在地上干活。日本木匠把地板当工作台，用锯和推刨子。而中国的木匠，在长凳边站着工

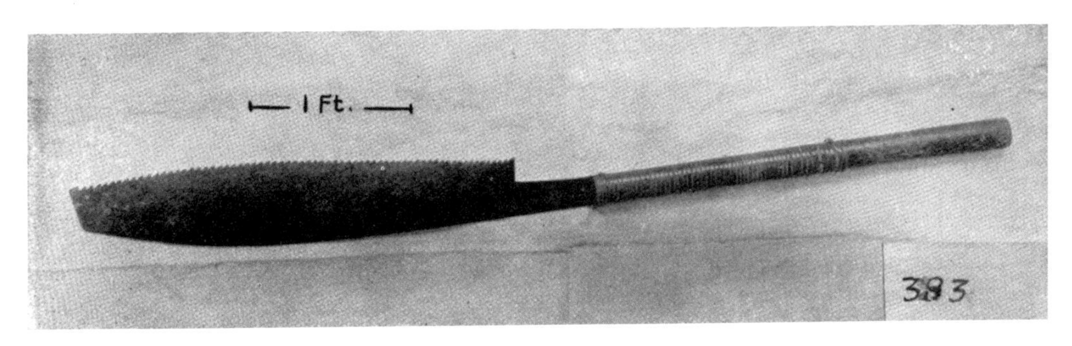

图341　日本伐木锯

作，手脚能伸展开，能更好地用锯和推刨子。美国费城的亨利·迪斯顿父子（Henry Disston & Sons）写了一本有趣的书《历史上的锯》，他们在书中断言，土耳其的锯是推着用的，我们知道，土耳其人习惯坐在地上而不用椅子的。

图342是几把不同形式的日本锯。图中最上方是已描述过的伐木锯。这里展示的锯的锯身更大，在靠近锯把的位置可看到打印着作为商标的中国文字。处在第二的是钢丝锯，它的锯齿排列奇特。首先，它们不是均衡的，在锯齿尖处锯身最厚，由锯齿往下部分逐渐变薄。这种不均衡的排列有其必要，可防止在锯口处夹锯。另一个特点是有两排平行的锯齿，如图345所示，从侧面观察锯身，可看见一排中的一个锯齿处于另一排的两个锯齿之间。用这种锯的好处是能很快割出一个宽锯口来。这一构造特点绝非本土所为，我倾向认为它是从国外传入的。我自己就有一把同类型的袖珍型小锯，是德国造的。图中的钢丝锯用来在木头上做成大一些的孔——首先用锥子钻一个小孔（见图368），再插进钢丝锯将它扩大到需要的大小。钢丝锯带柄的长度为14.25英寸，有齿的一侧长9.125英寸，锯身的最宽处为0.375英寸。

图342中的第三把锯，在锯身的两侧都有锯齿，图343为去掉柄把的裸锯。该锯柄脚是平的，约0.0625英寸厚，锯身不到0.09375英寸厚。锯身长15英寸，最宽处为3.125英寸，有锯齿的部分边长为8英寸。该锯有一边的锯齿倾斜非常明显，适合对原木开锯，图345以放大形式展示了另一边的锯齿和特殊的锯齿。

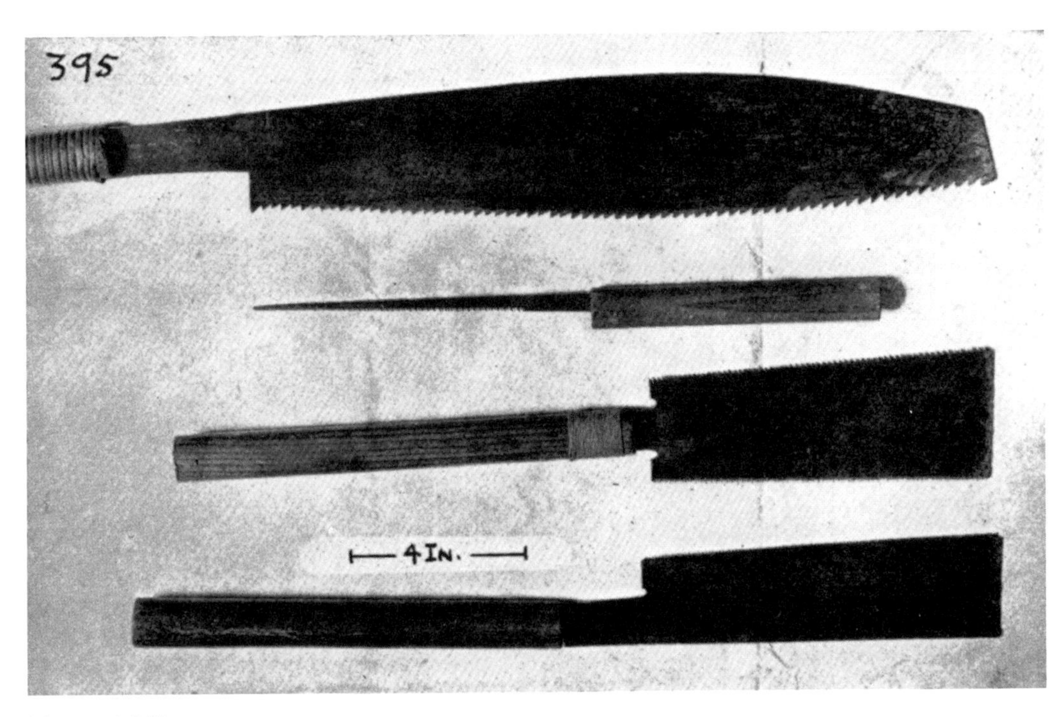

图342　日本锯

从上至下：伐木锯、钢丝锯、双刃锯、榫头锯。

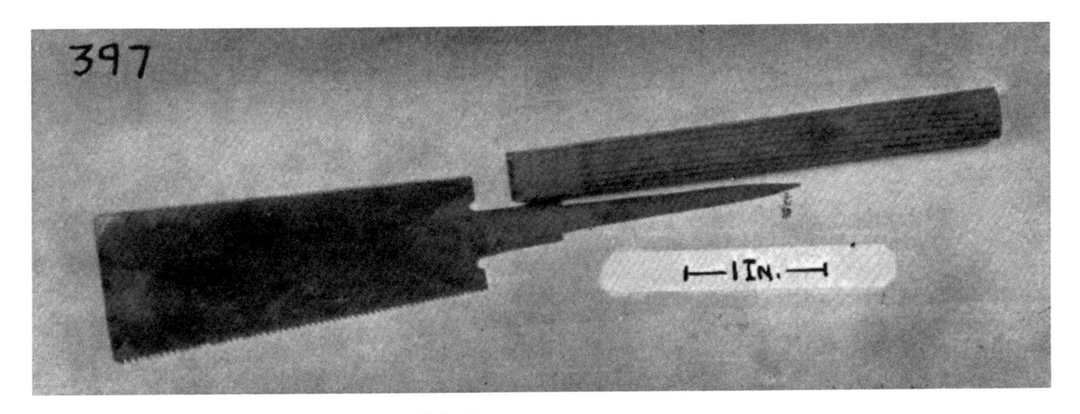

图343　日本的双刃锯，脱掉柄把展示安装方法

这把双刃锯有两个用途，顺着纹理锯木头和横切木头。

日本榫头锯

图344以近景形式展示了一把榫头锯的锯身（见图342），上面有极其细密的锯齿。用这样一把锯来切割可以说是一种消遣，人们在使用时会感觉到每个锯齿都在起作用，百分之百的在做工。日本锯上的直形柄把看起来非常笨拙，因为我们习惯于向下用力握紧柄把。有如此锋利和排列整齐的锯齿，运锯所需的压力就小多了。通过试验我们发现，这把日本锯上的直柄并不像看上去那样笨拙。锯身虽薄，但锯背坚硬，锯背是由金属条折叠而成，靠挤压而非焊接固定住。这把锯连柄全长20.5英寸。锯身两端宽2.5英寸，靠近柄脚处为2英寸。带锯齿的刃部长约9.5英寸。锯上这些非常细的齿是交替磨锉用的，密密排列。我们用的锯的锯齿通常也是用锉刀锉出，锉时要掌握锉刀与锯身的角度。日本的锯采用更倾斜的角度，因而形成更锋利的齿刃。

图345（底部）显示了图342中排在第三位置的双刃锯的锯齿。上部的锯齿适用切割带纹理的木头，这些锯齿均衡排列，并显出很大的倾斜性。每个锯齿都是斜着锉出，以形成一个锋利的齿刃。锯的下部锯齿适用横切木头，它比一般锯的锯齿长且突出，也是均衡排列。我试着用这把双刃锯锯木头，它用起来就像是附着了魔力，我们的手锯没有一个能与之匹敌的。说来要把这些细小突出的锯齿磨锐利，肯定是一件很费力的事，只有用图346中的小尖锉刀，才有可能把这些紧密排列的锯齿磨挫尖利。这把双刃锯的柄把用铁丝缠绕，将锯身坚牢地固定住。使用铁丝的特征，以及锯片用机器轧制这些事实，表明西方文明对日本的影响。不过，我们自然也感觉到日本商人有一定程度的保守——他们坚持把工具做成日本古代的样式。

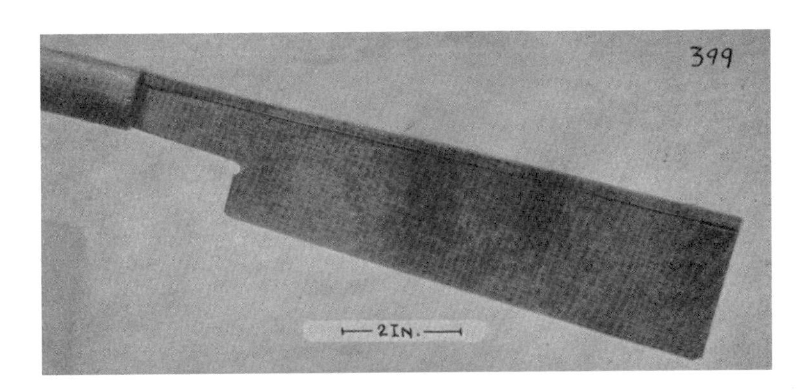

图344
日本榫头锯

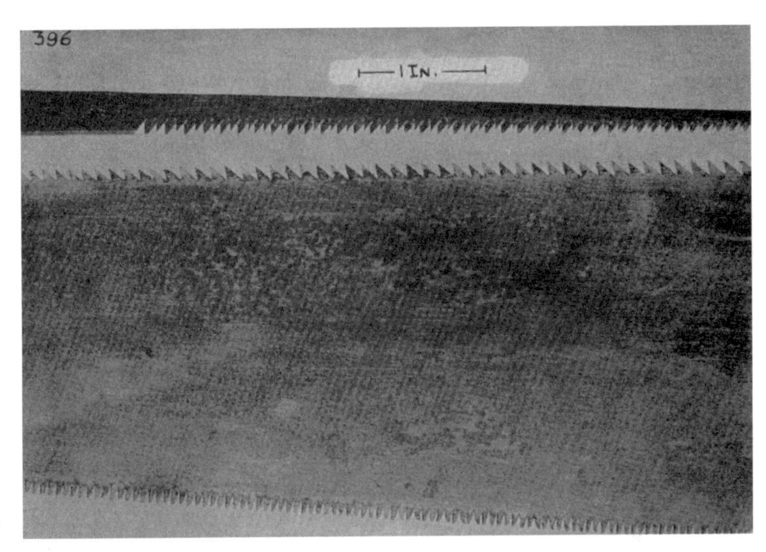

图345
日本钢丝锯和双刃锯的侧面

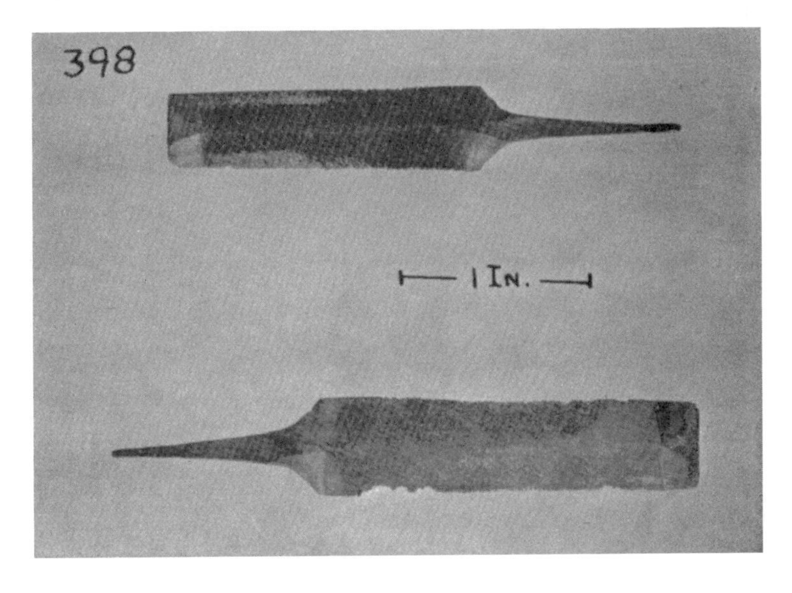

图346
日本锯锉刀

手锯

中国的单人手锯是用拉力来工作，这是锯齿的倾斜造成的。手锯是专用来切割槽口的，相当于我们的楔形榫头锯，平时从不拿它当一般的锯用。在制作棺材（一个中国独有的行业）时，要用到图347中的锯。要明白它的使用，我们就必须要了解中国棺材（见图353）的形状，它由四根半边原木构成，每端都呈方形。这些面由插在槽口的薄的正方形木板组成，槽口正是用这样的锯切割成的。锯的全长约为14.5英寸。锯刃部分长7英寸，锯片宽2英寸。图347是在江西抚州拍摄的。

图348是另一种有趣的锯——一位江西抚州的木匠工具箱中的一把楔形榫头锯，这种锯用在做家具时切割槽口。尽管看上去与国外的手锯类似，它却是中国本土的产品，有一个适合手握的把手，锯身长5.5英寸。我在牯岭遇到一位木匠，他也有一把类似的锯，他告诉我这种锯对于做硬木家具是必不可少的。

图349中楔形榫头锯的柄把不同于一般的柄把，而且锯齿的排列独特，格外引人注意。这种小巧、锯片可换的手锯，如图347棺材匠的锯、图342中的钢丝锯，或者图348和图349的硬背锯，都是靠手拉用锯。不过需注意，这里展示的楔形榫头锯和图347的棺材匠的锯，在接近柄把处，最后几个锯齿的倾斜方向与其他的锯齿相反。中国木匠通过实践发现，锯齿都朝一个方向的锯，在做榫头时不好用，不能在一个榫头或槽口中切割出一个完好的角。为克服这个缺点，木匠想出一个办法，就是将最后几个齿的方向改变。

为使由平行木板拼接的表面牢固，中国木匠经常使用横木制成直头的榫眼，眼要做得符合要求，就得使用有反向锯齿的锯。可以理解，在横过所拼接的木板时这些榫眼不能露出来。榫眼到构成表面的外侧木板边缘，要留出1到2英寸的距离。

图349的锯连柄长13英寸，插入木头中的锯片长6英寸。木质部分漆成红色，由于色调的关系，拍照不够理想。照片摄于江西樟树地区。

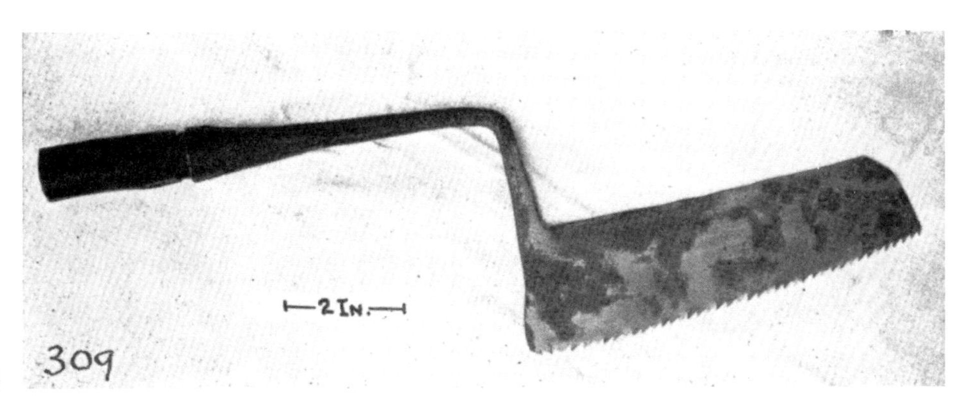

图347
棺材匠的锯

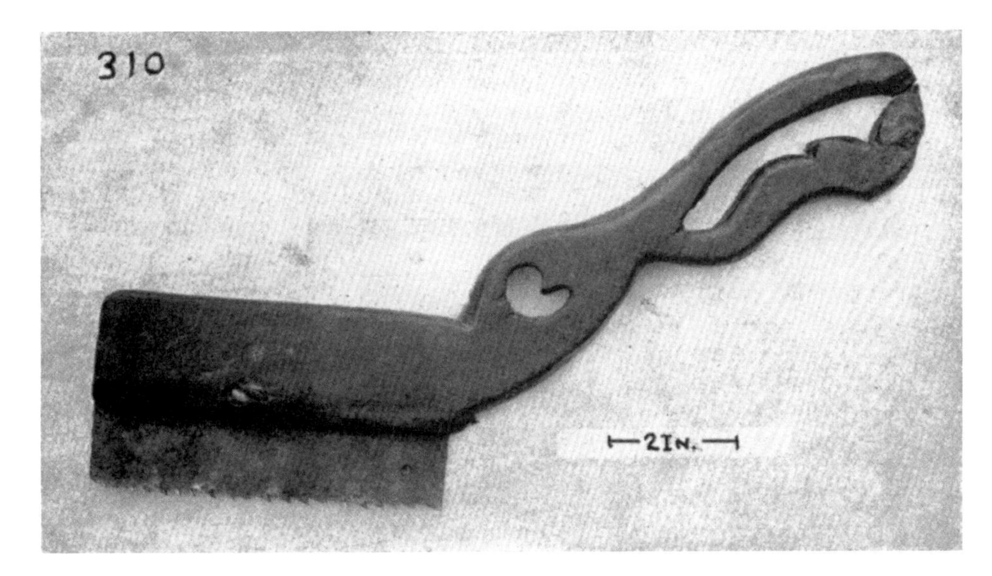

图348
榫头锯

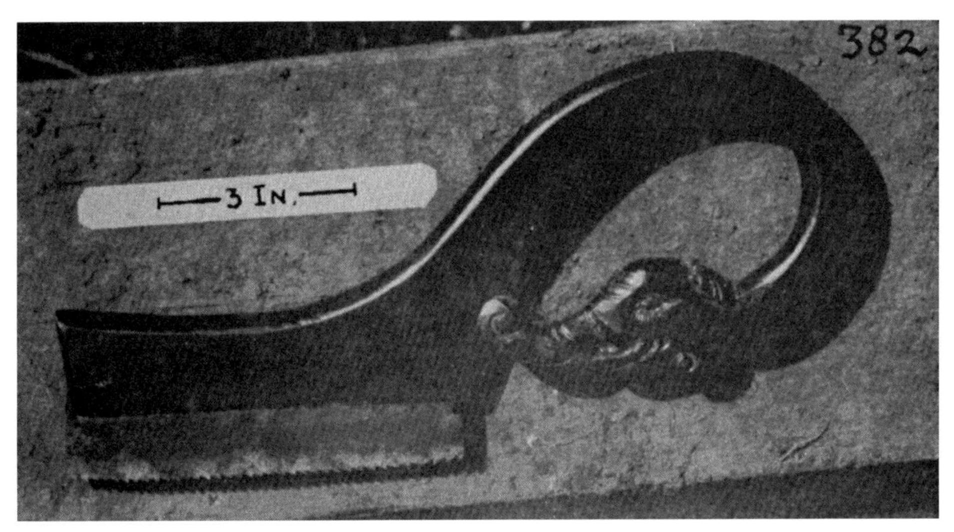

图349
榫头锯

短柄斧和柄斧

中国木匠的一种应手工具是短柄斧，可用来当锤子，削尖木桩、削立方形的东西，或先粗粗地清理木头表面再用刨子，以及其他许多类似的用途。图350的短柄斧，头部呈楔形，斧顶宽2英寸，厚1.125英寸，接近刃部逐渐变薄，斧刃部宽4英寸。从斧顶到刃部长5英寸，斧子上穿柄用的矩形銎约为1英寸×0.4375英寸。斧柄是由硬木做的。

中国短柄斧的一个重要特征是，它的斧刃部与侧平面形成一个适宜的角度，因而使用时只需磨利一边，如图350所示。

短柄斧的这一独特形状使得工匠能够沿直线砍木头，这样一来刨子经常派不上用场。短柄斧的表面总是保持得很平滑，由于使用者不用斧刃部敲击金属，故与刃部相邻的平面不会变粗糙。在沿海地区，当地木匠更习惯用拔钉锤，在那里他们经常使用外国钉子，都是用钉锤敲击。

中国木匠本能地理解平衡原理，这表现在安装斧柄的銎穿过斧头重心。当挥动这把斧子时，不必紧抓着斧柄以防斧子翻转，如果銎离斧刃部太近，则会出现这种情况。斧子的照片摄于上海老城。

不难发现，很少有金属制成的工具不带中国“印”或商标的。在斧子上可以看到，在靠近斧刃端上有两个印，那是制造者的标记。这些印记对于中国人而言是品牌的保证，如果一个人买了打着某一印记的用具，感觉它们用得很顺手，那么就很难再劝他相信另一个牌子也一样好或更好。

中国木匠的一个特点是，他会把自己有利刃的工具保持得很好。为磨利斧子和其他工具，他用一个平滑的磨刀石。他们并不知道有手摇旋转的磨刀砂轮。

锛在木匠的工具中并不常见，所以当我在江西临江一家木匠铺中看见一把锛（见图351）时，我很惊奇。

锛的头部全为金属，形状是一个非对称的楔形。这一特征使我们联想到图350中的短柄斧。锛的刃部只在对着柄的一边磨利，另一边从刃部到柄是一个极平整的表

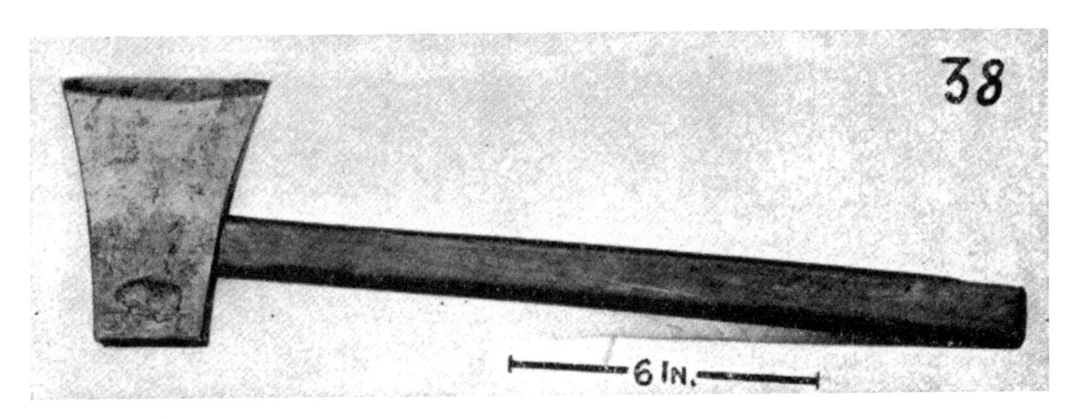

图350　短柄斧

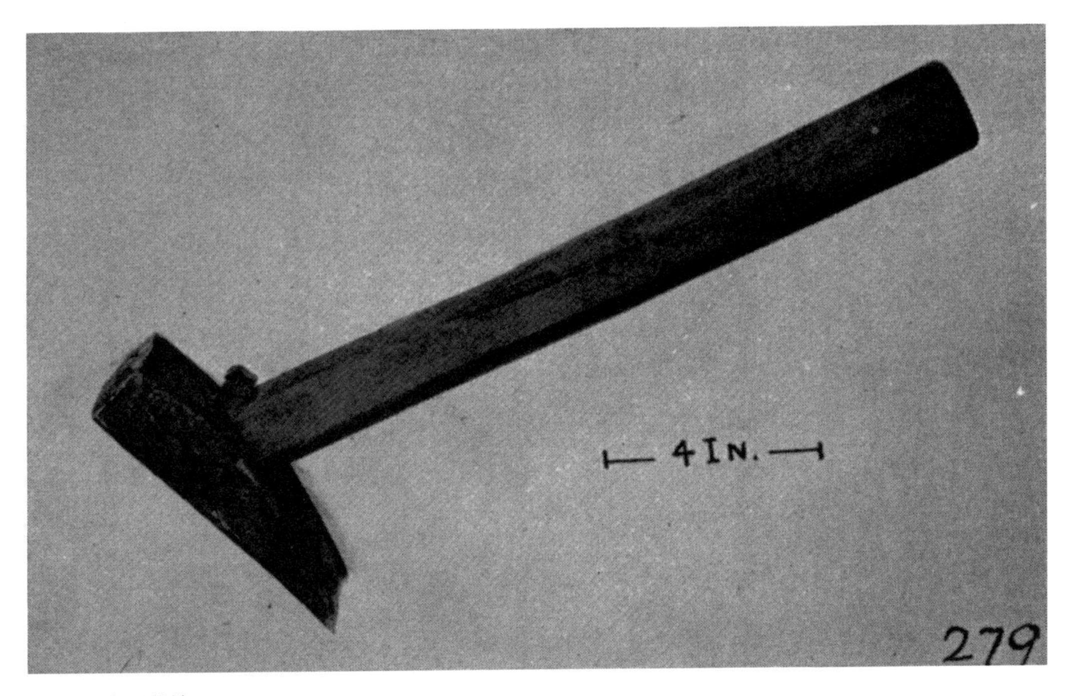

图351　木匠的锛

面。穿过头部的銎是倾斜的，插入的柄大致成一个合适的角度。整个锛的长度为14.5英寸，金属部分的长度为4.75英寸。

做棺材是一个独特而独立的行业，棺材匠总是要用到锛，通常是用有窝孔的那种古老的凿斧，只有凿斧头是金属，其余部分都是木头的。

图352中的锛，显然是史前时代的遗物。一个非对称有窝孔的凿斧头安装在一

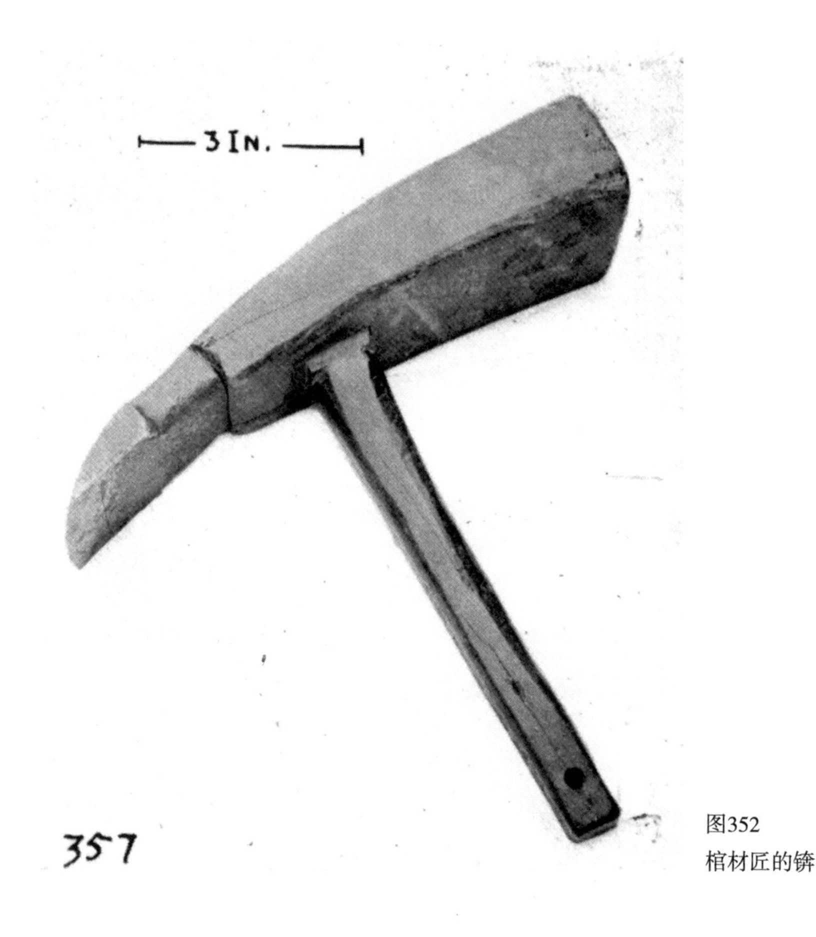

图352
棺材匠的锛

个木头端部上。这种锛的史前原型由青铜制成，而现代器型则是在铁匠铺用铁打造的。由此，我们找到一种将金属锛刃插入木头上的经济方式，一种既古老而又现代的例证。

这把锛的头长13英寸，柄长10英寸。为与头部很好地平衡，木质部分相比紧连在一起的金属锛刃不得不做得很大。这个工具使用时得用两只手，它还有更重要的意义——代替刨子来削平木头。

中国人的保守众所周知，许多行业的创新进展缓慢，比如棺材业，它与宗教传统和旧仪式紧密联系，于是我们看到棺材匠做棺材时，用的主要工具就是一把古老的锛。几个世纪以来，这种棺材都是用四根半边原木做成的，图353是江西一位农民的棺材，它清楚地显示了棺材的结构——原木的两端开有横槽口，与插入槽口的方形木板连接。为修整这些原木，就是用锛。中国人固执地坚守那种形状的棺材，毫无疑

图353　中国的棺材

问，这种遗风可追溯到遥远的古代，那时粗大的原木可以轻易获取。而今随着大部分森林消失，棺材通常是用小些的木头灵巧地连接而成。当森林匮乏时，就出现了使用硬质的半原木的情况。图352和图353摄于江西建昌。图353中所示的棺材是一位富人的珍贵财产，是在他有生之年做好的，这位富人心怀憧憬，漫步到棚屋，目光温柔地打量着准备好的未来居所。

安德森博士（Dr. Anderson）[1]提出一种观点：在西方似乎有对斧的喜好，而在远东明显有对锛的偏好。斧和锛的基本区别在于刃的方向，斧的刃与柄的方向平行，而锛的刃与柄的方向成一定夹角。中国木匠用锛将放在地上的大木梁砍削弄方。要修

[1]《中国地质调查报告》第5号，北京，1923年。

理小一些的木头，他会将木头竖立于地，用手握住，使用斧子处理。如果所发现的大部分中国青铜斧是锛这一说法正确的话，那么我们就可以推断，早期的中国的木工活主要限定于整修大木梁，这些木梁得放在地上处理。这与今天中国农村通行的建造方式非常一致，由于人们的极端保守，这种方式与古代方法不会有太大的差别。在中国所看到房子都是一层的，房顶架在很重的木柱子上，墙壁填充柱子之间的空当，并不支撑结构，只是起围挡作用。房子的门窗框架，尤其在更古老的时代，通常是石头的。房间地上不铺木板，只是简单地用脚踩出光滑和坚硬的泥土表面。

刨子

图354为一个典型的多用途刨子。底面或“刨底”面积为7.5英寸×2.25英寸。由外国制造的刨刀（注意其中的孔在中国刨子中没有任何用处）长7英寸，宽1.75英寸，厚0.125英寸。图中的刨子托的开口直通底部一个1.75英寸×0.25英寸的狭槽。刨刀和挡板（刨刀前方的楔子铁板）被刨子开口紧缩的两肩卡住。横握的柄长10.5英寸，插入一个紧靠刨刀背部的凹槽。在刨刀伸出的狭槽前沿嵌有一个铁边，当刨子工作时，刨花从刨刃和铁边中间穿过。

所有中国木匠的刨子使用时都推离身体，用两只手握住柄（如果有的话，槽刨子是没有柄的），或者一只手握住刨子的一头，另一只手握住另一头。后一种握的方式尤其应用于长刨子，它们没有图354所示的那种典型的刨子柄。

另一种刨子我们称之为槽刨，见图355和图356。它长约16英寸，宽1.5英寸，锥形开口用来安槽刨刀并用楔子固定。槽刨开口面上的一个半圆孔可以让刨花穿过。

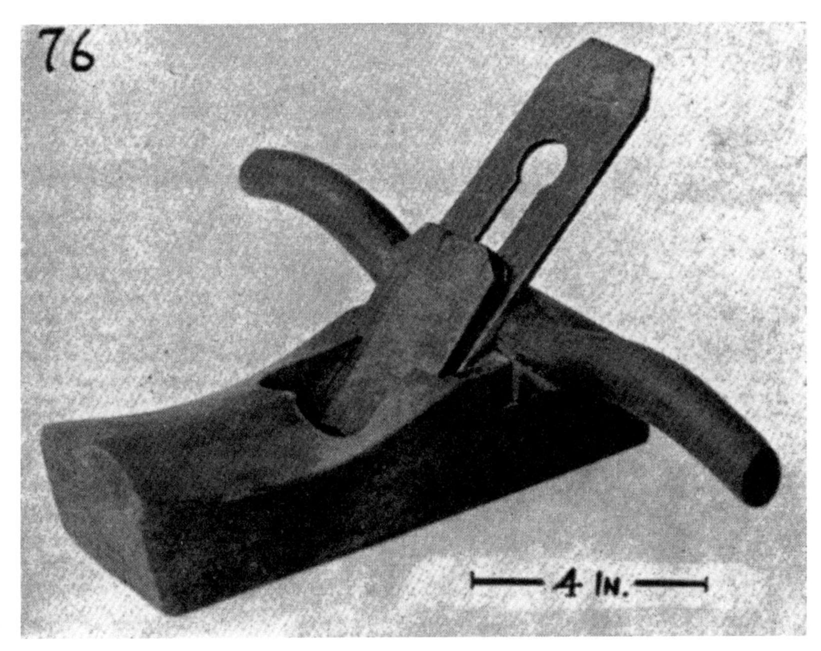

图354
木匠的刨子

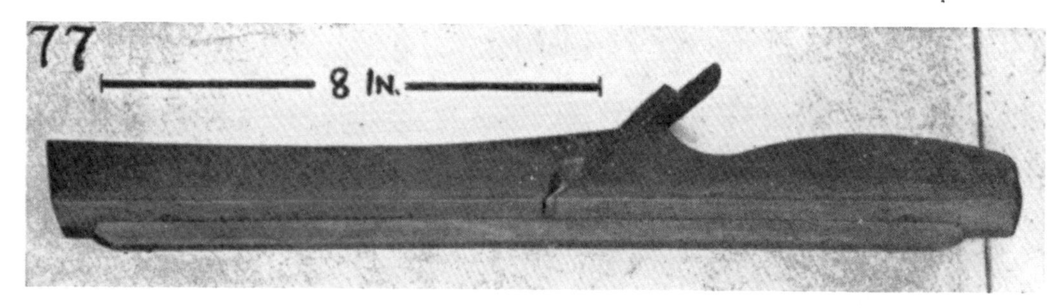

图355　木匠的槽刨

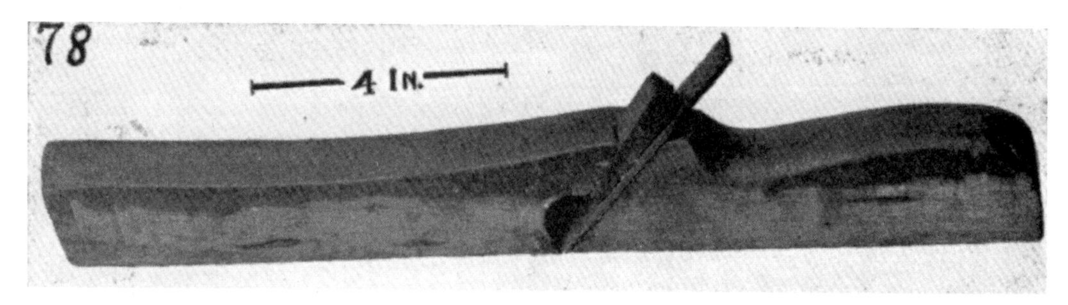

图356　木匠的槽刨。照片展示了图355中槽刨的另一面

在槽刨底面有可调标尺，用销子钉住，销子插入底面上的孔，移动连带销钉的标尺，改换其他的孔，可以改变开槽的大小。槽刀的面积为4英寸×1英寸×0.125英寸。直冲刀刃面的一个铁片横插入刀身开口，以便刨花穿过它和刀刃。矩形槽口就是用这种槽刨开的，这些照片是在上海老城拍摄的。

图357中A是一只槽刨子，它的底朝上，带有标尺（可调挡木）。图358为示意图，其中左图显示刨子的挡木推到了头，在此位置上刨子正适于开槽。右图中，拉开挡木，显示标尺，要开一个槽，首先要确定从材料边缘起的距离为“a”。标尺一经调好，就用楔子固定住。槽刨离开底座纵向中点的架子与切割凹槽的刨刀的轮廓相符。使用槽刨时，架子被握住以便标尺的挡木沿将要开槽的木头边滑动。刨刀楔入一个槽口，槽口呈对角线穿过刨子托底，向下穿过底座的底架，刀刃从底座略微突起。在刨子顶部，出孔被扩大以便让刨花通过。刨子长7英寸，宽1.5英寸，包括底座矩形架在内的厚度为2.25英寸。刨刀长5英寸，宽0.375英寸，厚约0.1875英寸。

在图357中B是一把刮刀，用于打光或处理圆形表面，如圆柱或手柄，或者用于刨光犁、耙等不规则器具。这种刮刀用一把5英尺长的钢刀，其柄角与刀身成适当角

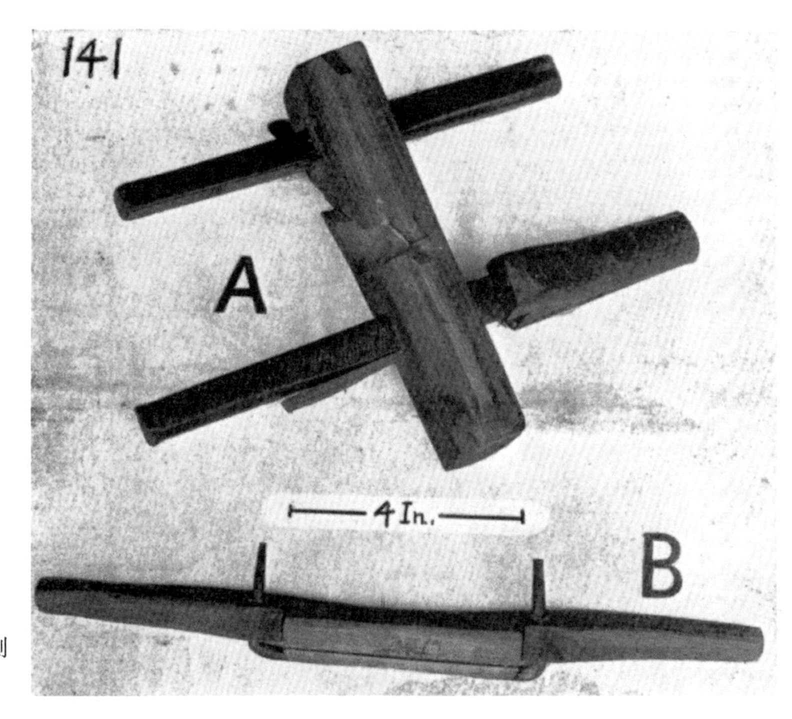

图357
（A）木匠的槽刨
（B）刮圆刀

度。它们穿过长12英寸的木架中的孔。钢刀刀身宽0.75英寸，刀刃与木架的距离决定了用这个工具切割的刨花的厚度。木匠使用它时，两手各把住一个柄，当你采用这种方式向下看时，就会呈现出与照片同样的角度。操作时动作朝向身体。图357摄于浙江的西岙。

图359是一把日本木匠用的刨子。它与中国的刨子非常相似，不过没有典型的推手柄。刨子托底是橡木的，槽口两边（或侧肩）各有一个错台，以将楔形刀头固定住。日本刨子没有中国或外国刨子中的木质挡板，要制成一定形状的榫眼以便它能将钢刨刀牢牢固定，并在使用刨子时刨刀不会移位，这是一个需要技巧的工作。由于刀头为楔形，因而仅仅靠摩擦而非木质挡板的帮助就能保持原位。用锤子将刀头敲进槽口，为使其松弛，需用锤子敲打离刀头最近的托底。

这个工具最令人好奇的特点是它的使用方式，它不是推离而是拉向匠人的身体。尽管它还是保持了日本人总是拉着锯木的方式，这不同于中国人用刨子的方式。日本刨子长9.5英寸，托底高1英寸，宽2.5英寸。这个刨子构造简单，它只有两部分，托底和金属刀头。江西牯岭的一位日本人临时把这个刨子借给我拍照用。

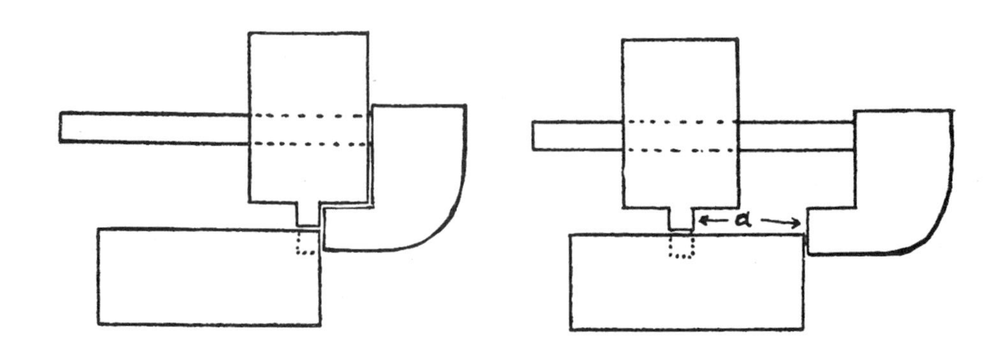

图358　木匠槽刨的可调挡木示意图，确定距材料边缘的间距为“a”

刨子似乎是在16世纪或17世纪初，由葡萄牙人或荷兰人，也可能是英国航海家威廉·亚当斯[1]传入日本的。这些刨子都是推刨，这里我们遇到一个特例，就是日本人虽使用它们，但是将其转变成拉锯，并一直沿用到今天。在缺少任何确定信息的情况下，刨子传入日本之前，木头用扁斧削平。中国棺材制作者仍将扁斧用于这种目的。沿用几个世纪的传统将这种朝向身体的动作转移到削平木头的动作，当一种新工具被引入时，改变新工具以适应特定的要求就没什么不合理的了。

日本人有一种称为“chona”的扁斧，它有宽大锋利的刀身。使用这种工具需要很高的技巧，精于此道的匠人能砍削出精确的表面。工作时，匠人穿着脚头有高突起的鞋，以防被利刃碰伤。在刨子出现于日本之前，工人们用“chona”对木头做初步的削平。根据当地历史学家的说法，被称为“yari ganna”（矛刨）的长柄弯刀，用于最后处理和收尾。自从刨子传入以后，它就从木匠的工具中消失了，但“ganna”的名字保留了下来，并用到刨子上。

图360是另外两种拉着用的日本刨子。下面的一种类型与图359描述相似，另一

[1] 威廉·亚当斯（William Adams）：英格兰肯特人，是一艘荷兰商船队的领航者，该船队于1598年驶向东印度做贸易之旅。途中大部分船只遇难，但亚当斯于1600年4月19日到达了丰后国。由于他在造船、数学和外国实用知识方面高人一等，他被滞留了，用日本历史学家的话来说叫作“友善囚禁”。他被友善地对待，并成为德川家康最喜欢的人，被赐予一位日本妻子和逸见村封。与荷兰人的阿谀奉承和葡萄牙耶稣教士的狡诈形成鲜明对比，他的诚实受到人们的喜爱，成为与外国商人打交道的中间人，并对统治日本数百年的德川幕府产生了巨大的影响。威廉·亚当斯1620年5月16日于平户去世。

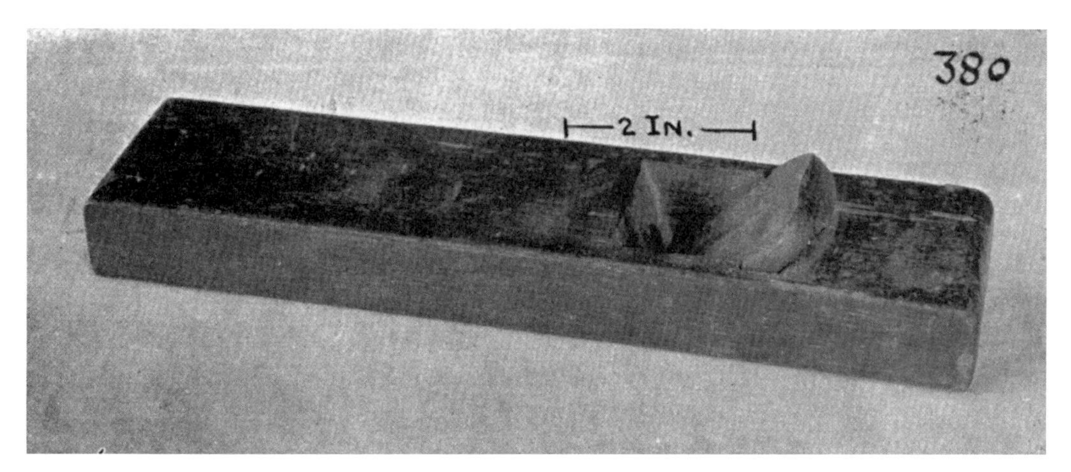

图359　日本刨子

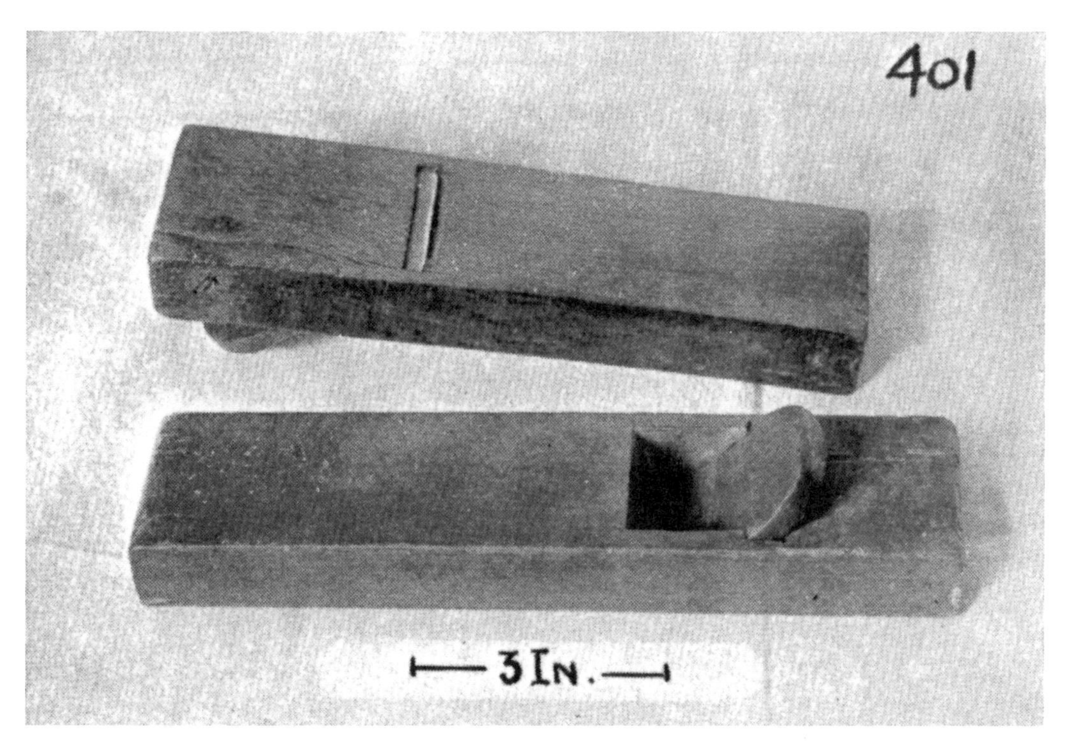

图360　日本木匠的拉刨

种类型长8.75英寸，高1英寸，深2.375英寸，我们可以看到它的基底或底面。钢刀长3.5英寸，宽2英寸，呈楔形，一端厚0.375英寸，斜角开始的另一端厚0.25英寸，这样便形成了刀刃。

刮刀

中国的气候是冬天下雪，春天雨季，夏天酷热，这就使人们制作家具要选用能经受住严酷天气变化的木材。于是我们看到许多种类的硬木，部分是国内种植的，但更多是从东南亚热带地区进口的，它们被用于制作中国房屋里的家具。

中国家具使用的木材有柚木、黑木、红木、硬木以及许多其他有时不易识别的种类，有一些木材质地过硬，以至于表面无法用普通刨子刨平。中国人的智慧解决了这一问题，他们制造出如图361所示的一种工具，用它将木料表面处理光滑，就像用刨子对付普通木材那样。

这种工具长12.5英寸，包括一个木架和19把牢固固定在木质部分上的钢刀。这些钢刀宽0.25英寸，长1.375英寸，厚0.0625英寸，每把刀的刀刃都呈斜角。钢刀紧紧插入横贯木架纹理的切口。工具的木质部分由单独一块木头制成，取自一种在江西生长的榆树，这种木材不受任何温度、湿度变化的影响，因而这些刀也不会因木材收缩而掉出来。

用这种工具来刮平木材时，右手握住柄，推离身体，同时左手用力向下压。这件工具是从上海老城的一个二手店里得到的。

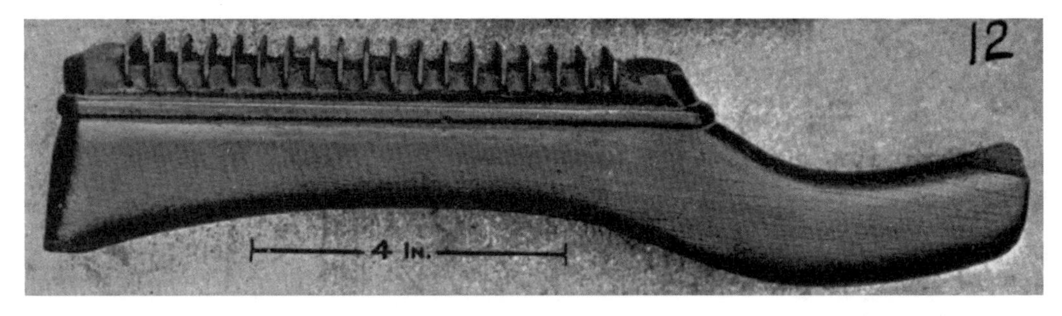

图361　木刮刀

木工台挡头

用刨子刨木板时，为了将木板固定住，木匠使用一个如图362所示称作“挡头”的工具，它的两个尖钉（长些的）朝下，敲入长凳或木马顶上。木板平放在工作长凳上，边侧抵住挡头的两个铁钉（短些的）末端，便可刨木板了。为刨平木板的窄边，将木板侧立而放，把它推到挡头的两条腿之间，这样可将木板牢牢夹住。挡头用铆钉连接，两部分长度合起来6.25英寸。图362是在上海老城拍摄的。

图363中的A是另一个木工台挡头，它看上去很像一把钳子，也确实可用于拔钉子，如果有需要的话。不过，这种相像只是巧合，因为这个挡头的目的是固定木板。这个挡头的使用与先前所述的挡头完全一样，然而两者的结构不同。这个挡头的两根铁杆，是其中一根穿过另一根的狭槽，再用销钉把两根杆连接起来。这件工具长9英寸。

图363中的B是一把刮刀，是剥原木树皮用的，以便锯解木板。这个刮刀是锻打

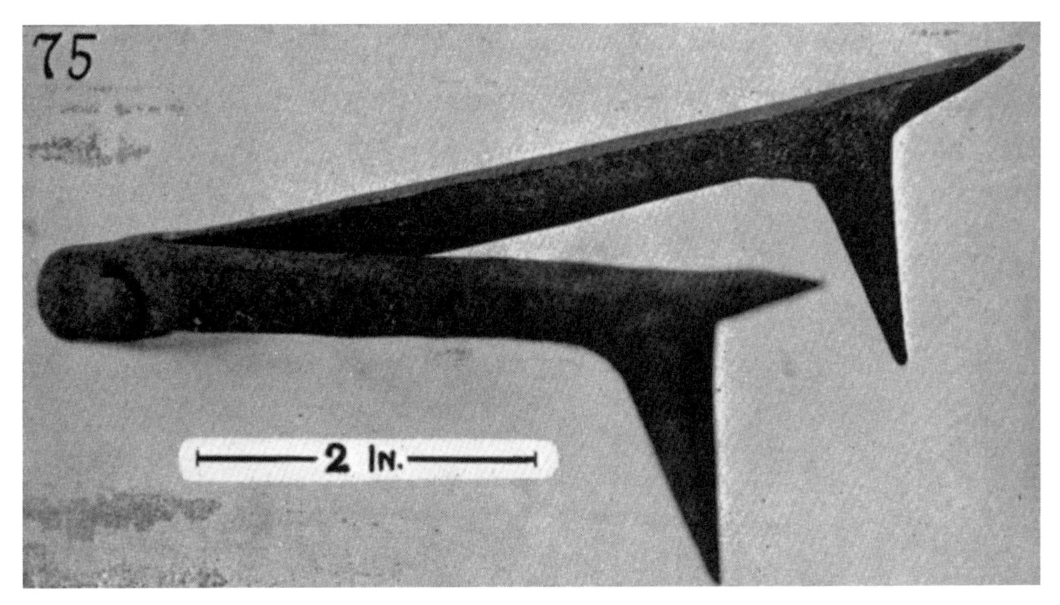

图362　木匠工作台挡头

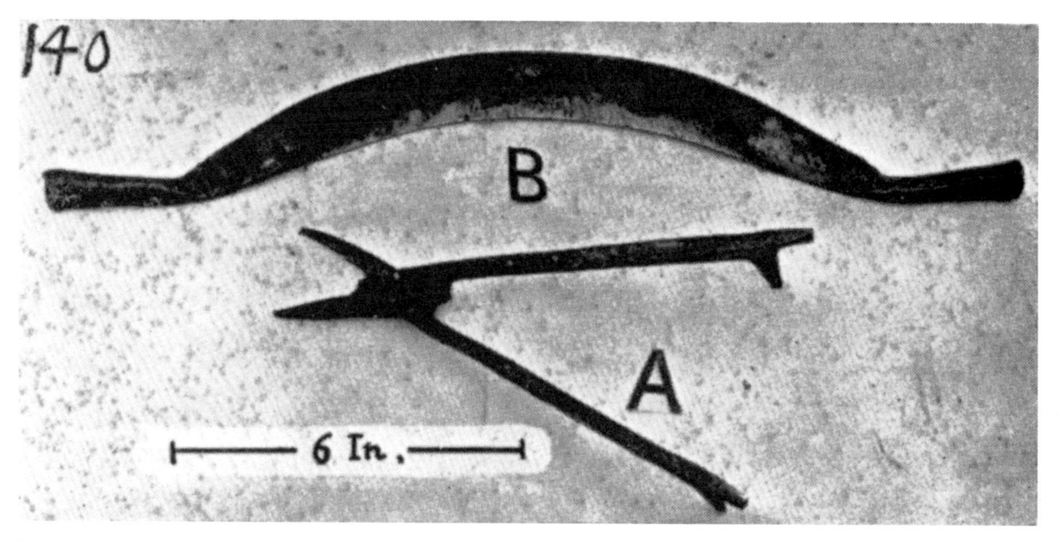

图363　木匠用的挡头和刮刀

的，长16.5英寸，中间宽1.25英寸，刀身背厚0.125英寸，逐渐变薄到刀刃。为便于手握，这种挡头铁柄做成套管状，不插木棍把手。这种刮刀用两手握住铁柄使用，贴着木头朝匠人身体方向拉刀。这些工具照片是在浙江的西岙拍摄的。

木工台架

图364是中国木匠用的台架，是木匠长凳的一种替代物，它的中国名称叫“马”，尽管它的三条腿看起来与西方使用的四条腿的锯木马并不相似。用短柄斧砍削或修整的活儿，可放在这个台架的两臂之间来做。这种工具不用来将原木解木板，而是要把长板子横锯成段时，把它放到这个台架上做支撑。台架交叉臂的上端也用于切割木头。台架高32英寸，大约一张桌子的高度，构成交叉的横木直径6英寸。这种台架不常见，它是我在江西临江发现和拍摄的。

图364
木匠用的台架

钻孔

在钻、车床、锯等技术的设计中，中国人还没有达到把连续旋转运动转换为往复运动这样的阶段。要实现这一步，就有必要懂得曲柄。我们知道中国辘轳（见图172）中的曲柄有简单的形式，然而，使用这一工具却没有成为技术发展的动力，激励人们将往复运动转换为圆周运动并运用到其他设计中。福勒（R. Forrer）先生受到一张弓的启发，重建了一个新石器时代的压钻机，那张弓的每个细节都被远古时代的考古发现所证实。几千年来，世界在钻孔方式上似乎没有什么显著的进步。具有往复运动的钻孔机在欧洲一直使用到近代，近代的钟表匠和珠宝商用弓钻或泵钻进行精细的钻孔。

图365的素描示意图展示了一种在石灰石的屋顶瓦上钻孔的设计，它在巴伐利亚索尔霍芬地区使用，西方国家的石灰石供应多出自那里。那里的工作方式非常原始，出产的屋顶瓦只够当地的需求。这种设计与新石器时代的压钻机非常相似，很可能在更早一些时候，与弓配合使用，直到曲柄传入，情况才得以改变。使用时，操作者用左手压下控制杆，用右手转动曲柄。

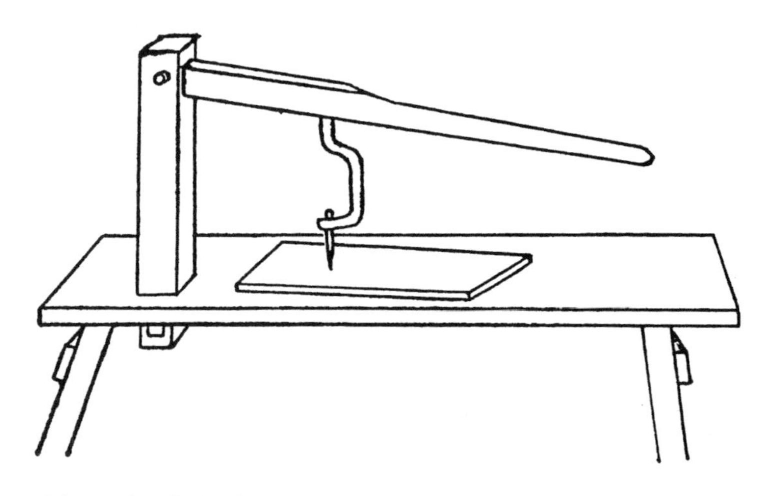

图365　在巴伐利亚索尔霍芬地区使用的压钻机示意图（根据照片临摹）

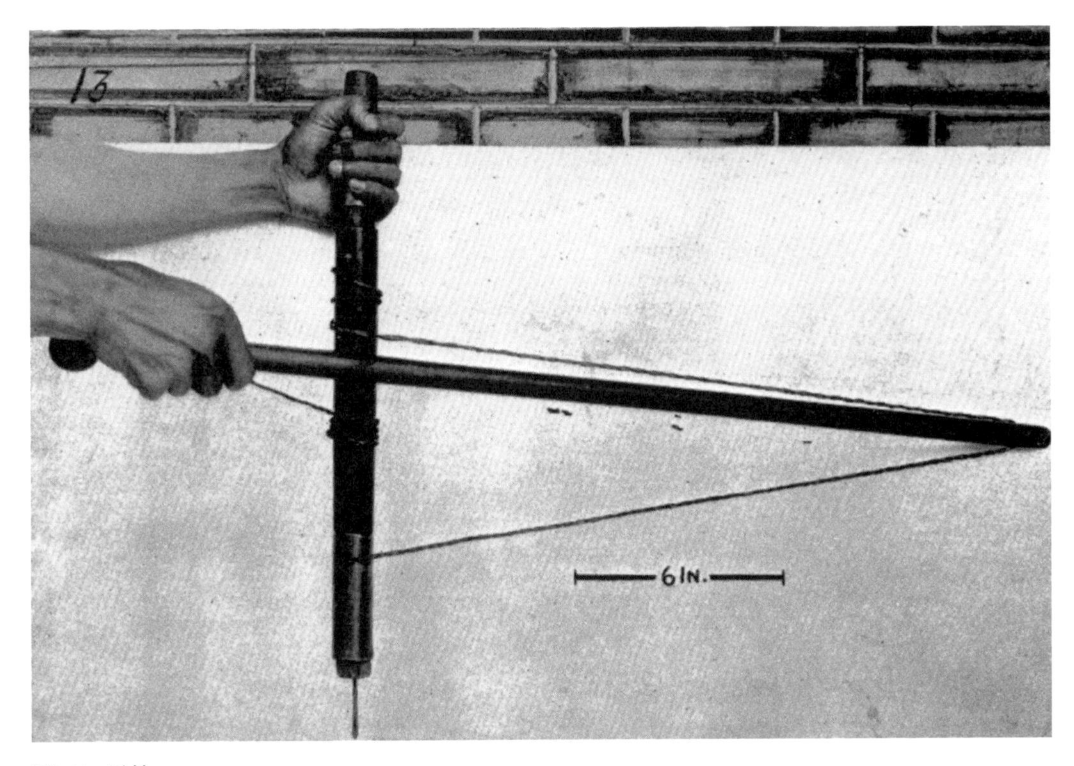

图366　弓钻

图366中的弓钻，是我在上海老城见到的一套木匠工具。工具中所有的木质部分都是用中国黑木制的，包括直径为1.25英寸的钻柄和钻柄上旋转的把手（见图中操纵者的左手），一端有一个圆形木钮，直径为0.75英寸的弓杆也叫水平杆。

这张照片展示了操纵钻子的方式。当将弓杆推离身体时，缠在钻柄上的绳子的两端跟着放开，而穿在工人右手下面的弓杆孔里的另一根绳子便被缠到钻柄上。所以很明显，当弓杆前后推动时，钻柄跟着前后旋转。

钢制钻头插入一个方形木块，这个木块插入钻柄底部的一个方形开口。所用的钻头都是末端形如箭头的往复式钻子。为使钻柄的末端牢固，其外面套紧了一个黄铜箍。钻柄的把手是一块长2.5英寸，直径1英寸的木头，在它外面1英寸处套了一个长2.5英寸的黄铜套，这样就有1.5英寸的铜套是空心的。在这个空心部分，钻柄上端的圆周处理得与孔相配合，以便钻柄旋转。两股麻线搓制的绳子缠在钻柄和弓杆上，绳端穿过开孔，拴在突起的纽上。

像这样的钻子在各行各业都有应用。有一次，我看见一个大钻子被用来钻一个孔，孔径有0.25英寸。这项工作由三个人来做，一人握持钻柄，另外两人轮流操作拉弓杆，这个钻子上用皮带代替麻绳。这种钻子只用于钻木头，要在金属上钻孔就要用泵钻。

图367为一种更简单的弓钻。绳架（即钻弓）是一根长21英寸的木杆，直径0.5英寸，较厚的柄部分长3英寸，直径0.75英寸。不包括钻子，钻子把手长10.5英寸，厚0.625英寸。钻入末端的钢制钻头突出1.25英寸，直径0.0625英寸。金属箍可以防止插入钻子时，钻子把手的木头被撑裂。钻子把手的另一末端（顶端）的直径收小，以插一根可在顶端自由转动的竹管。使用这种弓钻时，用右手握住竹套管，绳子如照片所示缠在钻子把手上，左手把住绳架（弓）厚的一端，前后移动，这样钻子就前后转动。该照片拍摄于上海老城。

图368展示了两把用于钻木头孔的钻子，日本乡村至今还在使用。这一工具直到近代——当西方铁钳、钻头和类似的工具传入日本——仍是日本唯一的钻孔用具。日本人很确定地告诉我，在日本从来不知有弓钻和泵钻。这是一件很令人好奇的事，我们不得不得出这样的结论，即日本钻孔的方式从来没有超越这样一个阶段：曾流行于欧洲的旧石器时代，在新石器时代又前进了一步——设计出固定在一个架子中并使用弓杆的钻子。照片中钻子的钻头是钢制的，其中一个呈四边形，锋利的刀刃合成一个尖，另一个有插入木头的磨平的柄脚，其末端是一根粗的三角头，锋利的刀刃逐渐收成一个尖。钻头所插入的木柄是圆的，直径约0.75英寸，另一端逐渐细至0.5英寸。钻子在两个手掌中前后旋转，逐渐变细的木柄使这一过程更容易。这两件独特工具中，较长的一个9.25英寸，另一个8.25英寸长，它们是由一个在牯岭的日本人借给我拍照的。

以上所论的日本木匠工具和所描述的其他一些用具表明，日本的手工行业是在闭关自守的状态中发展的。作为整体的中国行业，也让我们想起西方世界的很多器物用具，因为它们一直被使用到近代工业时代。

在著名的瓷都景德镇，我见到了一种独特而精巧的中国钻木的方式。当时在一家制作管子的店里，师傅正忙着在一根长约3.5英寸的木杆上钻孔，要钻的木心直径约0.0625英寸，贯穿木杆的全长，钻子要防止偏离中心。这把钻子有一根长的硬钢丝，

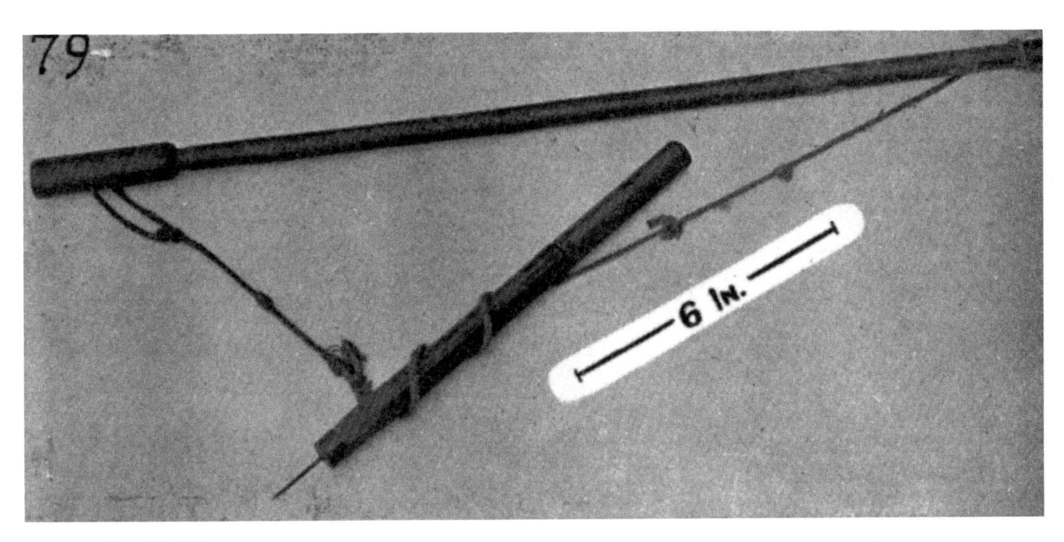

图367　木匠的弓钻

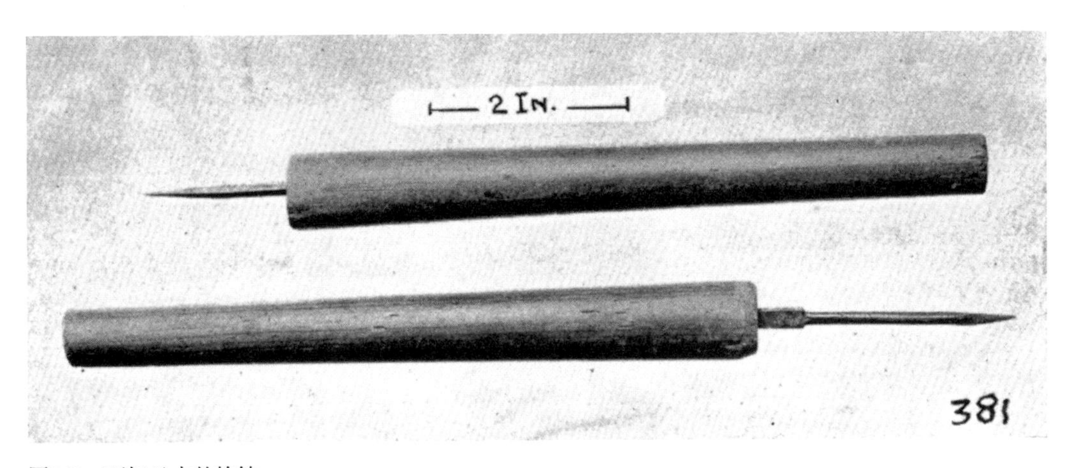

图368　两把日本的捻钻

一头压平成一个矛尖状，另一头松松地插进一根短竹管中，竹管固定在一条凳子上。钻孔时，矛尖头对准钻的木杆上，通过滑动与钢丝成适当角度的一个木块，使钢丝绕着自己的轴线转动。每隔一段时间，将钻子拉出来，抖落从木管钻孔里掉的木屑。

中国人以各种方式使用杠杆，然而，一种重要的应用——螺杆，却不为他们所知。自从耶稣教士利玛窦把西方钟表带到中国（1583年），中国的工匠成功地仿制了这些钟表，并通过这种方式熟悉了螺旋的原理。遗憾的是，直到今天它也没有在其他方面得到应用。因此手钻（或螺丝钻）不为中国人所知也就没什么令人惊奇的了。

木匠用扩孔锥

木匠手工艺中大量用到榫钉，为了在木头上打孔插入榫钉，有时要用图369中的扩孔锥，用它可以打出一个逐渐收细的以适合榫钉形状的孔。该工具的金属部分是一根逐渐收细的长钉，横截面为方形，长7.75英寸，插入一个直径1.5英寸，长8英寸的木柄。要打孔时，使扩孔锥钻进木头，手压木柄绕着扩孔锥的轴前后转动。

还要提到的是，在细木活儿中开孔常见的方法是用弓钻，事实上，我除在江西省临江拍到一张照片外，还没在其他地方见过这种榫钉。

我们发现，利用连续旋转运动钻孔最早出现在古埃及。美国伊利诺伊大学的建筑史学教授莱克斯福特·纽可姆（Rexford Newcomb）写道：早期利用石头制作石花瓶的古埃及人发明了曲柄钻，“这些可追溯至公元前3500年至公元前3000年清晰地展示于象形文字中的东西，似乎是所知最早的机械。这种钻子有一根直立杆，顶端有

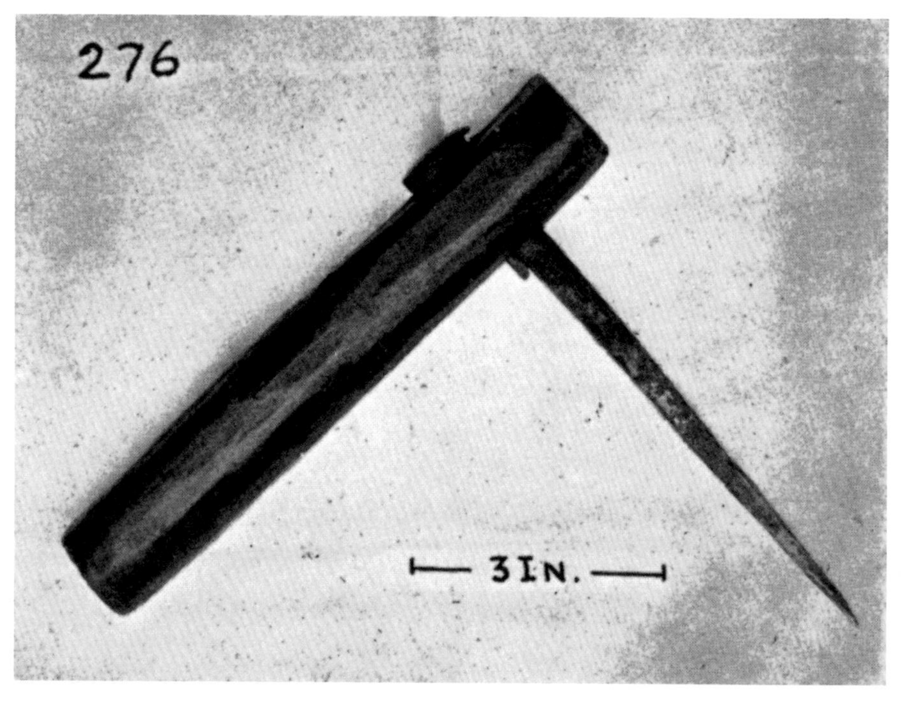

图369
木匠的扩孔锥

曲柄，底部开叉，适合夹住以非常坚硬的石刃做成的钻头。靠近顶端有两个等重的石块，就像一个重量调节器，起着飞轮一般的作用，使钻子保持运转”。[1]

在同期出版物的图中展示了这类钻子和埃及手艺人利用曲柄钻制作的石花瓶。

[1]《砖瓦建筑文集》第2辑，《古埃及、巴比伦和亚述的陶土建筑》，砖瓦制造商协会。

凿子

木匠用凿子

图370中是三把凿子，它们对于木匠而言是必不可少的。无论何时被召去做修理工作，匠人都得随身带着这些工具。凿子由钢制成，木柄插入圆锥形孔中。不包括木柄在内，其大小：A长6英寸，刀刃宽0.375英寸；B长7英寸，弧形刀刃宽0.75英寸；C长5英寸，刀刃宽1英寸。照片是在上海老城拍摄的。

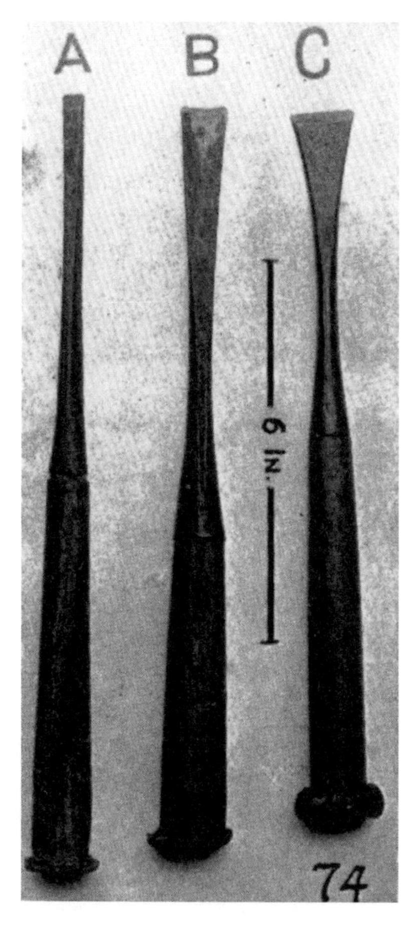

图370
中国木匠的凿子

日本木匠用凿子

图371的凿子是日本木匠用的，它们制作精良，外形美观，让我们想起一种欧式的“斜刃凿”。这两把日本凿子看上去木柄像是安在凿子的插孔中，实际并非如此。凿子刀杆的末端成一个尖头柄脚，穿进木头，在凿子刀杆的错台和木头之间，靠在一个逐渐收细的锻铁套上，锻铁套呈现出插孔的样子。木柄的粗头用一个铁环保护着以免磨损。有人告诉我，这类凿子在日本使用很普遍。这两把凿子分别长7.375英寸和4.75英寸。较长的一把刀刃宽0.5625英寸，另一把宽0.3125英寸。木柄是用橡木制成的，这种工具的钢材质量上乘。

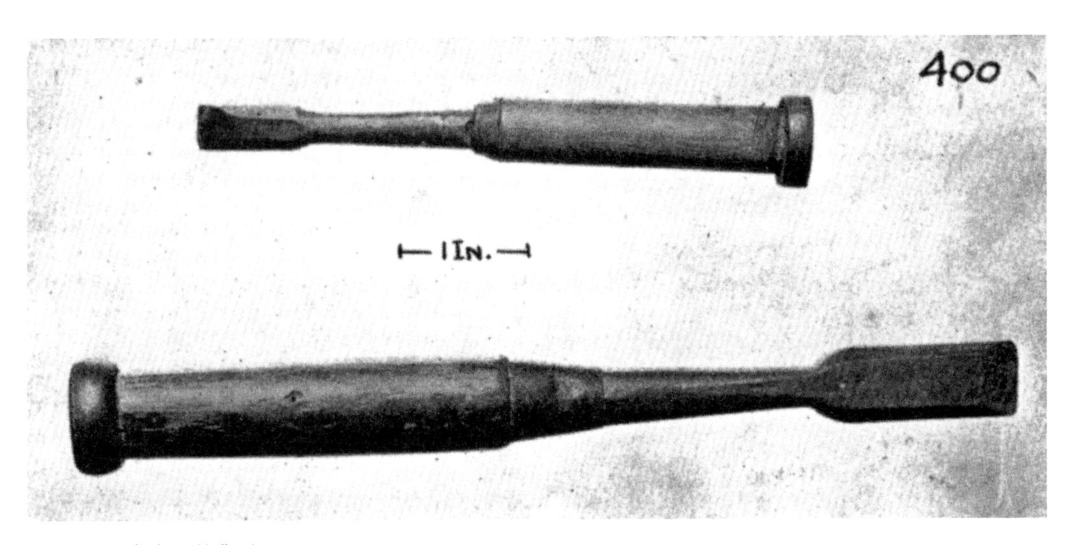

图371　日本木匠的凿子

墨斗

图372中的木匠墨斗是一件组合的小工具，包括一个由竹筒制的墨池，一个把手，滚轮和固线器。照片右边的小方形木块钉着一根带尖的铁钉，麻绳固定在铁钉上。绳子穿过墨池，池内装有浸透了黑墨的废丝棉，绳子绕在鼓形的滚轮上。

要画线时，带铁钉的木块压在要做活的木料上，绳子通过墨池从滚轮里拉出来，一直伸展到要画线的位置后绷紧。然后用拇指和食指捏住绳子拉起再松开，绳子弹回到原来位置，这样就沿其路径留下一道墨线。墨斗全长13英寸，竹筒墨池的高度为2.5英寸，直径2.5英寸。滚轮绕着木轴旋转，手柄与轴相连。滚轮上的圆板和手柄是柚木的，轮辐用的竹子。插在圆板轮辐上的钉子起到转动滚轮的作用。插在墨池上的小刷子代替铅笔画短线。实际它也算不上是刷子，而仅是一根竹片，末端切成很细的约0.5英寸长的平行切口，结果就与一把刷子非常相似。墨斗照片是在上海老城拍摄的。

图373中是三把画线刷子。下面的是普通的刷子，它长9.75英寸，由竹子制成，它很像图372墨斗中插在墨池里的那只。墨池装着浸透墨汁的艾绒或废丝棉，刷子浸到墨池蘸上墨汁，墨汁便留在纤细的竹条上。

图373中间的刷子是在中国的一个采石场捡到的，这把刷子被用来在花岗石上画线，石匠就沿着所画的线劈石。劈开的石头一部分散落，这可能就是刷子被丢弃的原因。刷子上沾有赭色的土，可知石匠是用水调和这种土来标记的。图片展示的只是刷子的末端，其全长为15.5英寸，它与其他两把刷子一样，都由竹子制成。

几把刷子中最有趣的是最上面的刷子，中国木匠常用它来画线。要弄清楚它的使用方法，我们先得回忆一下木匠画线的过程。要使一块木板靠在一面高低不平的墙上，这块木板的边缘就得割成不平整的墙那般的形状。问题是：需在木板上画出一道线，以与不平整的墙面一致，而后沿着这条线下锯。如果锯的合适，木板便与这面墙极为相配。我们看到，中国木匠采用了圆规的方法。把直边木板靠在不平整的墙上，张开圆规的两腿，调到木板与墙面的最大距离，圆规的一只腿跨在墙面，另一只腿扎

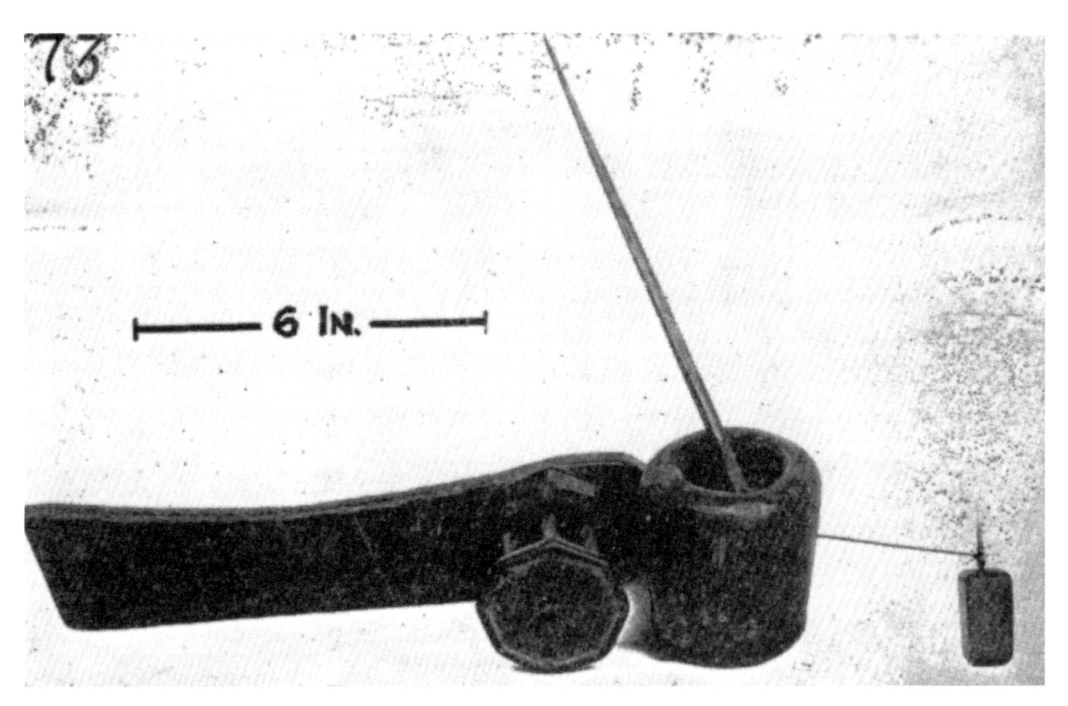

图372 木匠的墨斗

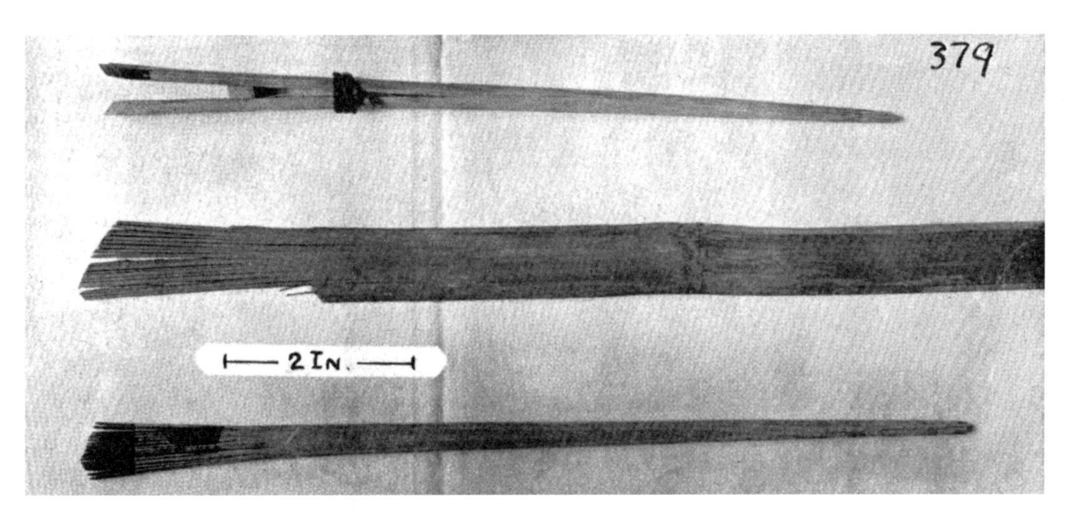

图373 中国木匠的画线刷

在木板上，画出一条与不平整墙面一致的线。可以看到，中国木匠用图373上面的画线刷子来代替圆规。放松缠绕的绳子并上下移动所夹的木楔，可改变刷子两部分的间距。一旦调整到合适的间距，就缠紧绳子，使两部分保持相对的位置。如此一来，刷子切开的末端就成为画线工具的两腿，一只腿用来沿着不平整墙面滑动，确定点位；另一只腿当刷子，在木板上画出要切割的线。此刷子长8.75英寸，由竹子制成。照片拍摄于江西牯岭。

油漆刷子的原型是头上扎一束纤维或头发的木杆，很可能早先是一根末端磨得毛糙的木棒。中国人显然经历了几个阶段，才由简单的刷子发展到了毛笔，并成为一件完美的工艺品。毛笔是在中国发现的诸多矛盾事物之一，虽然有毛笔，但今天木匠仍使用非常原始的刷子，尽管它能很好地沿尺子或类似工具的边缘画线。最完美的刷子并不符合这一目的，由于中国没有铅笔，那么我们就可以用这一点来解释，原始的刷子——一根末端有许多平行切口的木棒——仍保留使用。

中国人在使用油漆方面也是先驱。然而上漆时他们并不用油漆刷子而是用一把棉絮蘸着油漆上漆。这是一个脏活儿，油漆工的手满是油污，然而他们漆得很有效率，也很干净。毕竟用手涂油漆比用刷子更有“感觉”。

在中国手艺人中，有一项令人称奇的绝活儿，即用手指或指甲蘸着墨汁作画或写字。工艺记录中有一些典范之作，艺术收藏家也将这些样品视为珍宝。

往复式车床

图374中是一台往复式车床，主要用来转动小物件。这张照片是在江西省南昌的一家锡器店里拍摄的。同类工具也被镟木工、制骨工、宝石刀具工等使用。这个车床有一个卡盘将被加工的材料固定，但没有西方车床的那种尾架。要进行研磨时，用手握住加工的物件，与固定在车床头的往复式铸铁圆板相触，借助水和沙子进行研磨或磨碎。

南昌的这台车床与图376中的日本车床十分类似，一个木头底座，两根短木支架，顶部开有槽孔以安装车床的木轴。木轴上缠绕一根绳子，绳子两头下垂。框架是木制的，四根立柱和多道联结加固的横撑支撑着整台车床。中心位置有一个座位，放在水平横撑上的木板上，工人坐在木板上操作（照片中没有显示）。

在框架右下部有两个踏板，连接从车床轴垂下的绳子末端。镟工坐在框架里，面

图374
往复式车床

图375
17世纪的欧洲杆式车床
由荷兰画家、雕刻家扬·乔瑞斯·凡·乌列特（Jan Joris Van Vliet）的图画复制。

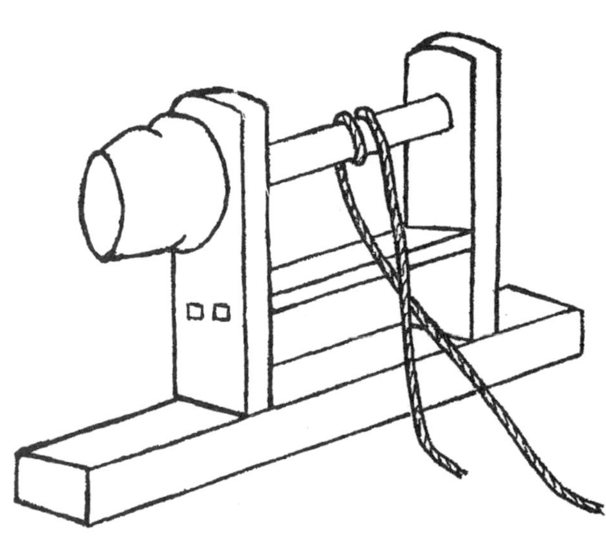

图376
日本车床示意图（摹自日本木版画）

向车轴尾，两脚踩动踏板产生往复运动，被镟制的木头就会塞入车轴尾的杯形口。该车床进行的是一种间歇式工作，当右踏板踩下时，它以往复运动中的一个方向运动；左踏板踩下时，又向另一个方向运动。

该车床与西方先前用的杆式车床的原理相同。图375中古老的荷兰绘画复制品很好地表现了一台杆式车床：当镟工压下踏板时，杆子向下弯曲，这时被镟制的物件旋转是一种空转；当杆子松开并向上运动时，这时的旋转方向才产生实际的切镟。有趣的一点是：西方工匠会将注意力集中在使用工具上，不像中国镟工那样，得同时花费很大的体力来踩踏板。

为了在镟制后将木头磨光亮，中国工匠使用了磨光用的灯芯草[1]灰。它97%是木灰，含有大量的硅土，因而很适合做磨光剂。沙石加水用于磨光硬木，这尤其适用于磨光中国杆秤的秤杆。

尽管西方杆式车床和中国车床之间有相似之处，尤其两者都有往复运动，然而杆式车床在中国既不见使用，也不为人所知。

图376为素描，展示了一幅古老的日本木版画的细节，重现了中国车床的简单原理。绳子绕在车轴上一两圈，末端被一位帮手交替地拉动，而工匠用工具在固定于车床头的物件上操作。为了比较也可以看图525，这幅图给出的是用另一视角来观察图374中的车床。

要镟制长的物件，根据需要，中国木匠会在他的工作长凳上临时装一个简单的镟床，当不需要时，它可以很容易被拆掉。工作凳只是一个台架，离地面约20英寸高。要加工的物件夹在两根硬木条之间，硬木条以适当角度横在台架顶上，探出台架的边。图377展示了这种安置方法，有两根穿过硬木条的铁钉固定加工物件，以便物件能绕着它自身的轴旋转。为了导引持凿子的手，作为一个原始的工具架，一块长木板放在硬木条上，稍稍离开一点距离与物件平行。一根绳子绕在物件上，学徒的任务是坐在地上拉绳子的两端，先拉一端，再拉另一端，这样就使物件往复运动起来。木匠

---

[1] 也称荷兰灯芯草或马尾。它是“用于抛光木头和金属的最好的植物，从荷兰以荷兰灯芯草之名进口。它常被锡铁匠、制柜者和制梳者使用，以前它还用于擦亮厨房的锡器和木质器具”。（《伦敦植物园》，伦敦，1836年）

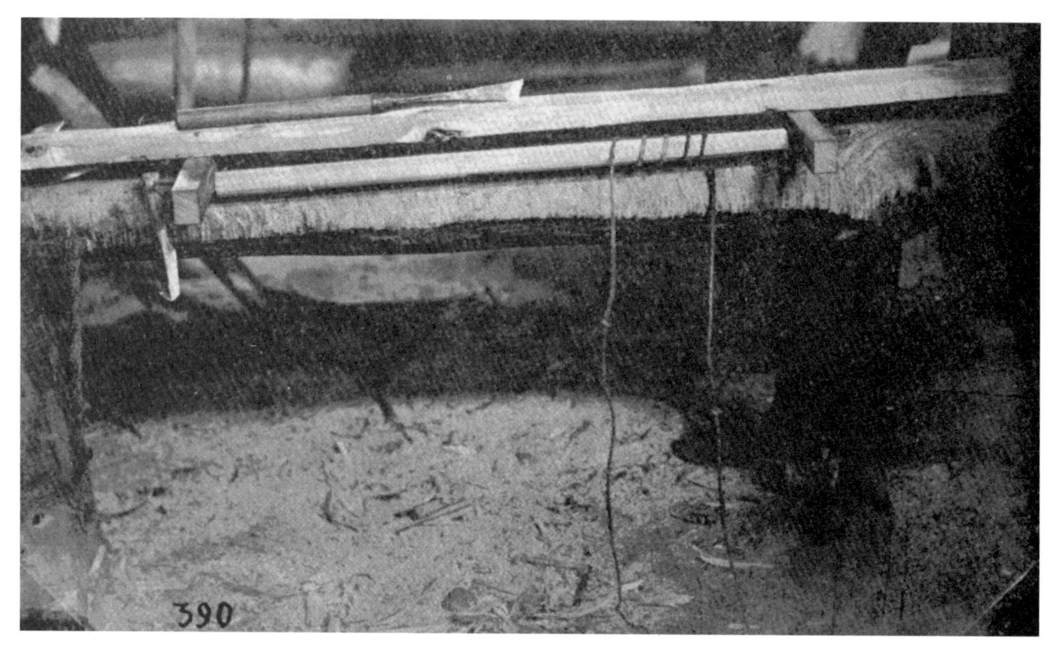

图377　木工的镟床

倚着台架站在后面，使用凿子工作。

我在江西樟树看到这种简单的镟床装置，做活的木匠抱歉地说，已有人要订购一套外国风格的家具，因而他要用镟削而不是用雕刻来装饰，这位木匠对外国人的腐化风尚直摇头。外国风格被这样曲解真是一种遗憾，这位乡下木匠不知道是经济因素迫使我们用镟制替代了雕刻。一位中国木雕匠要工作一整周，每天12小时，才挣一美元，如果我们能如此便宜地得到木雕，我们会很快抛弃镟削而用雕刻的。

镟削是比雕刻出现晚得多的技艺。事实上，车床的应用使它成为可能，我们可以称镟削为机械化的木雕的。在制陶艺术中，我们有一种明显的类推，即用手成型器物，早于陶工转盘的使用。

制模和镟削之间似乎有着紧密的联系。在此，原始制模毫无疑问地是由雕工完成的。手刨的发明使最早的机械制模成为可能。在随后的发展中，刨子的刀刃被做成了多种形状，以便把木头制成想要的模子类型。当物件表面刨平时，就会产生出一个模子的轮廓，整个过程与削木紧密相连，尽管是用不同方法达到的。

木匠用辅助工具

图378为中国木匠使用的三种直角尺，有L形直角尺，较短的一条腿标有刻度，长1尺，相当于我们的13英寸。中国的尺度灵活多样，不仅在全国的不同地区有差异，即便在同一个城市，各行会也采用适合本行业的一套标准。1尺被分成10寸，每寸再分成10个单位。刻度被涂成白色，标记用中国颜料。L形直角尺的长腿长21寸。

T形直角尺的较长部分长8.125英寸，榫接到另一边的短尺长4.75英寸。

斜角尺包括一根长11.75英寸的直木和另一根与之成45度角、长9.875英寸的木条。用图372中描述的墨斗的竹刷，比着直角尺的边可画出直线来。

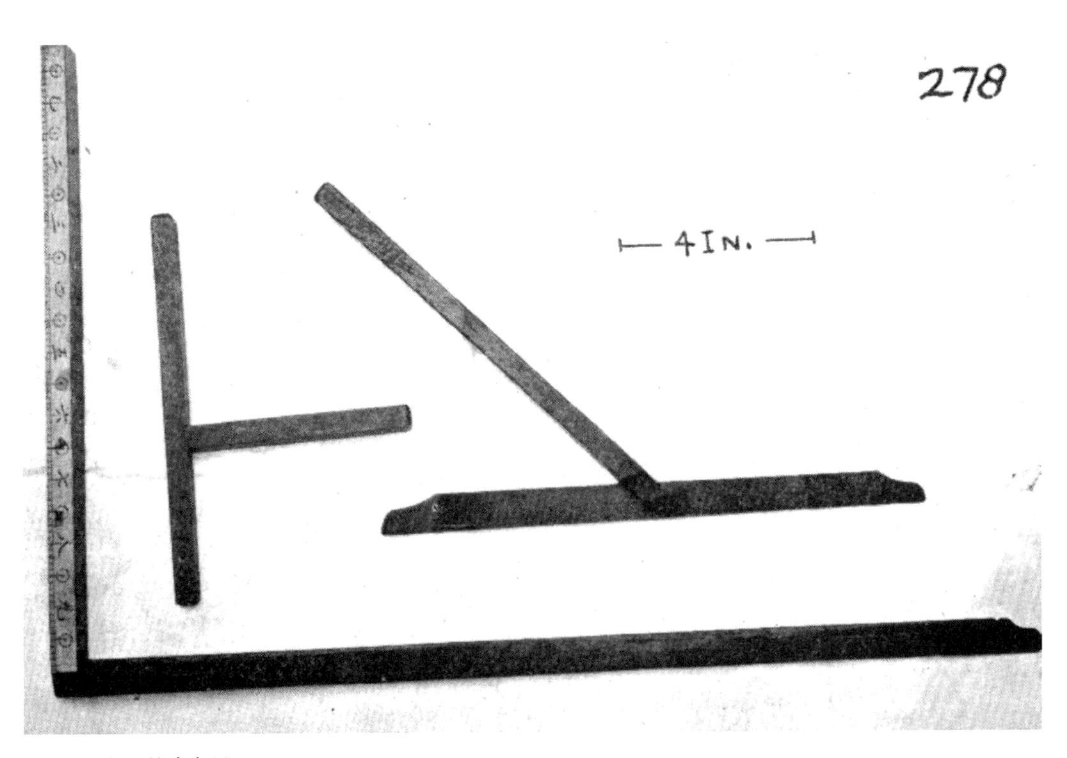

图378　木匠的直角尺

木钉在中国的使用

木钉的历史

由于经济原因，中国木匠使用锻铁钉很节省，他们用木钉或竹钉也能达到目的。制作木钉和钻木钉孔意味着更多地劳动，但这能使木匠相对独立，可以不依赖辛苦打造铁钉的铁匠。然而在有些情况下，需要铁钉，需要无顶头的钉子，以加强材料的联结。中国的造船就是这种情况，覆盖船体的木板用锻铁钉联结，钉得密密的。

人类使用木栓、木钉、针、锥子和钻子的目的，就是想把单独的部分连接到一起。这种想法的最早表现显然是与对衣服的需求有关。从石器时代、青铜时代再到铁器时代，在人类文明早期纪元获得的发现反映了针的发展，其最早的形式是荆棘（据福勒先生的研究，一些阿比西尼亚妇女直到最近还用荆棘缝制衣服）、鱼骨和骨刺。其发展不是直线式，而是分成不同的途径。

这种分岔发展的结果之一就是缝纫术的产生。首先是用钉子在某个需要连接的位置打一些孔，然后用一条线穿入这些孔里，这些钉子的作用就是打孔，钉子也成为锥子的前身。后来人们想出在钉子的尾端打一个眼，其后钉子就沿着两条线演进，一条线发展成针，另一条线发展成锥子。带针眼的缝衣钉子的使用增加，无形中限制了在打孔上的使用。钉子加针眼变成了针，成为一种精细的工具。针要细，相对还要有大的针眼，有的针眼要大到能穿粗线，以缝制像皮革这样的厚重材料。由于一般的针不合适，原始的方法是用锥子扎孔，然后用细线把猪鬃引过去，这种方式直到今天还在为中国的鞋匠沿用（见图310和图311）。针作为锥子弱化效能的结果，导致了中国顶针和起针器的发明（见图293和图285）。针的进一步发展，很少再有变化。追溯到石器时代，可发现针是由骨头制作，粗铜时代是由粗铜制作的；青铜时代是由青铜制作的，把末端弯成一个小环形成针眼，有的针眼是圆的，有的是椭圆的。在铁器时代，我们终于看到铁制的针。在中世纪的德国，锻制的铁丝一端磨尖，另一端打平后劈开，再把开口锤打在一起，形成针眼。后来工艺上出现进步，将两倍于针长的黑铁丝两头都磨尖，中间弄平切为两段，再在弄平的部分钻出针眼。另一种方法是在中间弄平的部分打两个眼，然后在两眼的中间切断铁丝。

如前所述，钉子是锥子的前身，锥子成为扎孔的专用工具。后来，锥子末端变重，成球根形状，这样便于用手握使上劲。为节省金属，青铜锥子也安装木柄或骨柄。穿透软性材料的锥子，其形状直到今天没有什么变化。然而，当早期工匠试图穿透硬性材料时，就不得不改变锥子的形状——打平锥子前端，利用尖劈原理，制成皮匠用的扎穿皮革的锥子。为了制成有三个或四个棱的锥尖（如今天还在使用的日本木钻，见图368），磨损原理、旋转和往复运动都要用到。由此我们被引到另一条有趣的路径，看到钻子的各种改进。

回到钉子上，我们记得早期它的主要作用是打孔，以将材料连成一体。中国裁缝使用的针（见图287，从左边数第二个样本）显示了它的主要功能，尾端仍然没有顶头。日本人在用针方面比中国人领先一步，他们加了一块圆柱形木做顶头。在欧洲，通过加粗、弄平或装一个小横木的方式使针尾端变大，以防止它滑溜地穿过材料，同时还有助于向前推。装小横木的针也被称作“拐杖针”。

要将这种针用到硬的材料上，比如连接两块木头，仅仅用手的力量是不够的。要解决这一难题有两种方法：一种方法是把针做得很坚硬，足以钻到材料里而不会弯曲或折断（结果就是钉子）；另一种方法是预先用锥子或改进的钻子钻孔，来帮助针穿透。后一种情况针就变成木钉，这就不用很大的力气钻孔。

中国起子

金属钉在中国造船业中大量使用。有一种钉钉子的方式，不用事先打孔，而是用一把不寻常的工具。这件工具包括两部分，一部分形如一个插孔有木柄的凿子，尾端套一个金属箍防止磨损；另一部分是一个厚重的锻铁套管。该工具的前端不是凿锋，而是一个方形头（或钝头），这在图379中看不到，因为它被球根状的锻铁套管覆盖。工具的前端楔进锻铁套管，抵着收细的钉子头。使用中，通过敲击这件工具驱动钉子（大头在前）进入木头，到钉子穿进木头一半时停下。然后，短促有力地击打套管，使楔入套管的工具前端松下来。图379是依据一张不够令人满意的照片（拍摄于江西省抚州一家造船厂）素描成的。

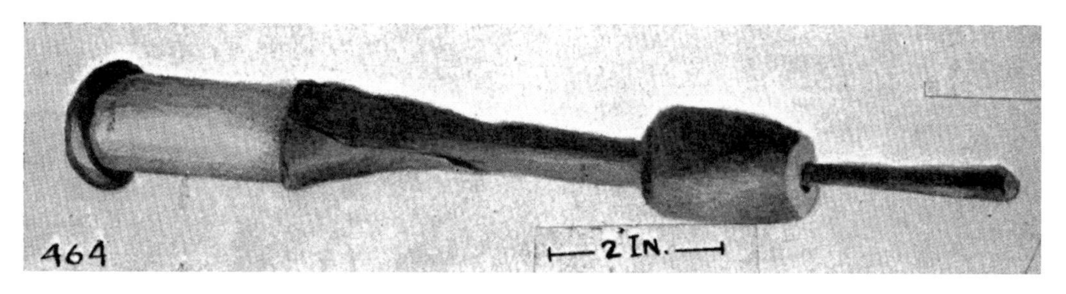

图379　中国起子

起钉器

船板用铁钉钉到龙骨上，如前所述，用锻铁钉密密地联结起来。不过，无论用铁钉还是木钉，有时还需要将它们起出来，尤其在修船时。起钉子时，中国人用如图380所示的那种起钉器。一根锻铁棒，长约1英尺4英寸，末端有个扁平的球节，一个宽松的铁环可在杆上滑动。要起的钉子头先清理出它周围的木头，然后把钉子头紧卡在球节边缘和铁环间，正如照片中的那根钉子。借杠杆的作用向下压杆能卡得更紧，钉子就容易从木头中拔出。当工具不用时，就用它的环挂起来。照片是在江西抚州拍摄的，那里的造船工匠使用这种工具。

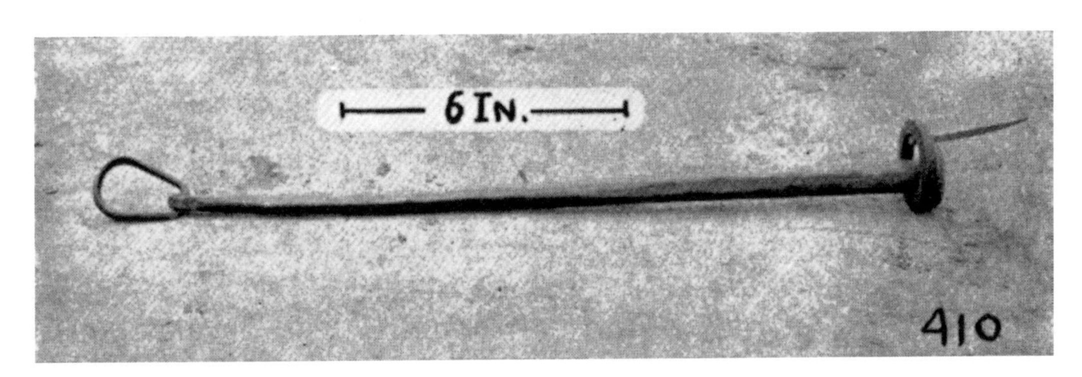

图380　起钉器

磨石

图381展示了一块磨石，固定在两根小竹桩上，靠在农田的一堵墙边。磨石是一块有精细条纹的砂岩，楔入竹桩顶上开的狭槽里。它放在靠近门道处，农民用它很方便，可磨利所用的各种工具。磨刀过程与西方人一样，时不时要在磨石上泼点水以保持湿润。

图381　中国的磨石

磨石通常安在一个卯榫联结的木架里，木架比磨石稍大一些。木匠通常有与工具相配的专用的磨石。当木匠要在这里干一段时间的活儿时，就制作一个木架固定磨石，要换到别的地方干活儿时，他们就会扔弃这个木架，再花时间在新地方固定磨石。中国木匠磨工具“利其器”，外国人不理解，常抱怨说请来干活的木匠要花一半时间磨工具。

在农田安一块磨石，如图片展示的那样，并不是常规做法。这方面中国人表现了灵活性，街上只要见有合适的石头，就可以用来磨刀具，“磨石”可能是垫脚石、桥的栏杆，或是一块倒下的碑石。类似的情况在欧洲也曾流行，这可由一个伦敦教区的入会登记册得到说明，1646年4月23日有这样的记载：“在索耶先生（Mr. Sawyer）居住街道上的一处地方，有一个磨刀的孩子，他叫爱德华·夏普。”

图381是在江西西北部万载山区的一个偏僻村庄拍的，那里居住的民族不同于其他地区的中国人，他们被称为“客家人”，这个名字指明他们作为一个族群的地位，这一族群由于战争和经济条件的原因，从原居住地广东被迫离开，相对晚近定居在这里的山区。

竹瓦

图381中的矮墙是夯土筑成的，是菜园围挡的一部分，上面护以竹瓦以防雨水淋毁。中国宋代的文献记载中提到将竹子劈开，割成等长的段，然后把它们排列起来做顶瓦。在客家人那里，这种用竹子覆盖的方式想必是从南方流传来的，我在中国其他地方还没见过。客家人用这种方式遮挡黏土墙、小的外房和斜墙，居住的主房则用陶瓦覆盖。在马来半岛，竹瓦在近代仍在使用。[1]按西方学者的观点，中国半环形的屋瓦可能源自竹瓦。陶土瓦要优越些，不像图381中的竹瓦，要用石头加重来压。

[1]“盖瓦的方式源自劈开使用的竹子，正如马来人直到今天仍然使用的。”戴维斯，《中国人》，卷I，366页，伦敦1836年。

照明用竹条

图381中放在墙顶的成捆的竹条值得一提。这些竹条单根用于照明。晚上可以看到在房屋土墙上有一或两根竹条，每根插在一个小洞里，略向下倾斜。它们发出暗淡的光，一直烧到墙面，在墙上留下一道黑痕，从洞向上延伸，灰烬和烧焦物掉到泥地上。在准备这些竹条时，老竹子是最好的，砍成3英尺长短，像照片上那样捆起来后，把它们沉入稻田里大约一周，然后取出曝晒于太阳下彻底干透，这样它们就适合使用了。

制砖

中国人住所的发展始于“半坡文化”。随着社会文明的演进，出现了用树枝建造并用黏土覆盖的棚屋，历史学家将其与陶窑的形状做对比研究。继棚屋之后是用夯土墙建造并用茅草覆顶的房子。在司马迁（中国的希罗多德[1]）的《史记》里记载道，汤（前1766年）和禹（前2205年）建造的房子有茅草屋顶和黏土台阶。黏土台阶很可能是捣实的黏土块，它们是夯土筑墙的一个典型特征。我们还读到，在公元前23世纪，舜和禹的陵墓用砖墙包围着，后来《史记》经常提到砖。起初，它们很可能只是晒干的砖坯，但到了汉朝，烧砖工艺得到充分发展。

在江西的农村地区，人们能经常看到用砖坯建造的房屋。当地农田用溪流或河水灌溉，它们带来大量的淤泥，为种水稻和其他作物会定期引水，以至淤泥逐年加厚，不能达到合适的水位，因而必须约十年一次挖低表面的土层。在秋天收获以后，田地被翻新，地面用一个石碾子滚平。一场大雨过后，当水汽蒸发到一定程度——使土地

图382　砖坯

[1] 希罗多德（约前484—前425），古希腊著名历史学家。——译注

的湿软与油灰泥相当，且表面平滑，就将土地的表层挖低，用铲子将湿泥切成一块块砖坯的大小，最后铲子切到边后，就将砖坯分开拿出来。这些砖坯大小为14英寸×9英寸×4英寸，这样处理后田地统一降低了约4英寸。在秋天做这些整田的事比较有利，太阳的热度不是很强。在夏天，土地晒干得太快，地面会形成龟裂，这种情况就不适合切砖坯。切出后的砖坯成排地堆起来，覆盖上稻草以防下雨淋湿，过几周让砖坯晾干，之后它们就可用来建造房屋了。墙基用石头垒，其上为砖坯墙，砖坯之间用湿泥与稻草搅拌成的材料黏合。有关这些信息是在江西沙河收集的，挖掉表层泥土切成砖坯（矩形泥块）的照片（图382）就是在那里拍摄的。

窑砖

在浙江，我们参观了一个用河泥做砖坯的作坊。用图383里的铲子从河边挖泥，装进浅篮子，吊到高过河岸的竹竿上，运到砖坯匠人的棚子里。在这里，运来的泥土用水浸湿，工人再用脚踩踏使之和匀。铲子柄上的粗横木表明挖泥时所有的力量都用在手臂上，穿着破烂鞋子的工人无法用脚用力。

图383
砖坯匠的铲子

图384　砖坯匠切割软泥用的弓

泥被踩踏和匀后，就用图384里的弓从泥堆上切下一块。把弓的直臂带拉弦从泥堆顶上压下去，弓的曲臂两边晃动以使弦做水平切割，然后把弦提起来，这样就切出一个长方形泥块。切出的泥块送到砖坯匠人那里，每个匠人都有自己干活的棚子。匠人把泥块放到一张木桌上，用双手使劲揉压。桌上有匠人的工具，包括图385中的坯模子，几块约0.125英寸厚、表面12英寸×6英寸的木板和图387的小弓，中间还要用到一些草木灰。砖坯的制作过程是：把合起的模子（见图385）放到一块板子上，砖坯形状即由这木板限定底面，模子的内侧限定四边。草木灰撒进模子（防止粘连），而后匠人抓起一团泥使劲摔进模子，再用图387的那种小弓的弦把模子顶部刮平，去掉余泥。制好的砖坯按模子有10英寸×5英寸×1.5英寸大小。拆开模子底端的活头（结合图385很容易看明白），把托着湿软砖坯的板子放到一边，再换板子，摆模子继续做下一块。做成的砖坯够上6个，匠人就把这一批送到院子里，从板子上拿下砖坯，一个挨一个侧立着摆放。砖坯在太阳下晒上大半天，变到有些干硬时，再按5个砖高到顶，码成一排，就像图383和图384背景中看到的那样，码好的砖坯的顶上用稻草覆盖。大约一周后，这些砖坯干透了，就可以入窑烧。

在安徽省的一家砖厂，所造的砖坯为10英寸×5英寸×1英寸大小，是用一次可

图385　砖坯匠的开合式坯模子

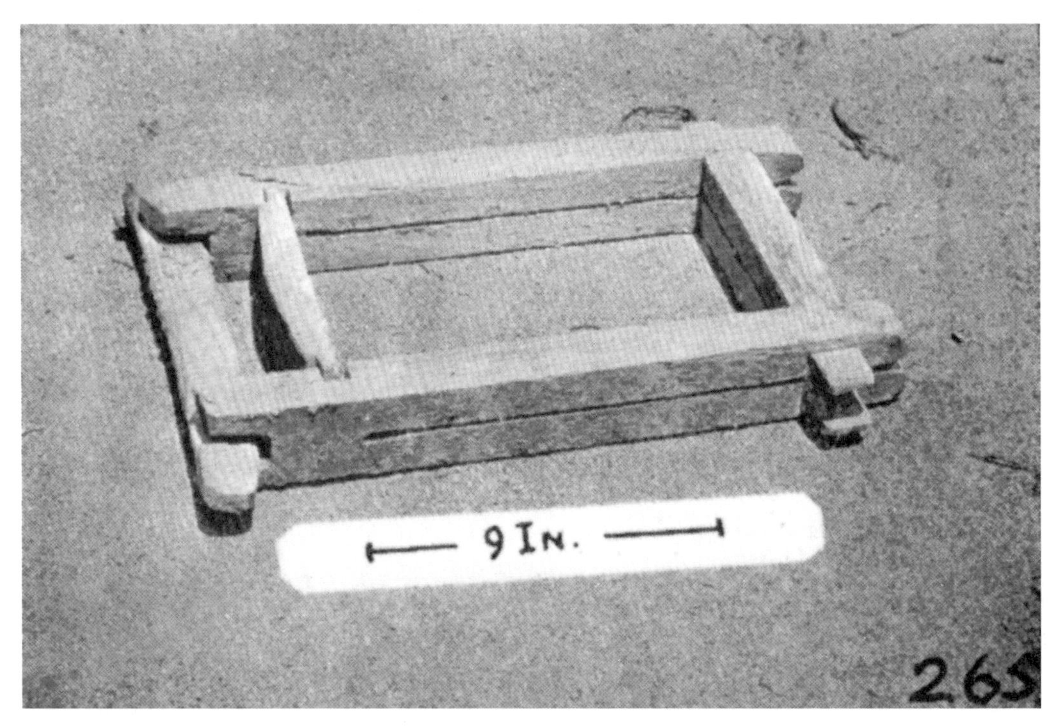

图386　砖坯匠的双坯模子

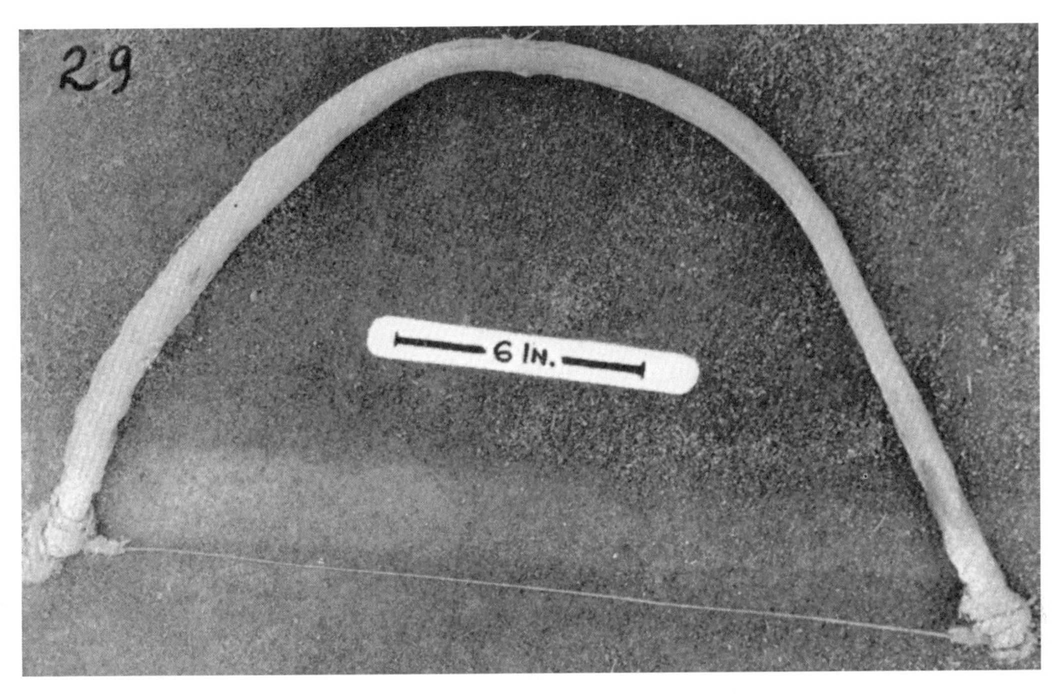

图387　砖坯匠的小切割弓，用于从坯模上切下多余的泥

制两块坯（而不是一块）的坯模子完成的，该坯模子与图385中的模子差不多。其特点见图386，模子木框厚为2英寸，从图中模子的右端开始，一道纵向的锯口穿过框子的边木，一直延伸到模子左端的企口，企口是插模子活动挡头的。因为锯口没有到底，从实际看，是两个模子紧挨而不是一个整体。模子右端榫接的横木是双料，这样锯口就允许弓弦在其间自由通过，一直切到所需的长度。合上双坯模子，把泥填满，弓弦通过切口切去顶部余泥，使表面变平整。这种模子可做两块砖坯，一块在另一块之上，每一块厚1英寸。干了它们会粘在一起，但在入窑之前，通过轻敲其边，很容易把它们分开。在省时间方面，双砖坯模子优点明显。

图388为一个砖窑的前面，它有一个火门。窑的拱顶直径约12英尺，顶上有一个直径约3英尺的开口，工人可从这个口踩着梯子进入，把砖坯堆放在窑里。窑里放砖坯时，中间要留一个通道到火门。砖坯摆满后，窑顶的开口就用石板盖死，并用泥堵上缝。在窑的另一边，对着火门，在拱顶有一个突起的通风孔。根据条件需要，掌握通风孔的开和关，以控制火势。烧砖的燃料是松树枝，图389中是成堆的松树枝。窑

图388
砖窑，这里显示了火门

火要烧24小时，然后把火门和通风孔封上，直到窑变凉，这需要4～7天，就可以大功告成，烧好的砖就可以出窑了。

在江西省的许多地方也用另一种方法制砖。图390展示了那里用的模子，形状是一个木盒子，有两个格和一个底，木盒长27.5英寸，宽6.75英寸，高3.25英寸，所制成的砖坯大小为11英寸×5.5英寸×2.5英寸。模子的三根横木是榫接的，底板用外国进口的钉子钉在框架上。黏土用大量的水搅拌，因而很软很黏。制砖坯的过程是：一人用草木灰擦手（或用滑石粉），准备用的泥团；另一人把草木灰撒到模子里，四下摇晃，把没粘的余灰倒出来。然后拿起泥团，按每格一块，用劲摔进模子里。模

图389　松树枝做燃料，用于在图中背景所见的窑里烧砖

图390　制砖匠的模子，为不可拆类型

子上多出的余泥用小弓的弦切掉，取平。图中可见小弓挂在制砖匠人的台架上。装坯的模子从台架拿到院子，倒扣在地上，这时砖坯很容易掉出模子，平躺着地，而不是如我们在浙江见到的侧立。砖坯在空气中干到够硬时，成排堆起来，进一步让它们干透。砖窑在结构上与前面描述的那些一样。砖坯在窑里松散堆积，以让热气通过其间，烧火要持续7～12天，其后有大半天把火门和风孔关上。然后从顶上倒水进入通风孔，得用560桶水。窑能容放12000块砖坯。燃料主要是树枝，树种类不限。烧成的砖呈灰色，这是用水浇灭窑火之故。

为了和黏土，挖一个直径1.5英尺的圆坑，人赤脚下去踩踏，也用扁平的铁耙子或搅拌工具，图391展示了这两件工具。耙子的铁制部分底宽6.75英寸，长2英尺10英寸，末端做成套管，插入一根木柄。图中还有一个带长柄的木铲，用于从泥堆上（见图中背景）切出泥块。这些工具靠着泥堆，中间是一把木刮子，用于刮平地面，以把砖坯放在地上晾干。注意，在最右边是一把大的长方形木拍子，成排的砖坯中有

图391　制砖匠的耙子、铲子、地刮子、拍子

部分干透后，用它来拍打平整砖坯表面，以待进窑烧制。图390和图391是在江西牯岭附近拍摄的。

在浙江宁波腹地的天台山上，我们也拍了一些制砖的照片，并了解了一些有关信息。在图392的圆形窑里，在靠近底部的地方有四个通风孔。它们相互间的距离大致相等，在窑身上有垂直的烟道。图片中所见的大火门只开了一个小口，用松树枝做燃料，连着烧火。窑顶为砖砌的拱顶形，四周用泥土堆起加固砖结构。窑突起的上部用竹墙围挡，以防烤焦拱顶。

在前面说的拍照地点江西牯岭，我们也拍下图393和图394。图393展示了一个砖匠的全部用具。有可开合的砖坯模子，几块垫板，做好的三块砖坯放在上面。背景中还有一块垫板，放砖坯用。还可以看到挂起的弓，用时可随时拿下。草木灰放在盒子里，图中没有显出来。右边地上，黏泥切成合宜的块状，准备放入模子。制成的砖坯四块为一批，工匠把它们搬到成排的行列里（见图394）。

图392　烧砖瓦的窑

图393
制砖匠的工具和台架、砖坯模子、可抬起的板子、砖坯和切泥刀

图393中，紧靠长凳的后边有垒起的一些砖搭成的台子，图中可见顺着砖长的凹槽——为做成这些凹槽，得先在砖模子里放上一根木棒，以能形成凹槽。中国房子的薄墙体有时需要加固，方法是把木棒插进有凹槽的砖里。有时候，建筑工匠会突发奇想，在砌起的砖顶上顺着墙平放一根木棒，然后在上面用带凹槽的砖盖住这根木棒。

图394中，制砖匠正要抓草木灰洒到模子做好的砖坯上，他一看到照相，因怕灵魂出窍而显出扭曲的表情。按中国农民的迷信说法，灵魂容易出窍，被照相的人拿了去附着在照片上。我总是很小心地尊重中国人的信仰，尽管我不能跟他们一般见识，也避免给那些害怕照相的个人拍照。在这种情况下，工匠本不该站在我要拍的物体

图394　中国制砖匠在干活

前，但顷刻间的怨恨使我将照相机对着他。

中国砖的尺寸在各省不同。一位日本学者研究出一套体系，根据汉代砖与宋代砖的大小不同，他声称能由一块砖的尺寸知道该砖所属的历史时期。然而我担心在这样一个体系中，超出规则会有许多例外。我附加了一个表，列出一些中国砖的尺寸，并与外国砖做了对比。

山东做炕*用的土坯……12英寸×12英寸×4英寸

江西土坯…………………14英寸×9英寸×4英寸

浙江砖……………………10英寸×5英寸×1.5英寸

浙江砖……………………10英寸×5英寸×1英寸

江西砖……………………11英寸×5.5英寸×2.5英寸

汉代江西砖………………13英寸×6英寸×2英寸

安徽砖……………………9.5英寸×5英寸×1.5英寸

宋代的安徽砖……………15英寸×7英寸×3.25英寸

英国标准砖（1839）……10英寸×5英寸×3英寸

美国标准砖………………8.5英寸×4.25英寸×2英寸

德国标准砖………………10英寸×4.75英寸×2.5英寸

德国中世纪砖……………11.25英寸×5.5英寸×3.75英寸

*中国式加热的床

如果朝代变了，某些地方砖的尺寸却未变，那表明这些地方的观念滞后，制砖工匠落后于改朝换代。

说到开合式砖坯模子（见图385），人们可能会问，从坚实固定的框架中制成湿砖坯，再打开模子倒出来，为什么用这样的模子？

在我漫游中国的不同地方时，经常看见一些碎砖块，或砌在破房子墙上，或在院子和菜园的围墙头，露出一个或多个装饰有棱的边面，毫无疑问这是用模子制成的。这些墙通常是用老城或周围挖出来的旧砖块砌成的，有关这些碎砖块的疑问表明当地人对它们的起源全然无知。这些砖块不是当今做的或使用的，我也没见过它们用于老寺庙或宝塔上，而只用在穷人的房子和院墙，似乎这些碎砖块见证了一种久被忘记了的中国工艺。图395就是在江西樟树附近发现的这种碎砖的一个典型例子。假如我们想描述说明这些砖是如何制作的，我们立刻会找到对于这种事实的一个解释，即当今中国的一些制砖匠人在用开合模子做普通的平砖。当制作这些带装饰的砖时，一定需要使用一个可开合或“抽开”的模子，模子有一个或几个面刻有阴纹图案，这样，图案就能凸印到砖坯上。要把这些有凸起图案的砖坯拿出来，就得打开模子并抽离它。这具有典型的中国特征，工艺失而复传，尽管用一个刚性模子能很好地达到同样的目

图395　中国古代的装饰砖

的并简化这一工作，在这种图案砖的制作中断了很久以后，工匠仍然使用同样的开合模子（只是砖已没有装饰的四边）。

在安徽省，我也看见一个在使用的开合式模子，这证明利用开合方式对于现代制砖并不是必需的特征。使用那个模子的制砖匠把各部分钉死，使它变成了一个刚性的模子。我问他话，他回答说，他发现没必要连续地开合模子，因而他就把模子钉死了。也许，此人是几个世纪以来中国第一个有勇气打破传统、敢于改良这个悠久的发明物的制砖匠。

在中国制砖工艺和砖的利用方面，似乎可以追溯到夏朝。有关那个时代（前22世纪—前18世纪）的中国文献记载，砖也用于建造墓穴。到了汉代，我们发现这一工艺已得到充分发展，在老城周围的遗址仍然可发现有特色的饰砖证明了这一点（见图395）。那时的中国人，已不再满足由线条变化所产生的愉悦效果，很显然利用了饰砖拼合，以使整个墙面变得生动。关于这种工艺方法，我们现在仅发现很可能是采用了这种方法的碎砖块。图395、图396、图404和图405给出了在华中各地区收集到的一些饰砖样品，图397至图403为饰砖墙面可能产生的效果。这里所有图案都是从

图396　古代饰砖

发现于浙江、安徽、江西和湖南省各地区的旧砖复制过来的。

无论我是在哪里发现的这种饰砖，它们似乎都表明了一种迹象，即那个特定地方的兴建可上溯至汉代。我经常向当地的学者说“我知道你们的城市可上溯至汉代”这句话来检验我的判断，每当我在遗址中发现了饰砖，这句话就屡试不爽。同样，当缺少这样的饰砖时，就表明那里城市的兴建总要晚一些。

图397　图398

图399　图400

图397至图400　古代饰砖在镶板构造中的效果

这些装饰图案极好地用在我们常见于地板砖的重复图案中。这些砖的窄边都被修饰过，其形状表明了它们用于墙上。

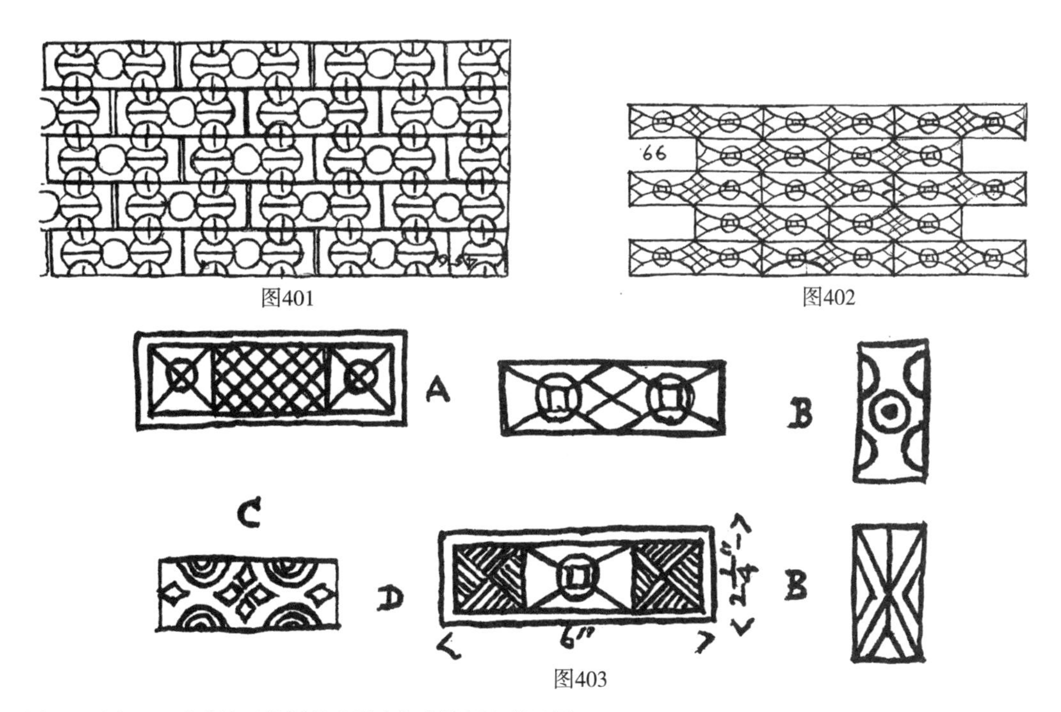

图401　图402

图403

图401至图403　古代饰砖的设计以及它们在镶板上的运用

图401和图402再次展示了镶板的构造，图403展示了单体砖的图案，这些砖发现于安徽、浙江和江西的古遗址中。

图404　古代的饰砖

照片中是中国的一种烧制砖，今已不生产，在城市建筑遗迹中经常可见，用于建造普通砖墙。

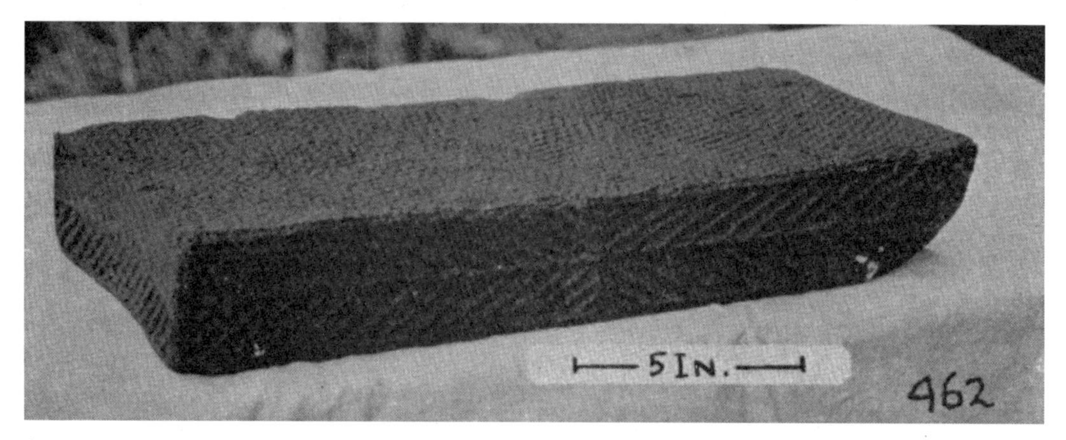

图405　古代的饰砖

已过时的一种装饰砖，在城市建筑遗迹中时有发现，挖出来用于一般墙的建筑，见图395注。

制作屋瓦

在中国应用最广的屋盖是半圆形或凹形的红陶瓦。两片瓦平躺相邻，接边上方被另一片瓦凹面向下扣住，这样就形成淌雨水槽。在建筑学上，这种瓦被称为标准瓦或亚洲瓦，在德语中形象地将它们称为“修道士和修女”。

在浙江省五个不同地区的陶器厂里，我们有机会观察了中国屋瓦的制作。非常有趣的是屋瓦匠使用一种陶轮干活，从最小的罐子到最大的坛子，这些地区的陶匠都是用黏土条来做。中国石器时代就有的这种方法[1]看起来很奇怪，在中国有的地区，陶器艺术兴起很早，并达到顶峰。

在所有五个被调查的地区，制造屋瓦的步骤基本相同。原料是从河堤切来的河泥，或是从山坡上采出的或从地里挖出来的黏土，运到陶器厂里，放置在露天的地上。洒上水，再由工人赤脚踩踏彻底和匀，泥不要太湿，以致稀软流散。和好的黏土或河泥堆成大堆。陶匠按一天工作计，从泥堆上切下部分块泥运到棚子里，在那里他充分地揉泥，直到黏度合宜。

为了从大泥堆上切下泥块，陶匠会用一把类似于图384中描绘的制砖匠用的弓。该弓用一根铁丝当弦，铁丝从弓的长臂的低端拉到另一端，由图407中可见，这把弓斜靠在砖堆上。弓由顶端的横木固定，使用时，弓架的一只臂垂直往下推进泥堆里，以这只臂做轴，以不超过90度的角，把弓向四周摇摆，而后从泥里把这只臂拉出来。根据弓弦的运动，我们便容易明白工匠是如何从泥堆切下泥块的。用一根铁丝或细弦切泥，似乎是一项通行世界的发明，看来无论在哪儿，可能在世界的任何地区，作为用于切泥这个目的的最好方法，它迟早都要出现在某一位陶匠身上。用铁丝可以切得很干净，而用铲子或其他工具就会粘满泥。

制瓦匠把搬到茅棚里的陶泥再做成一批长约4英尺的长方形块。做的时候，他仅

[1] 指泥条盘筑法。——译注

图406
屋瓦匠的切泥工具

凭眼睛估摸大小，通过不断切下一些泥片，使之达到一致的形状。切下的泥片被使劲摔到大块泥上。图406为在制瓦匠茅棚的地上做成的长方形泥块。

在这个泥块上可以看到一个独特的工具——一把切片刀，用来从泥块顶层切下厚约0.375英寸的泥片。泥片围绕一个筒形模子来粘贴，以形成一个陶泥筒，这个筒形最后分成四个均等的部分，成为四片中国式的屋瓦。切片刀做得粗糙，图中有三种不同的切片刀，一种见图406，一种见图410，另一种没有柄的见图412。在其他地方，我们见到制作细致的切片刀，用它可以精确地切片。不过在所有的情况下，切片原理都是一样的。切片工具可与一把只有两个齿的木耙子相比较，其横木约15英寸长，上面有柄。靠近横木的两端，方形木齿榫接在方形孔里，两个方齿之间拉紧一根铁丝。沿着陶泥块表面拉动切刀，保持横木与陶泥块表面贴紧，铁丝将从泥块上切下一片，切的泥片厚度与铁丝到横木的距离一致，大约为0.375英寸。

图407、图408和图409为屋瓦匠用的木桶状的模子。模子由窄木板做成，就像活动的百叶窗，也像翻盖桌。多个单独的结实窄木板条，通过窄板边的细长暗榫连

图407　用于制屋瓦的模子和制瓦匠的轮盘

图408　制屋瓦用的模子

图409
屋瓦匠的开合模子

接，末端的窄板比其他的长，以用作模子的柄。由窄板条和暗榫组成的模子，形成一个有许多连接点的柔性筒，立起来就是一个没有箍的木桶。用一个合体的湿布套把模子盖上，模子会变硬实进而加强板条的连接。[1]在模子外周，把四根竹条（间距相等并与木板条接口平行）用竹钉或铁丝固定。图409中展示了一个没有布套的模子，模子上有一根竹条看得很清楚。这些竹条的作用是用模子将陶泥筒内侧印上凹痕，以便形成指引线，当陶泥筒干燥后，沿着这些线很容易把它分成四片屋瓦。

制瓦匠制作陶泥筒时，会把模子放到轮盘上面，我在浙江的查村附近拍摄的照片（见图408）展示了一个典型的制瓦匠的轮盘。从地面到圆盘的高度是25.5英寸，圆盘直径是13英寸。圆盘的顶端平坦，没有任何突起。埋在地面的中心杆上有一根铁针插入顶端，木质圆盘或轮盘套着铁针旋转。为使轮盘保持稳定，要用两个支架进行支撑，支架用一根低于柱子、离地面3英寸的穿孔横木与轮子相连。当轮盘运动起来后，通过这个坚固支架连接起来的轮盘和横木一起旋转。图407中的支架由一根单独的竹管巧妙地劈成四根臂。

使用轮盘时，工匠先在盘顶上洒一些草木灰，把围着布的模子放在中心，转动轮盘以确保模子位于中心，并根据需要做些调整。然后工匠从泥块上切下一片泥，围绕模子往上粘贴。接下来拿起定形工具（见图412的左边）慢慢地转动轮盘，抹光滑表面，消除陶泥贴到模子上时形成的接口。完成这一步，轮盘的转动不超过三四圈。再转动轮盘时，就可用图412中的刀尺切去顶部边缘的不平部分，然后把粘着湿泥筒的模子从轮盘上取下来，拿到院子里去晾干。晾陶泥筒的照片见图410和图411。

接下来，借向中心转动两条突起的末端窄板，巧妙地使模子收缩，模子瘦身后就容易从筒里撤出来。最后盖布被抽开，筒就做成了，再放到太阳下晾干。拿开盖布时，工匠将手伸进筒里，抓住布的底边角，轻轻地抽出。为避免在这个过程中筒的溃裂，会预先在筒上套一个竹箍，用完后竹箍一般就留在上面，直到要拿给另一个筒用。图410的左边可见一个套有这种竹箍的筒。

晾一天后，筒就足够硬了，可以一个叠一个堆起来（见图410的左边），放在那

[1] 这是利用了木材吸收水分膨胀的特性，由此形成模子整体的张力。——译注

图410 在地上晾干的屋瓦陶筒，还没分成四片屋瓦

图411 在地上晾干的陶筒，其中一个被分成四片屋瓦

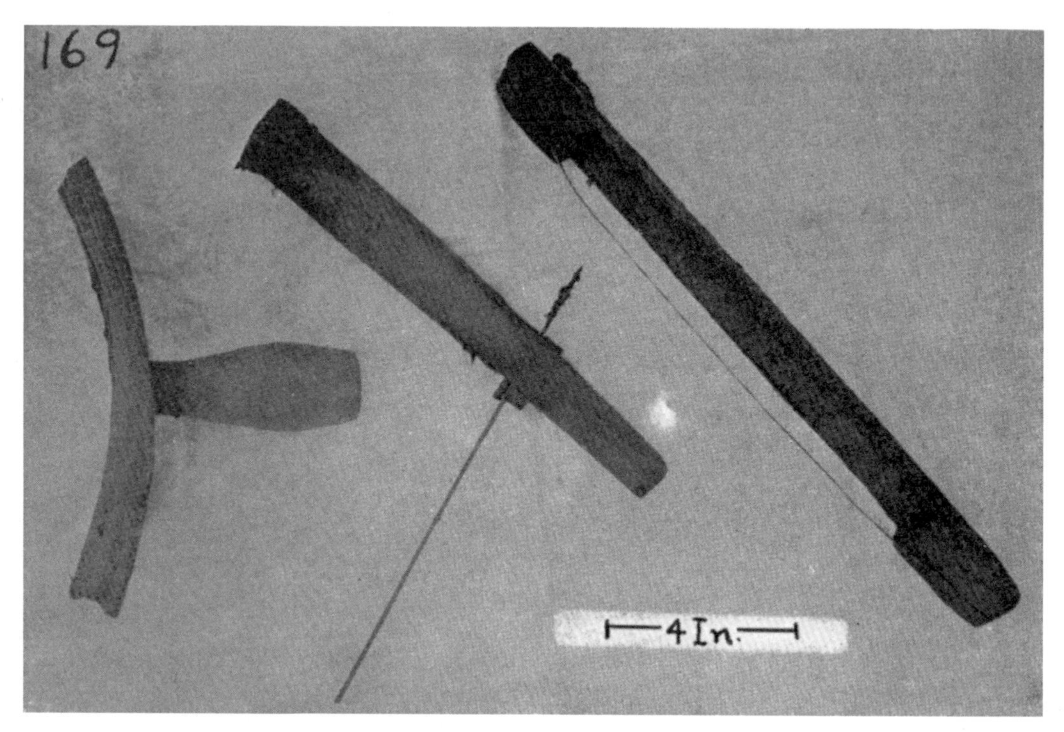

图412　屋瓦匠的定型工具，刀尺和泥切刀

里直到诸条件齐备再装窑。入窑之前，要把筒分成四片瓦。工匠两手拿筒，每只手掌盖过一根记号线条，将筒向内推把筒压扁，正好沿着指示线裂成四块凹片。由一个筒分裂成的四片瓦见图411。

在一些地方，有事业心的制瓦匠将他们的戳记或商标在制瓦用的筒布套上绣了四次（对应四片瓦），结果凸起的绣花线条就在瓦片上留下印记。

制瓦匠用的三件工具分开展示在图412中。左边是定形工具，通常是木头做的，这里的是铸铁制的，背部铸有一个管套以插入木柄。中间是刀尺，用于切除泥筒的顶边，由一根木头制成，有一个长孔以楔入一根铁钉。第三件工具是一把简单的切片刀，没有柄。图411和图412是在江西德安拍摄的。

烧石灰

在当今中国的房屋建设中，除了一些受到欧洲影响的地区，石灰的使用还相当有限。石灰少量用在砖墙中，而砖墙只是有钱人才能盖。对宝塔和旧城墙进一步观察后发现，在古代曾普遍用纯石灰制作灰浆。很明显，仅仅因为经济原因，限制了石灰在当今的广泛使用。

中国人烧石灰的方法很麻烦，然而作为结果的产品却是所能期望的最好的石灰。烧石灰要用窑，但它不是一个永久的构造。它为烧石灰而建，烧好以后，它就被毁掉了。图413展示了这样一个窑的总貌，建窑以前，先用黏土和筛过的煤灰加水混合制成小锥形的“煤饼”。煤灰取自先前的烧石灰作业，显然是未完全烧透的煤粉。这些“煤饼”直径9英寸，高4.5英寸，把混合黏土和煤灰用脚充分踩踏和匀，再用手粗粗地捏成。在一些地区，它们放在一个平台上烘烤，下面用稻草烧火。这个平台有炉膛的性质，在它上面搭有茅棚不让热量扩散。在这些照片的拍摄地江西樟树，省去了预烘烤的步骤，“煤饼”只能在太阳下晒干。用这些“煤饼”在地上围成一个大圆墙，在里面铺一层煤粉，接着铺一层石灰石。在第一圈“煤饼”之上，再围起另一圈，围起的空间也同样是铺一层煤粉，再铺一层石灰石。用进口铁丝在“煤饼”圈外连起来，这在以前是用竹条来箍的。用这种方法建造窑直到8英尺高，窑的形状是一个倒置的削去头的锥体（见图413）。烧火坑在照片中看不到，它是在水平地面上挖的一条沟，从窑的外部地基向内直通中心。在这个沟里烧木头为的是在窑整体建成前就烧起火来，燃烧进行时，继续铺煤灰燃料层和石灰石层。燃烧到第五天，窑建成。之后继续烧上两三天，烧石灰过程才算是完成了。然后从窑顶泼若干桶冷水将火浇灭。如果在进行中遇上大风，就要把竹席绑在窑的外面（如照片中所示），以防这种带孔的窑体发生爆炸。

石灰窑充分冷下来后，工匠就开始从窑顶向下拆，以获得烧成的石灰。每次加热，这种窑都得拆掉。用锄头一圈一圈地拆，铁丝被去掉，废物被扔到地上。烧成

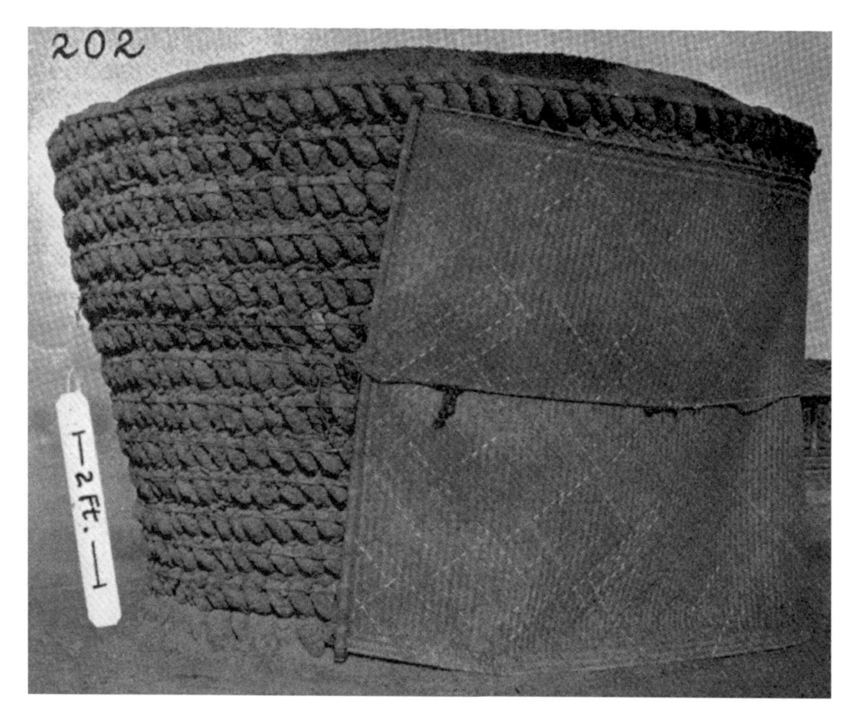

图413
临时石灰窑

的生石灰集中在一边堆起，没烧透的“煤饼”[1]在近旁捣碎，煤灰用来做新的“煤饼”。图414展示了正在拆除的临时性石灰窑，该照片与图413都是在江西樟树的同一地点拍的。在城外有巨大的渣滓堆，部分是烧石灰的渣灰，部分是生产硫酸铁的废物，炼铁在樟树也有很长一段时间了。烧石灰的煤坯大部分在燃烧过程中碎掉，但也有一些在窑里受到更多的热而变成硬渣，节俭的中国人捡来煤坯硬渣建围墙或房屋墙。图415中是一所在建的房子和使用这些煤坯硬渣的方式，这间房子离所说的石灰窑约有扔一块石头远的距离。

无疑，用圆形窑烧石灰的做法很古老。所用的那种明显易碎成粉的石煤，不能阻止我们产生这样的认识。根据鲍迪尔（M. G. Pauthier）——法文版《马可波罗》的博学编辑——的引述，中国在公元纪年前就使用石煤了，马可波罗本人也提到在中国广泛使用一种从山中挖掘的黑色石头，可像柴火一样燃烧。中国人用他们独特的方式解

[1] 用“煤饼”垒圈，向外的一面不易燃烧，故有“没烧透”之说。

图414　拆除一个临时石灰窑

图415　烧石灰后结成的煤块渣建造的屋墙

决了如何最佳使用这种燃料的问题，这点我已很多次在浙江和江西注意到了。碎煤、黏土加水混合，整个成了一团糊状。在这种湿乎乎的状况下，糊状煤被放到木火上，很快被点燃。它烧得很慢，发出红光，释放出很大的热量。在有些地方，特别是在贵州、四川和北京，把类似的糊状煤放到模子里，因此可制成煤球，呈一种椭球状，再在太阳下晒干后，就可用作燃料了。

不过，这种临时性的石灰窑在中国并不常见。在江西省内从袁州去万载的路上，我们看到了在构造上与那些内地的非常相似的石灰窑。在路旁背对着山坡，一个用石头建的窑，顶上开口，底下有一个烧火坑。这口窑所用的燃料是石煤，在附近地区有大量发现。因而就没有在江西其他地方看到的拆除窑的做法。石灰大量用于造纸业，在江西和湖南交界处树木丛生的山里，造纸业很普遍。

中国文献提供的信息表明石灰最早由贝壳烧制。在描述一座夏代的建筑时，历史典籍《考工记》写到，由贝壳制成的石灰用于装饰房屋。石灰生产过程的细节书中没有给出，但四千年后，在中国东部沿海仍然采用一种用贝壳烧制石灰的远古方法。威廉姆斯（S. W. Williams）描述了这一过程："在一处由10～12英尺宽的矮墙围成的空间里，贝壳被烧成石灰。在墙的中间底部有一个洞，由一个通道通到一个坑，用脚带动风扇可使坑里的火烧旺。木头松散地堆在坑底部，火在中心通风口的地方点着，被风扇吹进去火焰很旺，快速地将贝壳投到火里，直到墙里被填满；12小时后，贝壳就被烧成石灰。近傍晚时，几十位村民聚集到燃烧的火堆周围，带来几锅大米或蔬菜，放到火上煮，然后一起分享。第二天早上将石灰取出来，筛过后给石匠。"使用脚带动的风扇而不是高效的风箱，看起来有可能是整个过程不加改进地从中国历史的早期一直沿用至今。

在小亚细亚的帕加马[1]，大约在公元前200年，用蜗牛壳烧制石灰——至少当地发现的旧研钵表明了这一点，分析显示这些研钵有极高的磷酸含量。除了沙石，研钵中还有未烧透的蜗牛壳。

---

[1] 帕加马（Pergamos），古希腊城市，现为土耳其伊兹密尔省贝尔加马镇。

石灰的多种用途

水泥墙体——威廉姆斯（S. W. Williams）描述了一种中国式水泥（或细筛的沙土混合物），它是一种由分解的花岗岩或沙砾与石灰加水搅拌成的混合物，有时搅拌也加一点儿油。把这样的混合物倒入两道挡板构成的模子里浇成墙体，随着墙体的升高模子提升，或者把石灰混合物捣成大块，由此做成持久耐用的墙体。威廉姆斯说，表面再墁上灰泥可防止雨淋，这样制成的材料逐渐变得硬如石块，他本人此前还从未见过。

做松花蛋——用石灰保藏鸭蛋，或许可称为一种保护方法。在新鲜鸭蛋外面包上一层由草泥灰、盐和熟石灰混合而成的糊状物，并覆上一层谷壳。在陶罐中密封30天后，这些鸭蛋就可以食用了。制成的松花鸭蛋，白色的蛋清变硬且色泽深绿，蛋黄变成棕黄色且外观类似块状的果冻。正是这种经过保护处理而脱色但却未腐坏的蛋类，使得西方人流行中国人吃腐烂食品的误解。

制硫酸铁——硫酸铁制品中，铸铁锅用石灰涂过，可防烈酒腐坏。

用于染色——染匠用石灰隔离布料上的模板图案，避免模板被染色。

用于造纸——造纸工艺中，竹子纤维经石灰处理，化为纸浆。

用于制革——生毛皮经石灰鞣成熟皮。不过，石灰并不完全具有把生毛皮变成真正耐用的皮革的作用。

用于油灰——桐油和石灰调配，常被用作房屋勾缝、防漏的材料。

用于防水绳和渔网——渔网和航船用的绳索，通常用猪血和石灰调配的混合物做防水处理。

用于尸体防腐——在安放尸体之前，通常在棺材里先涂一层石灰，不过，这顶多是一种预防过快腐烂的临时措施。我无法弄清这种习俗有多么久远，我只能假设，长年埋葬后，随葬品中的玉器褪色是由于棺材中的石灰引起的表面化学反应。如果不是这样，那看起来就很奇怪，硬玉和软玉这样坚硬致密的石料仅仅因为被泥土（或湿或干）掩埋就发生了明显的化学变化。

房屋结构

一般地讲，中国的房屋结构非常古老。最坚固的、数百年不倒的建筑往往是宝塔。这些建筑有非常重要的石材基础。由于地域条件，中国各地容易获得合适的建筑材料，很多建筑都采用了切割的石料。宝塔数百年屹立不倒，要归功于它们坚固结实的建筑基础以及不易腐烂的材料。木头通常用作露台、楼梯、地板的材料，因而，宝塔千百年挺立，它们的木质附属件却随时间流逝而腐朽，最终遗存下来的只是一个留有许多门窗洞的巨大厚墙筒，那些门先前通向木头阶梯——一层到一层全部的通路。在一些宝塔里，阶梯做在墙里，台阶用石块或砖砌成，伴有倾斜的拱形结构悬在上空。各种不同的地板通常由环形拱顶支撑起来，这些拱顶就是由石块或砖向内一级级砌的，环形开口逐渐收小，直到可以被一块直径2～3英尺的圆形板扣住。

虽然中国人有这些牢固结构的知识（异常坚固的案例很多），但令人惊讶的是，中国人对其他建筑如庙宇、住宅如何坚固耐用却并未给予更多关注，在中国木结构的房屋更为普遍。在一座竣工的房子中，砖墙只是看起来非常坚固，然而，它并不比木梁柱所维持的时间更长。实际上，柱梁是整个建筑结构的主要支撑，砖墙通常只是围护和填充，它们并不支撑房子的任何结构。

我们追溯中国建筑得结合对遗址的考察。出于安全考虑，人们聚于城市、乡镇和村庄，新房屋往往建在因火灾、洪水或老旧毁坏的建筑根基上。中国的房屋从来没有地下室，建房过程中，要做的只是清理旧址残迹，把地面整平，把柱础放在确定的位置——这是最重要的一环。房屋的排列非常有序，柱础就起到了支撑柱子并划分房间的作用。通常房主掌管营造之事，买木料和砖瓦，并雇人来干活。

板条灰泥墙面并不像是中国人的创意。隔断墙由砖块、木料或涂灰泥的竹条做成。在欧洲大陆的半露木式的建筑结构中，木柱之间的空间用枝条编织的席子填充，再从两侧用灰泥抹成墙面。板条灰泥墙面就源于这种古老的方法。中国房屋内的墙面一般是纸和石灰，或黏土和石灰，上面一般刷一层石灰水。木隔断通常贴墙纸——普通的中国白纸，用米面制成的糨糊粘贴。后来，中国人也逐渐采用外国的报纸来装饰墙面。天花板用板子做，除非天花板上形如帐篷的屋顶还作它用，否则就把编织的苇子等铺在椽子上，并用纸封糊，或不做任何吊顶，从屋内可直接看到屋顶的结构。

中国贫穷人家房子的地面通常直接把土夯实，做成硬实平整的表面。这种地面多年后会成为房产的一部分。做硝石的匠人会买下地面的这层土——土因硝酸盐的作用而大变，显出发白的盐霜——表明这块土可淘出赚钱的硝酸钙。另外一种精致得多的地面是用中国式水泥——由石灰、黏土和沙子混合，经过硬化和防水处理做成的。这种做地板的方法的最后一道工序是在表面打上方格线条，使得地板面看起来像是铺了一层方砖。图432展示了这样一种水泥地板。方形砖块或石板（水泥地板所模仿的）有时也用来铺地。方砖铺地的花费较大，因而只能在地位重要的老建筑或寺庙中见到。采用同样的方法，普通砖块也可以用来铺地面，或就地取材用石灰石的条石。

木地板通常用在卧室或商店的柜台后面。木板被锯开而不是劈开。铺的木板一块接一块，松松地搁在托梁上。在地板的两头，用粗木条穿过木板边以防木板变形走样。这是一种比较简单随意的固定方式，但考虑到人们讨厌用钉子把木板钉在托梁上，这不失为一个好的替代方法。

如图413所示，由煤粉和黏土混合为料、呈圆楔形或锥形烧过的粗制手搓“煤饼”[1]（烧石灰的副产品），在修建房屋墙体中有用到。注意，当那些锥状“煤饼”平躺放在窑里时（见图413），它们都向左边倾斜。图415所示的房屋墙体中，它们向左右不同方向倾斜，显出用灰泥抹的宽缝。

图415中显出烧过的锥形“煤饼”——烧石灰的副产品——的用途，同时也说明它在中国房屋建造中的特殊地位和作用。一座建筑通常起于规划，之后打好地基，安放柱础，以支撑立柱和梁。由图279和图249可知，把方形石材嵌入地下，在它上面放置一个支立柱的鼓形石块。柱子上面再架横梁，这就构成了中国特色的房屋架构。上完屋顶再由工匠处理其他细节。这种带有沉重瓦顶的建筑结构看起来非常不稳定。墙体建在木架结构周围，但只是用于围挡而不用于承重。这是一种常见的方式，不过

[1] 原文“briquerres”直译应为煤球，煤砖。而在生活中，我们所见的煤球体量较小，煤砖的形状规则。分析原文所指用于烧石灰的“briquerres”，其体量远大于煤球，形状也非长方形，故译为“煤饼”。——译注

也可见架在墙上的屋顶，这就显露出矛盾，尤其是在许多缺少木材的地方。另外一种砌墙的方法是用竹条编席填补柱子间的空当，并在竹席的两面都涂上灰泥，柱子仍暴露于外，这就是半露木结构的建筑效果，如图1中左所示。

中国的很多城镇都还保存有城墙，城门在夜间关闭，类似欧洲中世纪的情况。城墙通常由砖砌成。城墙的结构布置是建两面墙，围成壳，中间留空填入修护城河挖出的泥土。两墙之间没有连接梁，它们通常都修得比较倾斜，整体结构是下宽上窄。城墙顶部平坦，一般宽度不小于6英尺。外侧的墙面较高，以形成保护性的城垛，城墙上的平地可驻军备战，并留有炮眼。城楼形似花朵，两重挑檐向上，看似皇权的象征。我在马可波罗回国时途经的浙江鄞州[1]城中见过这种城墙，有人告诉我，只有在南京、北京这两座帝都城中才能有这样的建筑。一位大儒在做了多年朝廷重臣和太子的老师后，回乡鄞州安度晚年，为纪念他曾多年每天目睹的皇城，他在故乡修建了城楼。这个逾制的举动被诋毁者上报到朝廷，结果朝廷下令，要求这位不幸的大儒或拆除城楼，或自尽以谢罪。最终他选择了后者，保全了这座城市。从此以后，鄞州被允许保留下这一不同寻常的建筑，以纪念这位大儒高尚的自我牺牲精神。

城市居民有责任保护和修缮他们的城墙，城市级别不同，城墙大小规制也有别。如果某一地区出产红砂岩，那么当地民众就会用这种材料来修筑一段城墙，而左右邻接的城墙仍采用砖——或许是大型砖——表明当地民众建造房屋通常是用砖，并烧制成他们所习惯用的大小。由于建城墙的大砖不常用，不易烧透，这就产生一个困难，而一种简单的方式可以解决，这就是在要烧的砖坯中心用筷子竖着插一个眼，烘焙后便在砖上留下一个圆洞。考古方面还注意到一点，这些砖上通常都有戳记，标注这些城砖的制造日期和所属的地区。这不失为一个好方法，以防城砖还未使用就被偷窃。

图416和图417是江苏常熟一座修建中的寺庙的框架结构，任何一座中国式建筑都是以这样的方式建起来的。竖起的木柱承载了整个上层建筑，其上大量使用了保持架构与地面水平的卯榫。立柱不是被锚定在地面上，而仅仅是支在石板或砖铺成的底座上。这种建筑最显著的缺陷是忽视抗风设计，由此使得柱子的径尺寸比最细的叉梁

---

[1] 浙江宁波的旧称。——译注

图416　建设中的木结构寺庙

图417　建设中的木结构寺庙

还小。比如，大堂讲究的特征是开间（宽度为立柱之间的跨度），这使得与立柱榫接的横梁末端伸出个滑稽的小榫头。

另一个有趣的特征是，以前中国建房造屋可以不用一块铁，比如钉子、铰链、夹板，等等。现在情况有所改变，建筑中已见铁件，木匠们也越来越多的使用外国的钉子。不过，用钉子并没有使技术超越从前，而更多的被看作省时省力的方法。先前中国木工使用木头或竹子榫钉、楔子，尽管方法老套，却依然是建筑中联结各部结构的耐久方式。

层叠的横梁，既施力于地，也撑起屋顶。屋顶构架非常独特，其整体的重量被分散，其垂直压力直接传递给承重的横梁。只有在这些构架中我们才能看到三角形的抗风支撑，但这并非有意采用了正确的机械原理，而是屋顶倾斜形成的巧合。

普通民居一般只有一层，有时候卧室被安排在斜屋顶下，靠梯子上下。梯子做得很简单，两条倾斜的木柱，其间等距插着一级一级的横撑，也有梯子的横撑是榫在两侧木柱里的。

建筑材料大多用软木料。在古老的寺庙里，可以见到巨大的硬木柱子，即便是如今，若寺庙拥有成片数百年之久的树木，寺庙维修和重建也用硬木。无论何时，旅行中我只要见到成片的巨大树木[1]，就确信它们或属于寺庙，或掩映着古坟老墓。不管哪种情况，都不能拿它们俗用。

中国建筑所用的木材都是手工加工。榫眼和榫头用凿子和锤子开成。整个大架子的各部分同时组装，多人合作把大架子立起并支撑固定。其他的部分用同样的方法竖起，用绳子拴在要连接之处，最后于横梁上固定。中国人总愿尽快上梁大吉，上梁后，余下的工程就可以放慢进度了。图416和图417中的两个屋顶，显示出了现代因素的影响。屋顶上覆盖木板以使屋顶的瓦片更牢固。屋脊两侧斜向下的屋檐形成合适的角度，由并排平行的木条构成，相互间隔几英寸，以便给瓦片铺设留下合适的空间。瓦片成排的铺在屋顶上，一排瓦片凸面向下，紧邻一排则凹面向下，且边缘压在前一排瓦片上，其在沟槽的位置由前一排瓦片的位置决定。一排中各瓦片也是相互交

[1] 指柏树。——译注

叠。为确保一排排瓦片位置稳固，不发生偏移甚至从屋顶滑落，屋顶的斜度必须要小；此外还用到的一个保护措施是，使屋顶的斜面相对屋檐稍微上翘，于是就形成了有中国特色的优雅的挑檐式屋顶。

中国建筑一个突出的特点是，整个结构就像是架设在若干支柱上，很像建在湖面上的房子或类似于马来群岛上的小屋。从实用的角度给这种结构做出的解释是，它可以使居住者更容易保护其房屋免受白蚁的侵袭。白蚁这种害虫必须由地面爬到木头上，中国房屋的柱子是立在石头或砖块筑成的地基上的，因此白蚁很难爬上去。有时木柱不经心放置而触及地面，就使白蚁有可乘之机，房屋将遭危险。

如图中所见，房屋大架子立起后，下一步就是修墙或者说把柱子间的空当填满。外墙上可能会留窗户，但通常中国人不太愿在外墙上留窗户。建筑内部的庭院设计很讲究，可使房间有充足的采光。正门和小门（或者叫后门）——如果院子够大所开的门——把内部和外部世界连接起来。如果房子挨近另一人家的小院，那么院墙就会比较高，使人们很难把这堵墙与建筑的其余部分区别开，而从外面看，几乎不可能认出这堵墙后面是房子或只是一个院子。

砖墙的砌法

说到砖墙的砌法，中国有不少有意思的类型。除了我们熟悉的，中国也还采用其他的类型。最明显的例子是中国的盒式砌法，这是一种经济的垒砖砌墙的方法，并不用来支撑上层建筑。图418和图419就是典型的例子。

在英国，砖块从欧洲大陆传入，被叫作荷兰砖、佛兰德砖、荷兰瓷砖、硬砖，等等。不论我们是通过考查德国人对砌砖的叫法，来做出类似的推论——如波兰人（在英国被叫为佛兰德人）或温德人，从而弄清叫法所指的是砌砖起源国家，还是由此得出德国人获取这些知识的出处，我们对叫法仍然都存有疑问。我认为，一个不可忽视的重要因素是，在历史悠久的德国北部低地——劳济茨地区，在10世纪曾经历了与德国东北部的温德族的血腥战争，在这之后就进入了一个新的时代——一个砖结构建筑的完美时代。砖结构建筑艺术是这个时代的自然产物，而且迅速发展到很高的水平，吕贝克大教堂（Lubeck，1160年建）的修筑就是一个令人迷惑的例子，仍有待做出更合理的解释。

图418中的砖墙，由两种同长而不同厚的砖块组成。通常情况下，墙起始的基础部分先顺着砌几层厚砖，接着用薄砖块砌成盒式结构。两块侧立的薄砖横着墙露头，中间夹一块顺着墙的薄砖，使它的最大面或侧面显露成外墙面。这种盒式或间隔结构做好，接着上面再砌一层厚砖。

图420所示是一种非常美观协调的砌砖结构，可称为中国十字砌法。一层中先顺着砌三块砖，跟着砌一块露头砖；接着砌上面的一层，（做十字用的）露头砖总放在下层三块顺砌砖中间的位置。图中阴影部分强调了这种结果。这种方法与中世纪德国的一种叫作“迈克施”或“温德”的砌法（出现在勃兰登堡地区）有些相似，那里是在砖墙每一层中，顺着砌两块砖，跟着一块露头砖，结果在露头砖的上下都是顺砌砖的接缝。

图421中的砌法，有时用于修筑抵御突发洪水冲袭的墙。如图所示，一层是顺砌砖，其上是一层侧立露头砖；接着是顺砌砖和侧立露头砖交替。就是说，上一层砖的

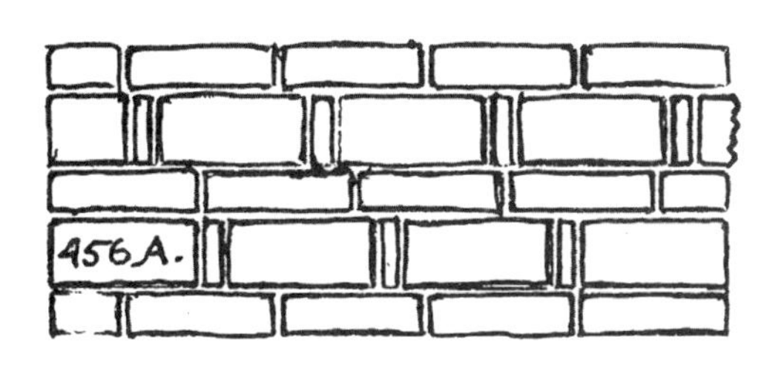

图418　盒式砌砖法，两种不同大小的砖块构成

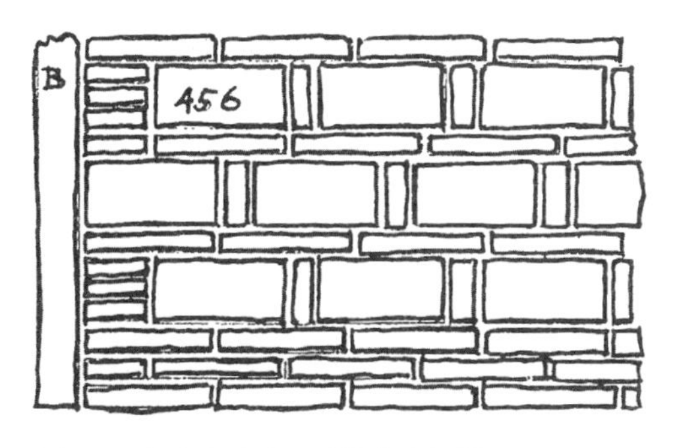

图419　盒式砌砖法，砖块大小相同
结构显示了一段墙体与门框的连接。

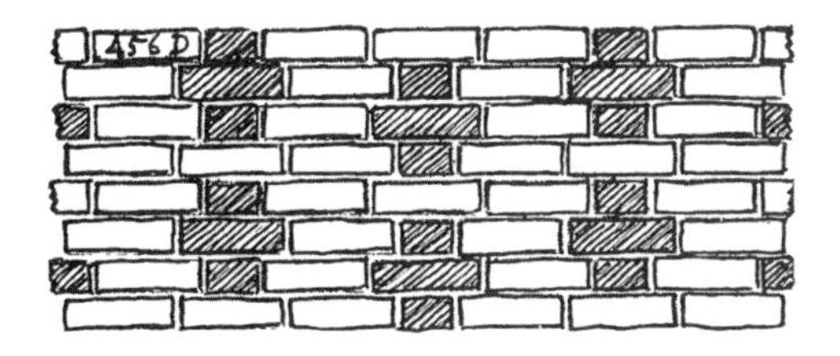

图420　十字砌砖法

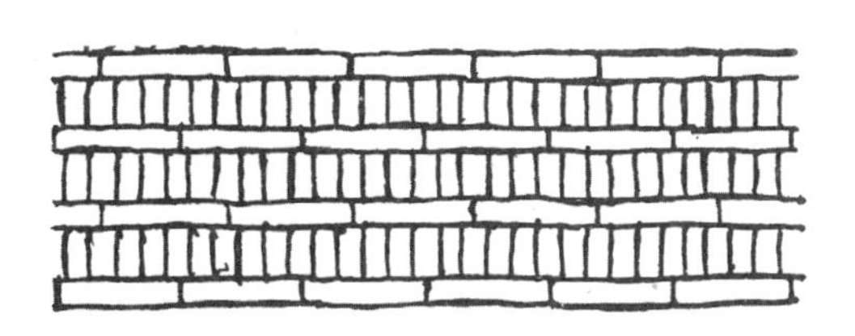

图421　时常受洪水冲袭的房屋基墙砌法

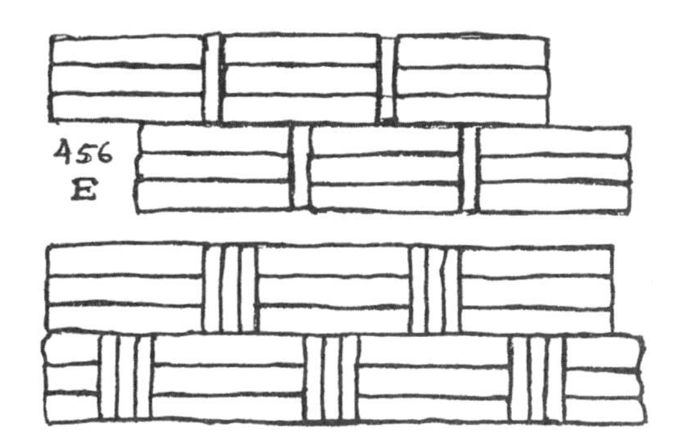

图422
墙基的砌法，不同于图420，
而用途相同

接点都与下一层砖的接点错开。这种结构的坚固性很不一般，就我所知，西方还没有这样的结构。

图422也是两种非常坚固的墙基结构。这种结构三块顺砌砖叠落，两边各一块竖立的露头砖。下图与上图相似，三块顺砌砖，两边各三块竖立的露头砖。在这种结构应用中，竖立的露头砖总放在下层顺砌砖的中心。

图423展示了修建砖拱的一种方法。这种类型的拱通常被称为阶梯拱，由两侧根基开始，砖块一级级地垒起并向中间聚拢，直到在拱的顶部汇合。拱的开口是炉门，用于

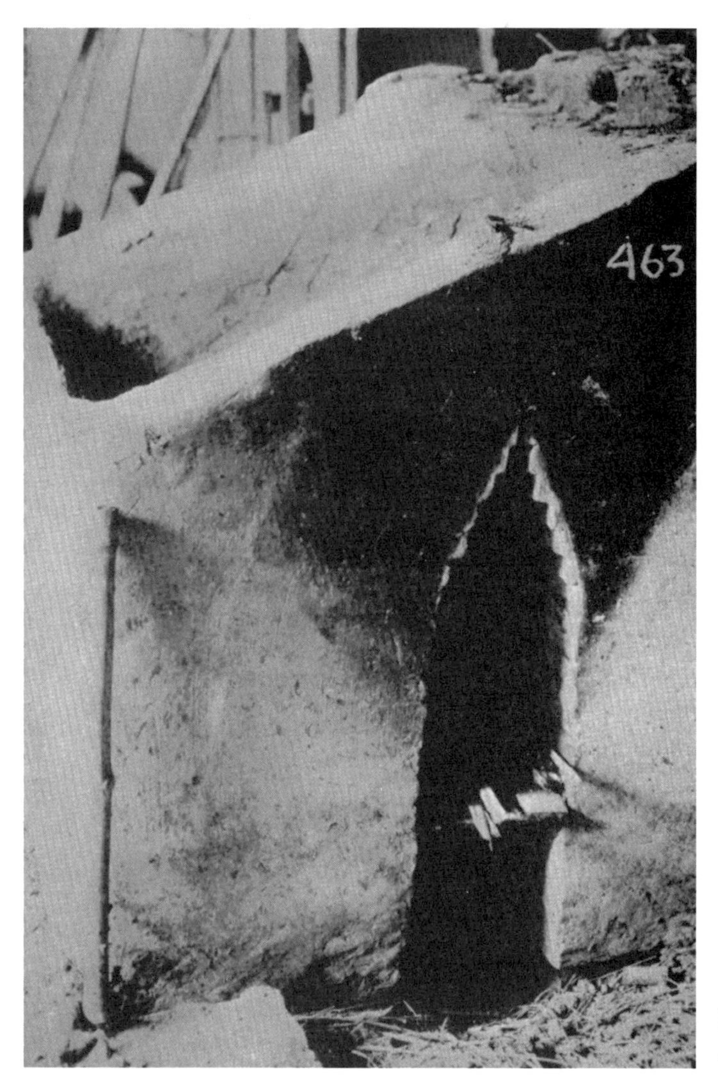

图423
一级级砖砌的拱形结构

添加燃料。照片摄自浙江省宁波附近的一个小村庄。我们之所以关注这个炉台，是因为它提供了一个简单的石工的实例，这种拱形石砌工艺在中国宝塔的窗结构中挺常见。

从汉代开始，宝塔的修筑就展现了杰出的技艺。很多文献都记载了250年在南京建立的中国的第一座宝塔。中国的文献[1]列举了汉代许多不同的职业，建造宝塔就

[1] 参见清康熙时期的百科全书《渊鉴类函》。

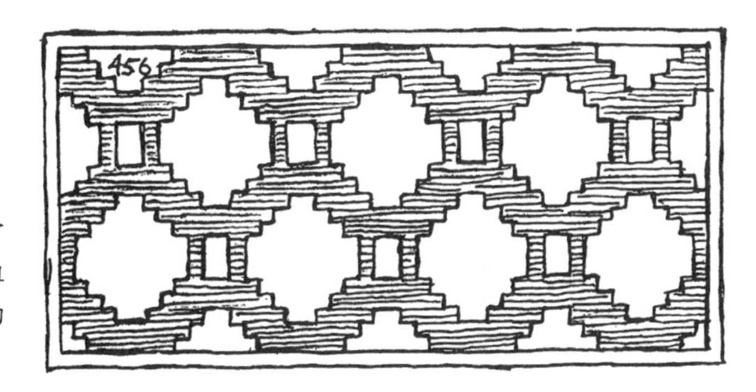

图424
透空式屏风墙
中国人至今一直精通这种砖砌的观赏性透空墙做法。墙体完全由砖块组成，通过砖块不同间隔的排列组合构成多种样式。

图425
透空式屏风墙
墙体上的方形或长方形空当，用房瓦片对称的排列，形成特殊的透空设计式样。

图426
透空式屏风墙
这是一个更为精心雕琢的设计，在墙体的长方形空当中以对称排列的瓦片来安排。

是其中之一，我们可以设想，宝塔的建筑年代实际要早于上述记载的年代。

在安徽省祁州府的东门外附近，我见到一座宋代遗存下来的宝塔。塔为砖结构，所用砖块的体积为15英寸×7英寸×3.25英寸，由纯石灰泥砌砖。该宝塔7级，每一级的圆顶都为拱状，每个拱顶中央都有一个洞。站在塔的最低层向上望去，可以通过这些连续的洞一直看到塔顶。塔的阶梯沿着墙壁一级一级向上抬高。圆形拱顶的做法是：砌砖时每一排砖依次比它下面的砖探出一点点，一级级的环行内墙向中心逐渐收拢，直到收到直径约2英尺，形成顶部的开口。在毁坏的宝塔中，内部层层的厚重墙壁暴露出来，我注意到每一层砖互为对角交叉，这种做法也是德国修筑堤坝和防御工事时的做法。

宝塔门窗的拱形结构有时建成弓形而不定中心，有些像埃及人延续至今习惯建造的样式。修建这种无支撑的拱形结构时，需要两个匠人，一边一个，共同把两侧砖块砌到顶部中心合拢。中国建筑中也有马蹄铁形拱（或称摩尔人式建筑），这对建筑不定中心的拱形结构或许是必不可少的，拱形陡峭的边缘看起来起到了加固作用，至少在中国有这种结构是非常可能的，因为我们不时在中国的古塔（建于宋代或明代）内发现完美的马蹄铁形拱，而且没有证据显示用了定中心的方法。一个显著的例子是宁波的一座古塔，据称它建于696年。

中国的房屋主要是木结构，用砖墙围起四周。砖墙只起围挡空间的作用，并不支撑任何结构，因而在中国，砖的生产、砌筑和连接就不曾受什么关注。

泥瓦匠的工具是泥铲、锤子以及抹灰泥、砌砖的工具，也即调整砖缝的工具[1]。如图427所示，这种工具看起来就像一个柄把上没有护套的切肉刀。其总长13英寸，刀身宽3英寸，刀柄仅仅宽1英寸，厚度为0.0625英寸，由铁制成。为了在砌墙时处理砖间的缝隙，使用时手拿瓦刀，向下插入两砖之间，向一侧轻轻一撬，很容易就能把邻接的砖块推开。

图427中的上部，是另外一种工具——泥瓦匠的泥铲。其用法与我们今天的泥瓦匠的方法类似，即用它从木桶中取出一些灰泥，均匀铺在砖上，并用它抹下砌砖时挤压出的多余的灰泥。泥铲刃为钢制，长8.5英寸，前端宽3英寸，末端宽2.5英寸，厚约0.0625英寸。柄铆接在铲板上。图427是在上海拍摄的。

图428与图427相关，是另一种分（或拆）砖工具的例子，照片摄自江西省抚州，这证明这样的工具并不限于在上海地区使用。

该工具长13英寸，钝边长6.25英寸，最大宽度2.5英寸。其用法在前面已有描述，不过我要补充的是，这个工具也具有拆砖的用途，用来分离从砖窑中取出的粘连在一起的砖块。这种连体砖并不是意外产生的，做砖坯时用一幅模子，切割时也用这

[1] 中国人一般叫它“瓦刀”。——译注

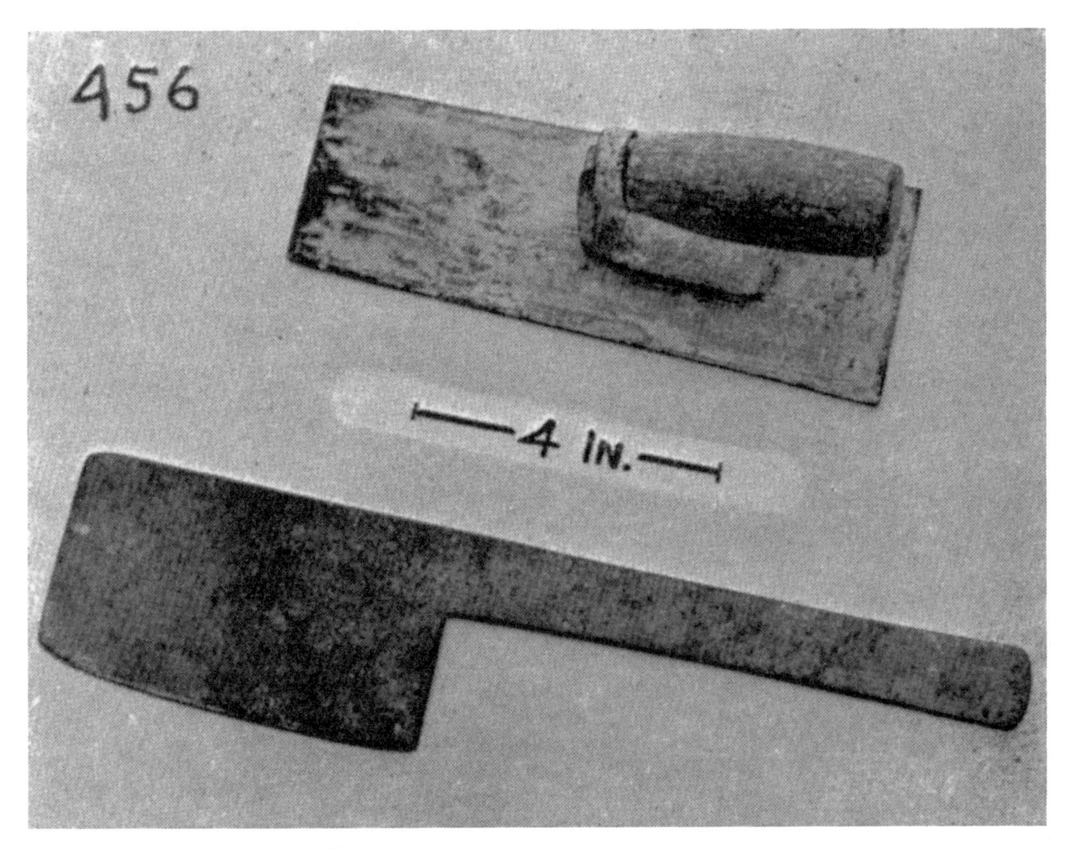

图427　砌墙用的工具，瓦刀和镘子

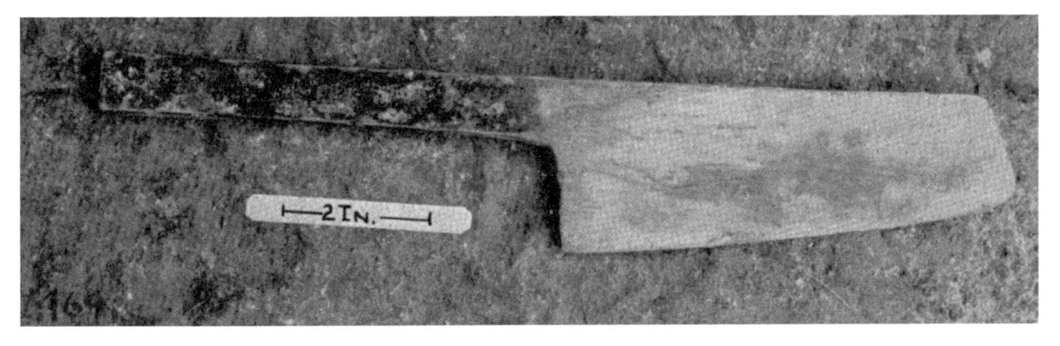

图428　泥瓦匠用的工具

幅模子，并用到铁丝。通常砖都是分割好再放入砖窑，但有时砖之间会粘连，在砖窑中就烧成一体了。

图429是泥瓦匠用的锤子。锤子金属头长11.75英寸，短臂端的凿形刃宽1.125

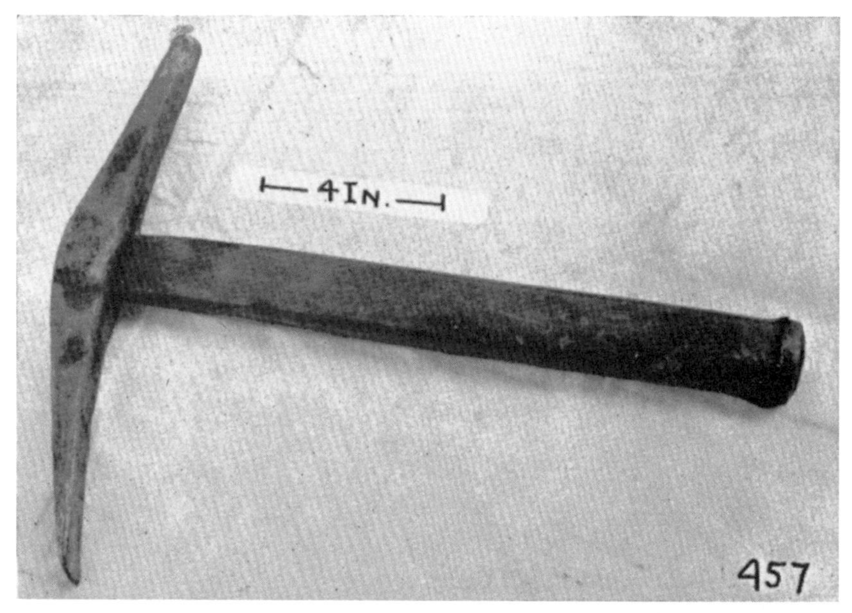

图429
泥瓦匠用的锤子

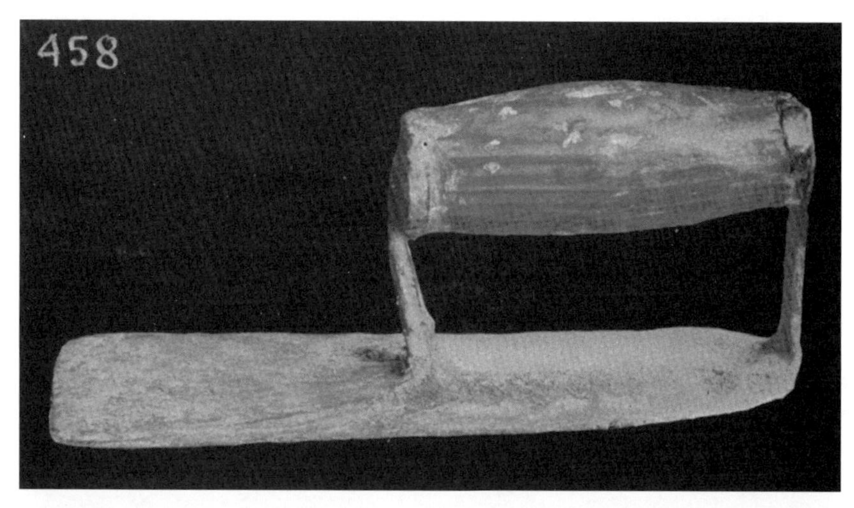

图430
泥瓦匠用的泥铲

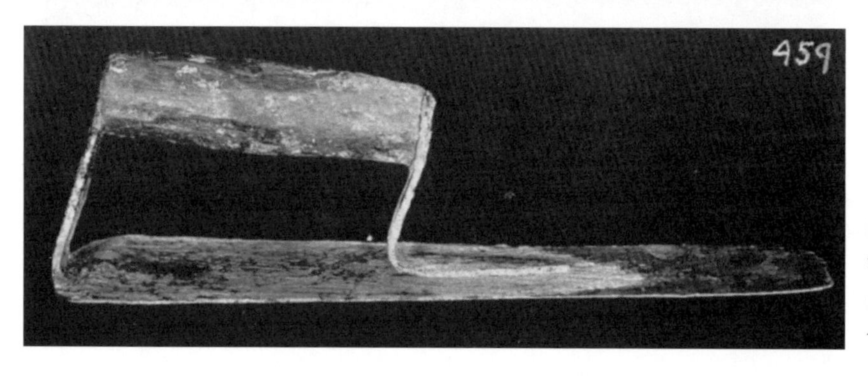

图431
江苏泥瓦匠所使用的泥铲，现存莫瑟博物馆

英寸，成适当角度并磨出八角形的刃口，手柄与锤头的长度一共是1英尺2.5英寸。木手柄尾端是一个小铁环，以箍住木柄，使木柄在用锤子敲打铺砖时不致开裂。照片摄自江西建昌。

图430和图431是江西用的两种泥铲，它们稍有些不同。铲子尾段向上弯成一个小把以插木柄，木柄前下弯的支撑部分铆在铲子上。图430摄自江西建昌。图431中的泥铲购自牯岭，现藏于莫瑟博物馆。

说到垂线和悬垂，中国的泥瓦匠一般是用一头拴着小石块的细绳。说到取水平，如果要求泥瓦匠施工时安门窗框，他们就用一个普通饭碗装满水，放在木框台上。通过观察水面，就能判断框子是否水平。

砌砖造房用的灰泥是由石灰和沙子混合的。用新挖的泥土在地上围个圈，就可搅拌灰泥。在这个过程中，中国人并不很细致，如果有腐殖质混入，他们也不太在意。灰泥内石灰混合些草纸，可做出很好的墙壁。草纸并不比原料是稻草的纸浆强多少，草纸可被看成是一块原本疏松，厚约0.0625英寸的纸浆。关于灰泥中用纸浆的好处，艾奇逊博士做了一个黏土加稻草的实验。[1]这种灰泥耐热且不易破裂，是修筑炉子和烟囱的常用材料。然而，把稻草或植物纤维与黏土混合制成建筑用灰泥并不是中国东部地区独有的发明。喜马拉雅山北坡的高原是一个常发生轻微地震的区域，当地藏民通常用石灰混合着当地特有的一种松树（能结出可食用松果）的松针来修建他们的房屋。这里做出的灰泥非常有弹性，据说用它砌出的房屋墙壁能经受住地震，不会破裂。

中国人的另一个显著成就是用水泥铺作庭院、过道或屋内的地面。这种水泥是用石灰、黏土和沙子混合做成的，有时也掺些从树皮或植物滤出的滑溜汁液做防水处理。地基最下一层铺小碎砖块，利用砖块形成的空隙渗水，铺地时用图432的夯槌捣紧。在碎砖块上面铺2～3英寸厚的稠状混合物，也用夯槌处理平整。地面的潮气逐渐

[1]“这个实验引我进入黏土研究，得到的结果很容易被忽视。我发现当强度和可塑性适度减弱的黏土加入丹宁酸——稻秸的提取物和其他植物的提取物——就会增加强度和可塑性。黏土颗粒细到可通过滤纸，并会在水中保持悬浮的状态。我认为这可以解释为什么埃及人造砖时要用到稻秸，因而，我把处理后干燥的黏土叫作埃及黏土。”引自《开创者》——自传作家艾奇逊（E. G. Acheson）的草图，剪报出版社出版发行，纽约，1910年。关于“埃及黏土”更全面的内容可参见《美国陶瓷社会》（1904年2月）。

图432　中国式铺地用的木夯槌

图433　中国式铺地用的敲紧地面的木棒

较小者长19英寸，接地面积长12.5英寸，宽4.5英寸；较大者长2英尺8英寸。照片摄于江西建昌。

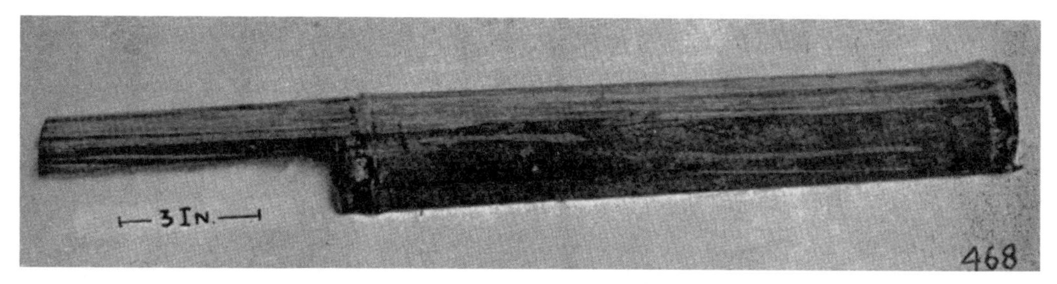

图434　竹制刀，用于切出中国式铺地的装饰线

在水泥地面上打格子线的竹刀长21英寸，宽2.875英寸，边长14.75英寸。照片摄于江西建昌。

向上蒸发，同时也被下面的孔隙地基吸收。一两天后，用短木棒（图433中的两种工具）敲打地面。此时地板会有一些松软，需用短木棒敲紧。过一周左右，在地板上打出纵横交错的线，就好像是用方石板铺成的样子。图434中，竹刀的刀口朝向地板，用木棒或拳头敲击刀背使它压入水泥。在中国南方的炎热气候里，这项工作进度很快。然而，当在北京的洛克菲勒基金会大楼建造起来一部分时，设计方案与采用传统中国水泥地板发生冲突，要破除它不用是一件很难的事。

图432中的夯槌是木头的，铺作中国式地板要用到这一工具。夯槌长3英尺8英寸，方锤头高6.25英寸，底面积5.25平方英寸，顶面积约4.16平方英寸。照片摄自江西建昌。

库尔格伦（N. Kullgren）先生是一位瑞典籍传教士，今在湖北黄州[1]传教，1927年8月他告诉我，他曾多次在不同的场合看过中国式水泥地板的铺作。当地人的做法是用两份石灰、两份沙子和五份砖头碎块（敲成栗子般大小）混合，用水搅拌成稠糊状。若加三份石灰效果更好，不过从经济上考虑，实际中很少用。库尔格伦先生听说趁水泥地板未干时，可在表面涂些米汤。就是说，米汤的作用不仅可使地板面光滑，也有利于地板的防水。图428中的工具，据库尔格伦先生说也用于水泥地板的铺作。石灰、沙子和碎砖的混合物倒在地上，先用这个工具的钝面来捣，捣碎并压紧碎砖块，第二天再用木槌敲实。虽然这个过程需要大量的体力，但这项工作总是完成得很好，铺成的地板几乎坚硬无比。

在江西抚州的时候，我们偶然发现一个石匠在做一块石碑。他把一块巨大的砂岩厚石板放在路当中，就开始工作，全不顾及身边来往的车辆。他在凿图案复杂的浮雕，我惊讶地喊这里有一位艺人在干活！叫大家停下来观看。我们的人于是停步，但是随行翻译却提醒说，引起我强烈兴趣的并不是什么艺术家，而仅仅是个石匠。这样的人在中国没有社会地位，他的“艺术”与买卖不分，这个人可以给你做很实用的磨石或门槛。

如图435所示，这位石匠的工具放在石碑上，有凿子、锤子、罗盘、木直尺和角尺。我们对锤子已经很熟悉了，它的样式与图15中矿工用的锤子相同。凿子是铁匠应石匠的需要打造的。罗盘是由两个在近中点位置固定于一起的扁平铁针做成的，不在末端固定的好处是，罗盘有一长一短两个针可用，末端也可以起指示作用。如果要在石头上刻铭文，首先要求把字按大小仔细地写在一张薄纸上，通常是由运笔娴熟的书

[1] 今属湖北黄冈。——译注

图435　石匠用的锤子、凿子以及在做的墓碑

法家完成，接下来用米浆把这张薄纸黏在打磨平整的石块上。不论是阴刻还是阳刻，都要在纸上写清楚告知石匠。

谢立山[1]对四川一带的石板磨光工艺做了有意思的说明。在那里，他见到灌溉中常用的巨大水轮被用于石板磨光，他写道："去掉水轮水平轮轴的一些部件，插上一个铁肘；一根长铁棒通过孔与铁肘相连；在铁棒较低的末端装上一个可旋转的磨光器，当水轮旋转时，磨光器就在石柱表面前后来回摩擦，可达到预定的磨光要求。用同样的原理，将轮轴垂直放置而非水平放置，铁棒会发出铁匠吼叫一般的声音。"

[1] 谢立山，《在中国西部的三年》，伦敦，1890年。

夯土墙

据我们所知，法语中的“Pisé de Terre”（夯土墙）[1]指的是一种筑墙方法，而这一筑墙法在英语中找不到合适的词来描述。夯土筑墙，是中国人经过数百年的实践延续下来的建筑工艺。据中国传说，傅说——公元前1324年即位的武丁王的大臣——是最早使用夯土法的匠人。

说到中国传统的土墙房屋，通常的描述是潮湿。为避免潮湿，架屋顶的木头不直接搁在土墙上而置于砖块上，以免过早因潮湿而朽烂。从图436中可以很明显地看出，此处两个最常见的屋顶样子基本上相同。屋顶瓦片通常铺得很零乱，而屋顶的草看起来却顺一些。照片摄自安徽祁州府南门外。

图438至图441为江西牯岭夯土筑墙的各个施工阶段。牯岭是中国中部地区一个为外国人喜爱的避暑胜地[2]，当地警察局的负责人在这里用夯土法建了一个警务所。得知我对这种历史悠久的建筑形式有兴趣和热情，他有心做一次演示，请一些有名的工匠来现场建造房屋。其结果是建起的警务所花钱不多，又很适合该地区的警务之需。同时，这也给我提供了一个机会，能安全顺利地拍摄施工的全过程，避免了像在中国其他地区拍照时引起的民众的敌意。

以下所说的夯土筑墙，最好的方式是先筑石基。把粗石块堆起来，不用任何黏合材料。在此基础上再用黏土夯筑。筑墙中用到一个有三块板的墙模子，其草图如437所示。模子的板面是用木条相并榫接成的。模子的两个挡板有一端是堵头，用卯榫连接，另一端敞着，施工中用可拆卸的卡子或看起来像H形的架子（见图437）卡住。H形架子的横木榫接在其两腿之间。架子腿的下端处在墙模子的挡板上，以使木棍B落在挡板顶上。用一长木楔子（约与木棍B同长）嵌入H形架子上方两臂端之间，以使H

[1] 中国古代叫“版筑”，现在也叫“干打垒”。——译注

[2] 牯岭在江西省庐山中心，海拔1167米，风景秀丽。清光绪年间，先后为英、法、美等国强行租占，1935年始收回租界权。——译注

图436　夯土法修建的中国房屋

形架子的两条腿能够紧压住挡板，以免往墙模子里填土时挡板被撑开。

墙模子使用时，一端是堵头（把两块长挡板榫接一起），另一端没堵头，挡板支在圆木棍上，木棍先敲进筑好的墙体的靠上部分。

从地里挖出来的鲜土要捣击夯实，使用的工具是木质夯槌，其形状一头大一头小。夯土的基本步骤是，先用夯槌的小头把土捣进墙模子的各个角，然后用夯槌的大头来夯实。填土夯实后，就可将H形架子撤开，墙模子往上提，重复上述步骤，再填土和夯实。

浙江地区也用同样的方法夯土筑墙，用的土是当地的。如果泥土的黏性不好，就在其中掺些桐油，桐树在南方许多地区很常见；缺乏桐树的地区则用以麦秸为原料造的草纸，把草纸泡水弄碎了用。草纸质地松散，厚约0.0625英寸，适宜于这种特殊用途。水泡碎的草纸比单掺麦秸有更好的黏性，可能当初造纸时掺了石灰，而石灰是

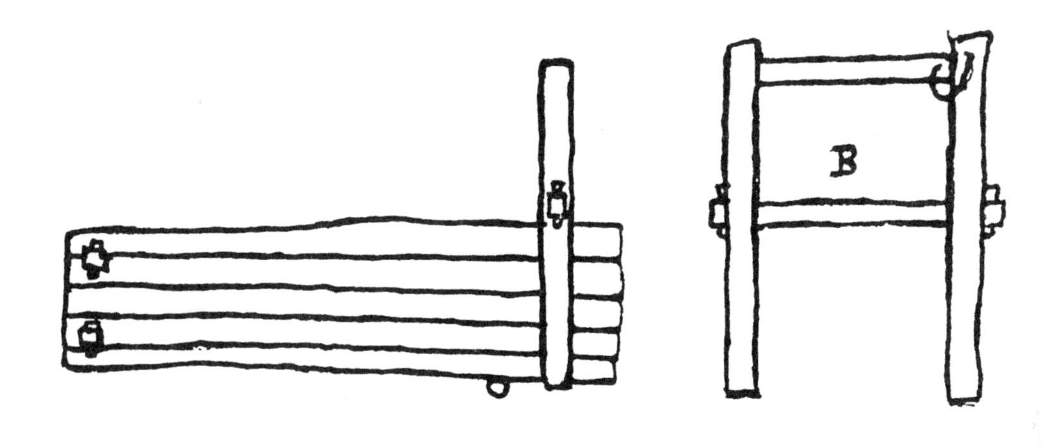

图437　用于夯土筑墙的木架示意图

用于使麦秸腐烂和分解的。

图438中是搁在地上的墙模子和旁边夯筑起的墙体。木夯槌放在墙模子上。墙模子的两块挡板长约5英尺7英寸，宽13英寸，厚1.5英寸。连接的堵头宽度和厚度都跟挡板相同，约18英寸。因而用这个墙模子夯筑的墙体宽也是18英寸。堵头两边突出的榫头，插进墙模子挡板的榫孔，用销子牢靠地别住，如其他图中所见的那样。夯槌长约5英尺8英寸，大头一端呈圆形，直径约3.75英尺；小头一端是方形，边宽1.75英尺。

在夯筑好的部分墙体上，图439的卡子显出应用时的状态，右侧的横木（18英寸长）横跨在墙体的顶部，另一端用木棒（安在挡板下并穿过墙体）来支撑，木棒两头都伸出挡板。为了使墙模子的敞开端在夯筑时保持并立，卡子的两根撑木分别插在木棒两头的孔洞里。这些撑木的上端插在横木（作为墙模子的支持）两头的孔洞中，这

图438　用于夯土筑墙的木架和木槌。图中所示墙的石基部分已建成

是前面所述的H形架子的改进型，在夯土筑墙的地方可以见到。墙模子固定好便可往里填土，而后夯实，就同许多图片中看到的那样。为了确定墙模子放置的是否水平，在它上边缘的中间往往吊一根线，拴一个中国的方孔铜钱做铅垂，在图439中可见这种简单的水平测量方法。

由图440清楚可见，墙基用粗石砌筑，没有用任何黏合材料。上面接着的是夯实的黏土层。窗户的框架随工程的进展而安放。整面墙都筑完之后，再把填在窗户框架里的那部分夯土块取出。这个方法可以确保窗户的边缘光滑平整，且并不像我们所想象的那样会花很多时间和劳力，因为中国人房屋的窗户一般都很小，中国人做事也比西方人更有耐心。

图441与图440类似，清楚地显示了可移动墙模子尾部夹板的调整方法，与图439略有不同。窗户框的上部插入模子下的墙体中，以阻止支柱以常见方式放置。一般在两层夯土之间要铺一捆厚度不到0.25英寸的竹条。这里显示了正在夯筑中的墙，

图439　夯土法筑墙，两人合作在筑墙模子里夯土

图440　江西牯岭的夯土墙，照片显示了筑好的部分墙体和墙模子尾端卡住的状态，以及嵌在墙体中的窗框

图441　江西牯岭的夯土墙，图片显示了墙的石基、嵌在墙体中的窗框和移动式墙模子尾端卡住的方法

小的扁平石块也被铺在夯土层之间。铺石块的做法是采用了我们的建议，对于中国的传统做法来说这是外来的。表面上看，使用竹条铺在夯土层间可保持墙体在潮热的夏季彻底干燥，而我们认为，砌入石块代替易朽的材料用于同样目的，不失为更好的选择。工程所使用的黏土都是直接从周边地里挖出的新鲜土质，其属性是黏土状的壤土，没有混入其他东西。每次使用之后，墙模子都要被清理干净。

门

在中国，凡有城墙的城市，城门都在夜间关闭，闭门后就不许进出，除非是政府授予了特权持有通行许可的人。白天，由城门进出的人熙熙攘攘，城门巨大的形体并不太显著；而在夜间，当所有的街道都空旷静寂时，进出城门就是个很引人注目的举动。有一次我在城里延误，当时大约晚上10点，为了回到我在城外近郊的住处，我带着通行证匆匆朝南门走去。街道看起来像是与巨大的城门楼顶头，旁边是个守卫室，我径直走过去。我向守卫长出示了通行证，他拿进屋去校验真伪。通行证是一块薄木牌，几英寸长，上面刻满了汉字。当初发这块牌时，会多做一个备份存在守卫室。我耐心等候，听到木牌翻得稀里哗啦的声音，好像它们都装在一个筐子里得一个个捡起来看，直到找到对上号的。最后找出了我的那个备份，通行证被确认，守卫长指使两个兵丁打开城门让我通行。别住两扇城门的沉重木梁得两个人才能抬起来，随后一扇大门拉开一人宽的空隙，让我过去。这样我就进入一个宽敞的城围，两边都是房屋。走了几百码后来到外城门——同样有一个气势恢宏的城楼。打开这道门，与前面相似，也得移开别住门的粗大横梁。我刚出城门，就听见嘎嘎的关门声在大拱门洞里回响。随着城门的关闭，全部的防御设施也都关在我身后。我怀着异样的感觉，紧攥着手杖快步向住所走去。

门扇的制作。用粗糙的长木板竖直并排贴紧，再横着用几块厚木当撑托与竖直板榫接，就这样做成了门扇。过竖直板与横撑交叉的中心位置安上门闩，整个门扇就有了坚固的结构。枢轴（即门轴）是中国房屋中常见的装置，两个枢轴各在门角的上下边，上边的向上伸，下边的向下伸。上边枢轴插入石梁凸出的穿空部分，下边枢轴落在石座的圆窝里转动。两扇门面上有铁叶门钉，这是在砧上打造的。铁叶钉在门上，钉孔用两个带鼻环的铁件罩住（见图456）。

要在夜里进城，那是非常麻烦的。接近城门时能看见带门钉的巨大门扇，如果眼力好，你能在离地面几英寸处找到一个水平槽缝，刚好可以插入通行木牌。你先得大声呼喊或用石块敲门，以引起里面守卫的注意。这通常需要有城围里的人（若在的话）帮忙传着喊，直到让内城门里的守卫听见。最后，当守城的头头被彻底叫醒了，他才吩咐手下去打开内城门，穿过城围子，从外城门上那道缝拿过来你的通行证。接下来，如果你运气不错，趁着那位头头回守卫室检验通行证的空当，你就有充裕的时间点上烟抽几口。当那位头头确认了你的正当身份允许你进入时，他会慢腾腾地带两名手下回来，打开城门，你的麻烦也就解决了。

中国家庭的房屋一般都建成一个整体，由大门通向外边。如果有院子或庭园，那院子或庭园会被很高的砖墙围起来，墙高不低于8～10英尺。一个大宅院往往占据一个街区，通向每条街道都开有一个大门。宅院大门通常建造得比里面的门要坚固很多。大门一般用粗糙的长条厚木头做成，关闭时里面用木梁别上，如前面所述的城门那样。用来装饰以显示尊贵地位的门钉并不常见。大门选用厚木板，若缺乏合适木料，就做成卯榫框架来加固，类似于图442的形式。做卯榫是中国木匠的拿手活，木匠爱用卯榫，讲究使卯同榫精确地配合。木板并接时用竹销子定位，整体木板表面（或门板）被置于框架上下开的凹槽中，贴近框架上下梁的木板并不是人们以为的那样用钉子固定。门板的竖直边以一定间距用榫钉顺着边与木框接合，图443为这种结构的细节示意图。其中的左图为穿过图442所示的门的横向部分；右图表明了木板如何上下嵌入框架的凹槽；中间的草图是两截式门的结构（中国农村多用这种结构），一扇门被水平分成两部分，上截的门白天一般都敞开，用以采光和通风，同时在没有烟囱的厨房里也用作炉烟的出口；下截的门一直关着，以挡住流浪狗，以及乡下的害虫或家畜幼崽。

外门的枢轴总是安在门上边和下角落的支点上。因此，就要从上下两端延长门框架边的木头，并且伸出部分要做成圆柱状以起到转轴的作用。这些门的门面可以有很大的不同。通常门上会装有一对门环，每扇门上各有一个。门板上刷油漆，板子的接缝完全被盖住了。中国的漆匠通常先用牛血和石灰配制的腻子打底，干后抹平再在上面刷几道漆。从里边看，门的安全装置被做成短木梁交叉的形式，或用一对上下安装的门闩，关闭时相向运动（见图446）。门还可以用额外的防护：夜里，用一条木梁斜顶在门后，梁的上部分斜顶着门闩，下部抵住一个木桩（木桩刚露出地面），或其他可保持不挪位的障碍物。

图444中的铁铰链代表了另一种类型的门，在靠近福建的江西建昌地区使用。它

图442
房门的内侧

们有时安在窗户上和被水平分成两截的上截门上。图443中间的两截式门，下截的门有一边柱子向上延伸到上部的铰链支点。上截的门也与这根柱子的铰链连接，与图444中的情形类似。

图442中的门一般做内门，其铰链方式如图445所示，与惯用的方式不同。这个门是我在江西省丰城的卧室的门，我在那里住了几个晚上。如果把图中的直铁棍向上

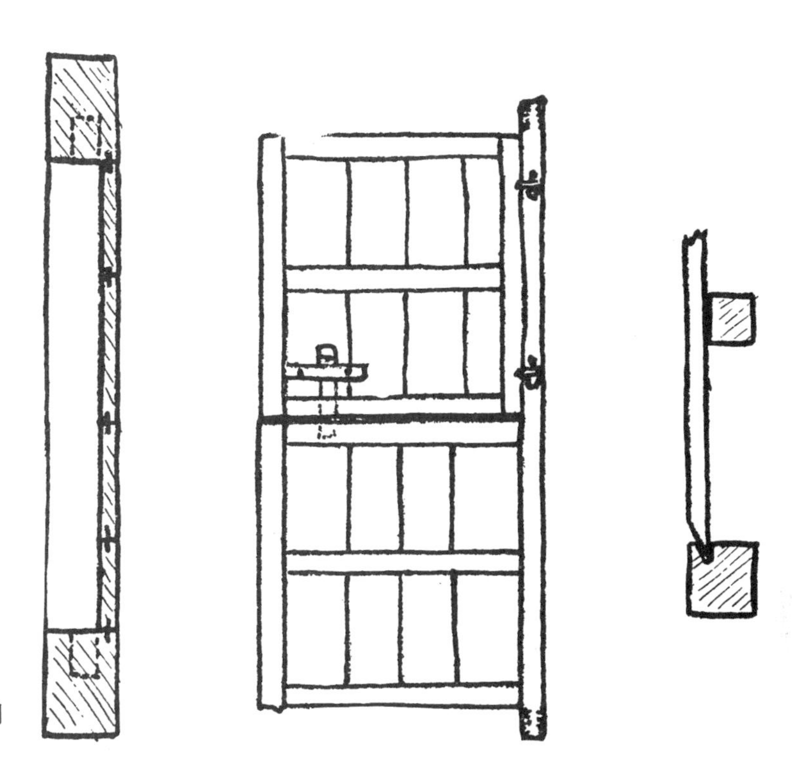

图443
中国的上下扇门，门内侧结构见图442

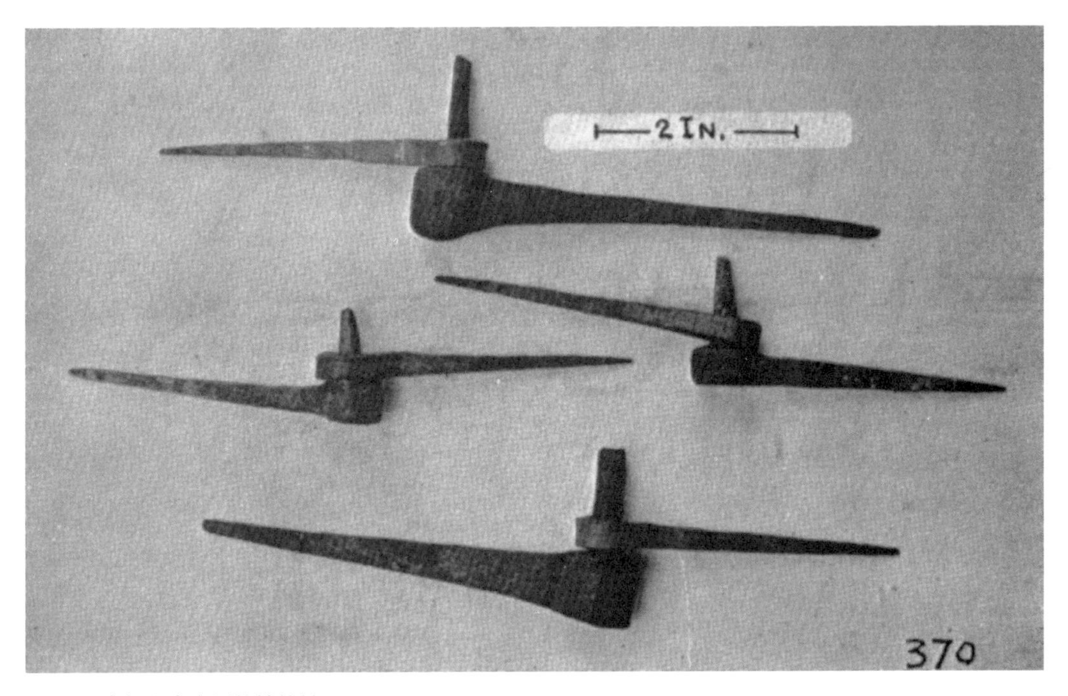

图444　房门和窗户用的铁铰链

图445
房门内侧用的铰链

推，门就可以从铰链上打开。在简陋的住宅，门需要频繁地卸下当床板以铺被褥。铰链棍的扁平部分可以很方便地提起，从而把门从铰链上放下来。铁铰链的使用不普遍，只在村子的某些地方才用，在其他地区甚至没有人知道这种铁铰链。

图446是在江西省樟树拍摄的。在一对木头门闩旁边，我看到一个很少见的锻造

图446
屋门上挂锁的木门闩、铁门闩、铁扣和门钉

的铁门闩，还有用锁拴住的搭扣和锁环。门上有加固铁条，也是锻造的，乍看像铰链，实际不是。这些加固铁条绕过门边延至门板的外面。对于没有横撑托加强的木板门，这些加固铁条在结构上是很实用的。

锁

在中国，房屋上固定的门锁并不常用。原因如前所述。中国的居住方式通常是大家庭，几代人同堂，大院里住着大量的子孙后辈以及不同身份的仆役，因而整年都不会出现家里没人的情况，在前门上锁也就没有必要了。

而另一方面，大家庭里人多，保证箱子、柜子以及独户单间私人财物的安全，提防亲属或仆役的偷窃，就很有必要，因而挂锁在中国十分常用。非常穷困的人，家里甚至没有装衣物的箱子，他们常把衣物典当给当铺保管。春天来临，他们就用冬天的棉衣赎出夏天的单衣，直到秋天需要棉衣时再交换典当。

图447的上部是挂锁的形状，这种挂锁适用于箱柜，常用黄铜或铁制成。另一样式的挂锁如图447下部所示，通常是用锻铁做成，一般用在马厩和外屋的门上。竖直对开的大门每扇门上各有一个吊环铁栓用来挂锁，锁上的细棒穿过两个吊环。

挂锁的大小形状多种多样，但其核心原理是相同的。把钥匙插入锁孔，锁内的一组弹簧被压缩，随即锁就打开了。图448的示意图详细标注了弹簧的位置。A锁住时，B插入钥匙，弹簧被压缩，内部结构从圆管内缩回。我从安徽和江西几个不同的地方购得这些锁，在牯岭拍了一些锁的照片，这些锁都是锻铁做的。

图449是一种门锁形式，在中国用得很广。这种锁一般用在花园门、棚屋、作坊、库房等不住人且不常用，得从外面上锁的地方。因而一眼看去，我们就能认出图449中的门和门锁不属于住人的地方。图449中的这种门锁完全是用木头做的，由保护外壳、门闩和两个制闩组成。门闩如图所示。可以看到门闩下面有个钥匙孔。木头钥匙挂在门锁边。开锁时，把钥匙插进锁孔里转动，就可看到有两个小爪伸出，提起锁里位于门闩凹处的两个制闩，随后门闩就可以自由前后移动。这种锁不需要任何弹簧装置。当钥匙抽出后，制闩依靠自身重力落回原处。图499拍摄于浙江省距宁波不远的甲村。

上述门锁，只能从活动的一头到被固定的一头单向操作。而在图451到图453中，我们拍摄到在中国并不常见的门锁式样。这种锁的主要特征是，从里面可以用手

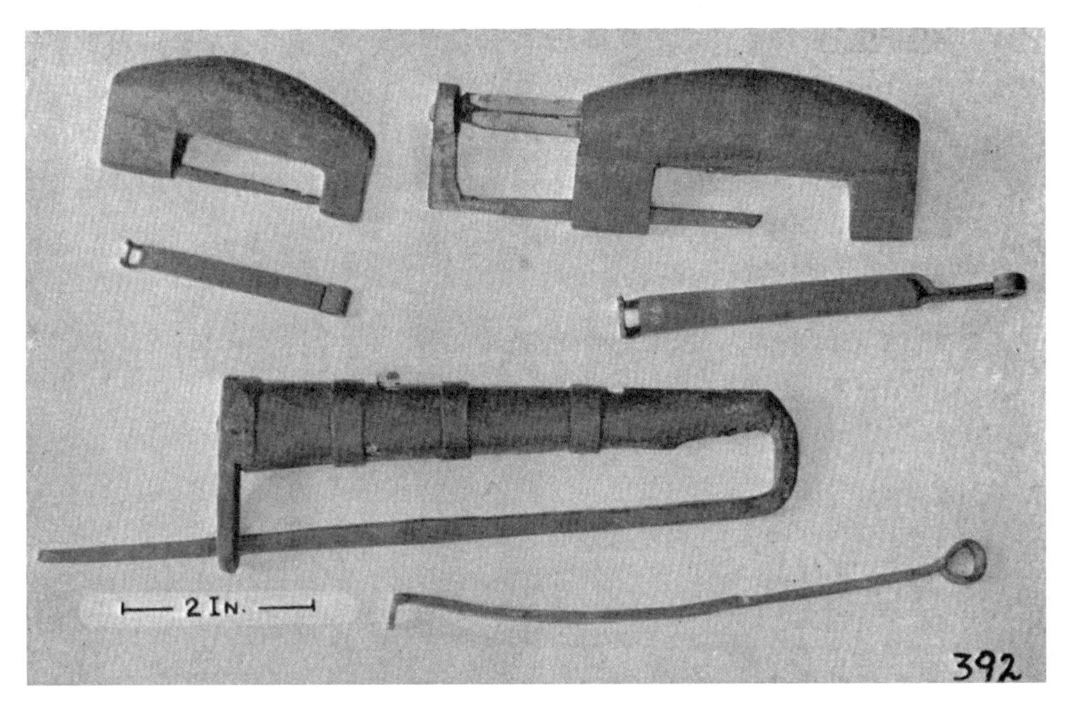

图447　挂锁

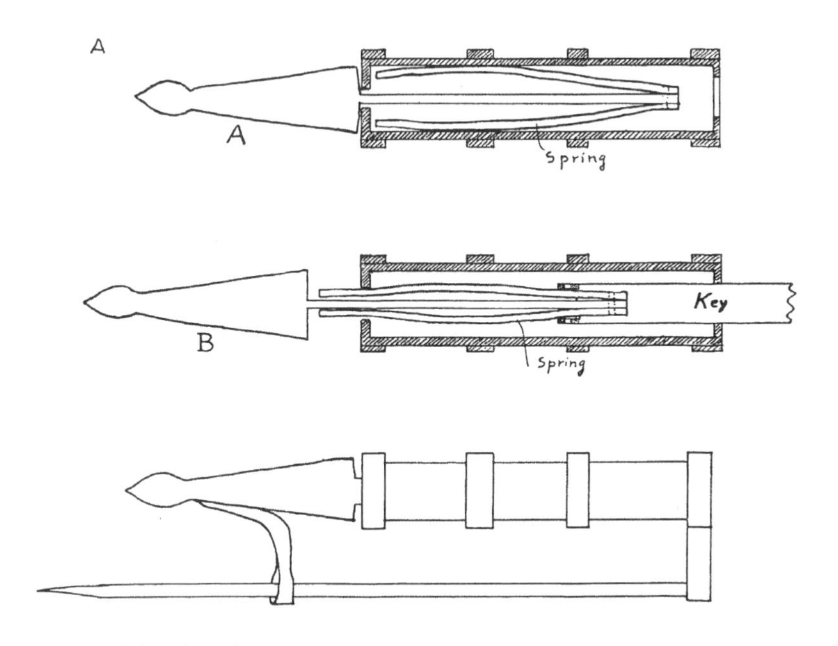

图448　中国式挂锁的内部结构示意图

A图示内部簧片张开和锁住时的结构；B图示钥匙从右侧插入，簧片被压紧，锁半开时可分离部分后退。下图为锁的侧貌。

图449
门锁

拉动门闩开门，而在门外面就要用钥匙。这种锁看起来粗陋，技术含量不高。图451显示了门闩如何被固定在门的内侧。木壳里装着两个制闩，门闩穿过木壳滑动，制闩末端可以在左和右的槽口里看到。当门闩被推到头时，门闩上两个露出的凹口就会起作用。装机械装置的木壳在图中左边，木壳上开有三个槽口，左右外侧的两个用于启动制闩，中间的槽口是连通木壳和门的钥匙孔。图452是门外的情形，门板上有插钥匙孔的竖直槽口和水平槽缝（与门闩平行）。图453中为门钥匙和一个细铁棒（也叫铁拨针）。假如锁在关闭状态，从外面打开锁的方法是：先把钥匙插入锁孔，插到底

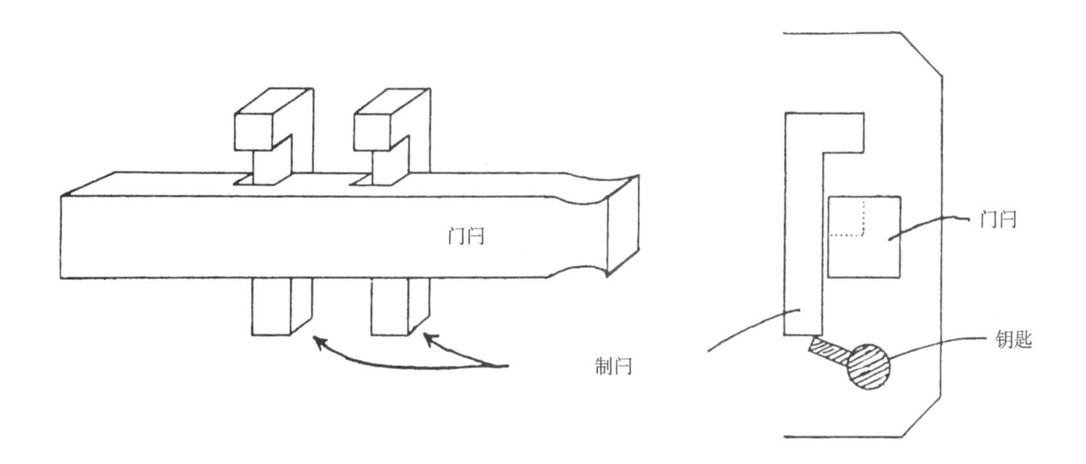

图450　中国门锁的结构示意图

左图中显示，制闩被抬起，在这个位置上，门闩可以自由前后移动。右图中的交叉部分显示了钥匙如何抬起制闩。当钥匙头向下转动时，制闩受自身重量落下，恰好嵌入门闩的缺口，从而锁住门。

图451　里侧的门锁

图452　门外面的门锁

上边的垂直槽口用于插钥匙并从锁的制闩里解开门闩，下边的水平槽口用于插入铁拨针把门闩拨向一边，直到打开门。

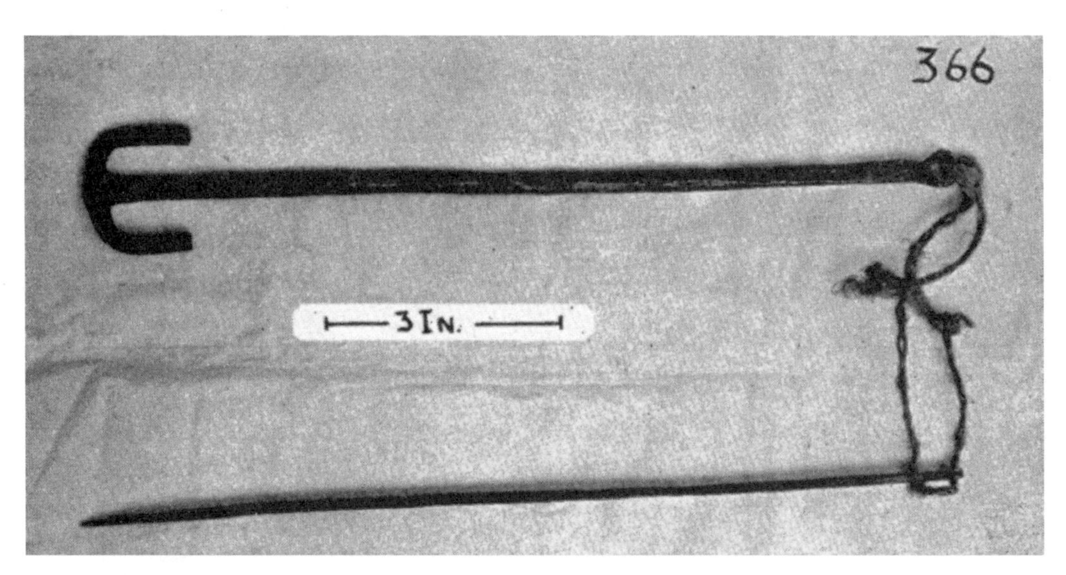

图453　钥匙和铁拨针（见图451和图452）

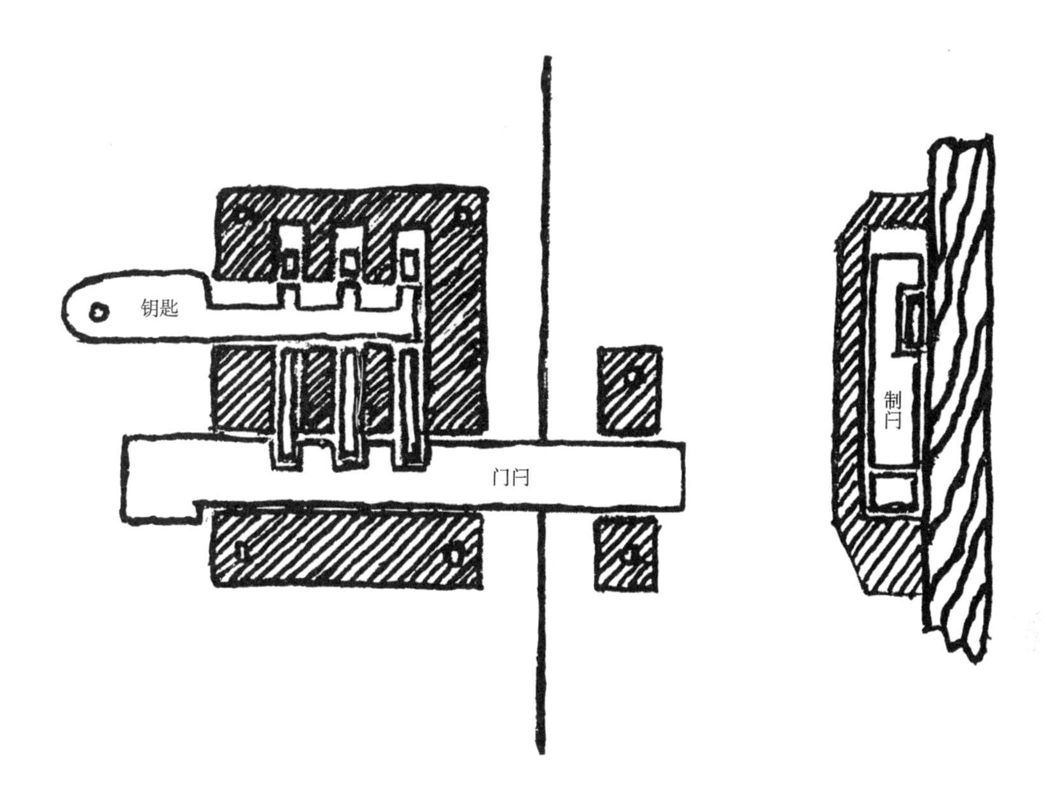

图454　另一种中国门锁的示意图

这种式样的门锁在古罗马也使用，用作比较的附图显示了锁的细节。自罗马时代以来这种锁在欧洲很普遍，从未在法国阿尔萨斯和海塞一带的农民记忆中消失，如今仍可在德国的偏远地区（多瑙河下游）、埃及等地零星见到。

后推钥匙，直到钥匙头呈半圆的两臂是无碍状态，然后把钥匙向任一方向旋转小半圈。此时钥匙的位置即如图451所示。接下来往回抽钥匙，以使两尖头（或齿）进入制闩的榫眼。随后，把钥匙直接向左上侧抬起，不需扭转，此时制闩将被提起，门闩解开。在这个位置上抬起制闩，把与钥匙连在一起的铁拨针插入门上的水平槽缝，直插到门闩的槽缝，这时门闩很容易就被推动，从而打开门。同样，也可以从门里边抬起制闩，用手拉门闩以使门闩解开。当门闩被推到锁壳的终点位置，制闩由于自重而落下，门就被锁上了。图451中门闩的水平槽缝给出了铁拨针穿过锁壳的空间，只有当门闩槽缝推到位时，铁拨针才能拨动门闩，以此防止门闩被完全从锁壳中拉出。钥匙和铁拨针是由锻铁打制的。钥匙长11.25英寸，轴宽1.625英寸，厚0.25英寸。铁拨针长11.5英寸。这种锁见于江西省建昌，用在有高墙围住的花园的门上。

中国的房屋安全保障并不主要依赖门锁。我们所谈论的大门与门锁从来都是不配的。在景德镇，当冬季陶瓷业停歇时，整个建筑设施冷清荒凉，于是就有这样的问题：如何把整个生产、商业和居住区挡起来与外界安全隔离。通过安装图449中的若干木制锁、铁制门闩和门挂锁，可以解决这个问题。常常瓷窑主会更进一步，用砖和灰泥堵住门框凹处，这也是为了防止游兵散勇抢劫的权宜之计。

为便于比较，图454介绍了自罗马时代以来在欧洲十分常见的锁的式样。这种锁从来没有在法国阿尔萨斯和海塞一带的农民记忆中消失，如今还能在德国位于多瑙河下游的偏远地区以及埃及等地零星见到。

门环

在江西省，如图455至图457所示的门环样式十分普遍。在建昌，我曾见到相似的门上装饰——门钉嵌入门板大约1～2英寸，位置比门环低些，以使门环不会碰到门钉。这种奇特的装置在本书图56中已提到。

图455是一个中国式门环的典型例子。门环的中心铁钉收成两个鼻环，其中一个鼻环挂着门环。铁钉孔罩是一个四边有齿形装饰的方形铁件，其边沿低平，中心凸起，由锤击而成。与此类似，孔罩的四角也制成凸棱装饰。

图456中，我们可见两个安装在对开门上的门环。门环的中心铁钉穿过孔罩，孔罩像是被压在门板面上。中心铁钉的另一端从门里面伸出被敲弯钉牢。

图457显示了另外一对门环，其制作工艺粗糙。门环、带双鼻环的中心钉与前面的例子相似。铁板叶代替了孔罩，也起一个敲击时发声的作用。很有意思的是，铁板叶外轮廓是典型的罗马装饰风格，可以与带有SPQR碑铭的罗马制式器物比较。

图455至图457中的三个门环都是在江西省的建昌拍摄的。

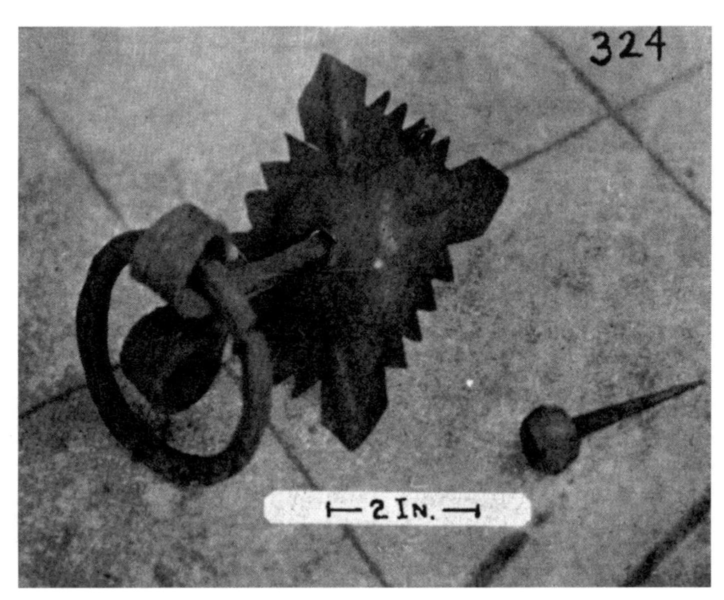

图455
门环

图456
安在门上的门环

图457
门环

窗

贝特霍尔德·劳费尔曾说道，中国人在5世纪从国外学会如何造玻璃。[1]翟理斯（Giles）在他的著作《古今姓氏族谱》中，更为明确地给出中国最早制造出玻璃的时间——424年。S. W. 威廉斯（S. W. Willians）则认为，玻璃的制造工艺由外国传入广东是相对晚近的事。一位民俗方面的官员说，在四川，当地的玻璃制造业很繁荣，主要产品是瓶子和玻璃窗。不过他认为这应归功于耶稣会士的到来。如果这一说法正确，那么玻璃业在中国的起始时间应该不会早于17世纪。威廉姆森（Williamson）对集中分布于山东博山县的玻璃业给出了起始日期——他于1867年访问了那个地方，发现当地人能够造出“工艺上乘的玻璃窗，不同大小的吹制玻璃瓶，不同种类的模制杯子、灯笼，种类多样的珠子等装饰物”。威廉姆森提到，“工匠们还把玻璃制成大约30英尺长的棒子，打成捆束卖到全国各地。这些玻璃制品非常纯净，色彩艳丽，这需要相当熟练的操作技术；很多物品都被精细地完成”。关于玻璃棒的用途的线索，可以从艾约瑟1869年的一份关于北京的报告中找到。作者在该报告中描述了天坛的北坛——祈年殿（用于祈求谷物丰收的祭坛）的建筑结构，他写道：“该建筑的窗子是用薄的蓝色玻璃棒排列而成，色调层次由威尼斯工匠安排。玻璃棒是在山东的玻璃厂生产的。”

这些关于中国玻璃的文献清楚地表明：窗玻璃从国外传入中国是近代的事情。直到今天[2]，房屋的窗子还很少使用玻璃，而代之以窗纸、丝绸和贝壳片。这其中迄今最常见的就是窗纸了。在大而敞开的窗子上仅仅糊上一张薄纸是很不安全的，因此窗框里通常会做成很多格子，把整个空间分隔成许多小窗格。窗格的种类式样难以尽数，其形式赏心悦目也错综复杂。图459至图460展示了一些经典窗格式样。制作这类窗格，再从里面糊上丝绸或窗纸，需要极高的技巧和极大的耐心。窗格并不像我们

[1] 见《中国瓷器的起源》，138页，注释4，芝加哥，1917年。
[2] 指作者所处年代。——译注

图458　用贝壳片装饰的窗格

图459　中国窗子的窗格
由木条榫接而成，窗纸糊在窗格上。近距离观察，窗格显得杂乱，但拉开一定距离观察，就看出赏心悦目的图案。

图460　中国窗子的窗格
由木条榫接而成，背面糊有窗户纸。窗格的这种美观的图案设计有一种难以言传的魅力，使得你驻足观赏并默默地赞美。

想象的那样，通过切割质地坚硬的木板来做，而是由一根根木条互相榫接而成。连接点巧妙地相互吻合，使得整个窗子结构看起来非常结实牢固。

在中国东部的沿海省份，把半透明的贝壳片切成矩形覆在窗格子上的做法并不少见。图458展示了一个这种例子：两个窗子边靠边，安装在竖直对开门的右半扇门的上方；将同样的两个窗子倒过来，安装在左半扇门的上方。在这些窗格上覆盖着贝壳片，片与片之间半叠压。用薄竹片当压条，压在贝壳片的连接部分，再从窗子的一边到另一边，用小铁钉把它们固定到木框上。这里所用的海贝壳属于双壳纲，叫作“海月”[1]，产于东南亚和中国沿海。

在由方克和瓦格纳斯编著的《新标准辞典》（纽约，1919）里，我们可以找到“窗贝”（window-shell）或“窗牡蛎”（window-oyster）等单词——半透明海贝壳的名称，并有用地区性或已废弃的英文单词表达的注释。《韦氏词典》补充说，这类海贝壳的每一片都很大，薄而半透明，以前常代替玻璃使用。由此可知，很多年前英格兰乡村使用的“窗玻璃”与图458所描述的相似；不过，这种相似仅限于较小的窗格孔，每个窗格孔不超过一片贝壳大小。假如这种贝壳真被当作玻璃使用，那它们很可能是用铅条拼接在一起的，就像把不同色彩的小片玻璃拼成老式的彩色玻璃窗那样。

做这样的联系，使我想起欧洲古典时期的一种窗子风格——牛眼窗，把绿色的圆片状玻璃——直径相同但厚度不规则，看起来很像是玻璃瓶底——用窗格的形式组合在一起。无疑，在平板玻璃技术尚不成熟且造价昂贵的年代，这种式样的窗格曾一度非常流行。横截面呈字母H状的铅条被用来把这些玻璃圆片拼合到一起，我还记得在童年时代，这种铅条仍用于修补那些破裂但没有粉碎的大玻璃窗格。

在浙江的一些老房子中，我多次见到另一种有趣的窗子式样——在石头上开窗格。一块硬石（通常2平方英尺大小）嵌在墙中，配以大胆的圆形或方形装饰，去掉的背景恰是石头窗的通透部分。这个敞口窗可以从内部用木制窗板关闭，通过固定在墙上的上下两道凹槽，窗板可以推拉。

图458摄于上海附近的曹家渡。

[1] 海月（Placuna placenta），属软体动物门双壳纲翼形亚纲珍珠贝目，因夏秋两季浮于水面，状如明月，故有此俗称。海月贝壳较大，呈圆形或椭圆形，两壳平，壳质极薄，半透明。可用作灯饰、托盘和代用玻璃等。中国旧时建筑曾用海月贝壳镶嵌在屋顶或门窗上，故称“窗贝”或“明瓦”。——译注

椅子

在中国早期的家庭中，椅子是一种奢侈品。椅子的地位由长短板凳占据，这种板凳如同数百年前西方人家庭中使用的那样。

资深汉学家艾约瑟曾写道，椅子在中国最早出现于佛教传入时期（1世纪）。而A. H. 史密斯（A. H. Smith）在他富有情趣的《中国人的特征》（上海，1890年）一书中断言，“中国是亚洲唯一使用椅子的国家”，对这一说法我们还无法证实。

在中国农村的家庭，可见到竹子做的椅子，形状如图461或图462所示。图461中的竹椅子最常见，其结构简单而结实。做椅子时用两根竹管，直径约2英寸，弯成两个直角，成字母U的形状。每个U形结构做椅子的一对支撑腿。为使竹管易弯曲，竹管内壁需要削去部分，只留下较薄的竹管壁，之后在火上烤就容易弯成直角，否则会断裂。在两个直角的拐弯处，放入一个直径略小的竹管，其末端水平插入这些直角弯中并用竹钉固定。弯成直角的竹管内壁要削得足够薄，才能确保较细一些的竹管插入，以用作椅子坐面的前后横杆。竹椅子四条支撑腿的稳定性用横档来加强，横档两边各两个，前后各一个。椅腿前后的横档是圆竹管；两边上位的横档，尺寸要足够撑住靠背的斜臂。椅子面是竹片做的，这些竹片插在两条横向的竹竿间，横向竹竿与坐面的前后横杆榫接在一起。观察图461，可以看到椅背的弓形结构由竹管弯曲而成。在竹管上切出几个三角部分，留好使各切口的表面连接的竹皮，从而弯成了弓形结构。这是一种简单弯竹管的方法，而且不需要用火烤。在弓形两端取大约7英寸长的一段，沿竹管的对角线切开，头上削尖，而后把这个尖头穿进椅子坐面两边横杆所开的洞里，再插入椅子腿两边上位横档较小的洞中。竹钉穿过椅子坐面的横杆，把弓形椅背固定于其上。另有三个竹条垂直于椅子坐面，底端插入椅子面后横杆的槽口，上端插入弓形椅背类似的槽中，起到支撑的作用。

图462与图461中竹椅子的区别，仅在椅背的形状不同。图462椅背上的水平竹管由两侧的竹竿支撑，采用了榫接方式，并用竹钉固定。椅背上的三个竹条插入坐面横杆和椅背上的凹槽的方式，与前述其他竹椅子相同。这些竹椅子的高度一般不超过

图461 竹椅

图462 竹椅

14英寸。这两张照片拍摄于浙江的甲村。

中国实际生活中用的椅子样式种类繁多，有的用贵重木料制作，并带有精致的骨雕、螺钿等装饰，反映了上层人士的富裕生活和品位，这些奢侈品不能作为椅子的典型代表。

图463是一把江西乡村的椅子，虽然椅子常用竹子做材料，但这把椅子完全是用一种软木做成的。我们注意到一个有意思的现象：在这把椅子中保留了竹椅子的结构造型。每对椅子腿都由一段木头做成。为了把木头弯成直角，就要在木头上开出缺口，以便形成一个窄片，使其柔软得可以弯成直角。椅座的高度一般离地面20英寸。

在江西省万载北面的深山区，我曾经与当地居民生活了一段时间。在那里拍摄到图464中的椅子，它由在乡间游走的木匠制作。当地农民提供木料，请木匠来打造或修补家具。这些木匠随身携带着工具和被褥，在哪儿干活就在哪儿吃饭。整个椅子是

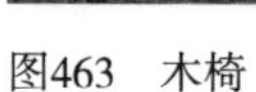
图463　木椅

图464　扶手椅

用木头做的，底下部分的结构与图461和图462中的竹椅子相似。带扶手的椅背使我们联想起温莎公爵（Windsor）的椅子。某些人以为西方家具设计样式的传入对中国形成影响，但这是不可能的，温莎公爵椅子最早出现于18世纪，而中国这种类型的椅子已经用了几百年，上述说法显然站不住脚。

暖炉

在中国的中南部，冬季不十分寒冷，因而房屋中没有取暖设备。中国人通常用棉衣或皮袄御寒。为保护手脚，常用到暖炉，如装满木炭的陶盆（罐）或金属盆。除了这些使用普遍而分布广泛的发明，我们也看到在一些地区发展出具有本地特色的取暖方法。在江西省的一个榨油厂，一个围挡不严的工棚里，当不需要工作时，工人们围着一张桌子吃饭、休息或娱乐，桌子下方的地面有一个方形洞口，用砖块砌成，里面填满了燃烧的木炭和灰烬。12月寒冷的一天，我在那里穿着大衣捂得严严地坐在桌子旁，感到一股来自桌底下的暖流，烘着我下半个身子，十分惬意。

在靠近江西省吉安的同一个地区，我还见到如图465所示的暖凳（或叫热凳）。即使在冬季，农村妇女也要在户外劳作，把地里各种各样的农产品，在大柳条盘或竹席上摊开，放在太阳地里晾晒。看守的老婆婆带着纺车坐在边上，挡开流浪狗和哄走飞鸟。这位老人坐在暖凳上，双脚搁在暖凳的低处，靠近陶制火盆，不时地拿起铁制的火筷子拨拨火。这个暖凳很像是一个无底木桶，高21英寸，顶部直径11.25英寸。暖凳侧面的开口距地面约9英寸，底部直径13.5英寸。一根木棍横着穿过暖凳的底部，松松地榫接在桶形侧面的夹板上，木棍上面放着陶制火盆，里面盛有炭灰和木炭。铁筷子长约7英寸，一头用链子拴着，以防两根筷子分家。不用的时候，把其中一根筷子插到装饰性的板条孔里，火筷子就被挂在凳子边上。

在浙江省的天台山脉，我们看到很多在用的手脚暖炉，如图466中的样子。当地的房屋中没有取暖设备，厨房中的炉灶仅用来做饭，并不用于房间的取暖。冬天人们得穿棉衣保暖。天冷的程度可由所穿的棉衣件数来估计，比如昨天是穿5件棉衣那样冷，今天只要3件棉衣，表明天没有那么冷了。当地人认为只有手脚需要炉子来保暖，手炉也可以同样用作脚炉。无论在屋内屋外，还是田间地头，或者走亲串友，人们都随身携带这种余火不尽的罐子。坐下来时，人们就把手炉放在大腿上，手搁在竹制手柄上面，或者把手炉放在地上，这样可以把脚抬到上面取暖。

图466的火炉是一个没上釉的陶罐，大约7.5英寸高，最大直径约8英寸，顶部直

图465　暖凳

图466　手脚暖炉

径6英寸，罐子的侧面和底部用竹条绑扎，竹条向上延伸形成提手。罐子上部有压印出的传统样式的花纹。罐子里装着一多半的木炭灰烬，在燃的木炭或接近燃完的木炭要拨弄到灰烬的上面。中国人也常拿这种炉子做其他的用途。比如，前面说过的铁熨斗就常用这种炉子加热。有个地方我见到这种炉子放在鸡窝里，夜里给小鸡保暖，炉子里保留的炭灰可以提供足够的热量。该照片是在浙江的西岙拍摄的。

火盆（或暖炉）的创意很容易引发我们的想象力，召唤出《一千零一夜》中的魔法画面。我们想象着自己的房间装饰着华丽的东方地毯，毯子上放着一个色彩优美的图案环绕的火盆，从盆中散发出熏香的气息，香烟袅袅升上天花板，在半明半暗中与天花板上雕刻的盘绕的中国龙以及其他神话动物混在一起。幻想经常被现实打破。如果你同一帮人围坐在火炉边，努力为自己从中寻找舒适和快乐，要记住，你这样做就易被视为一种不与他人和谐的状态。

中国中南部的冬天较短，因而对于认真考虑足够过冬用的取暖设施，当地人从不认为有这种必要。寒冷难当时，手炉和火盆（图467）就成为权宜之计。火盆通常放在桌子底下，当人们围坐在桌子周围一起吃饭或打牌赌博（对于许多中国人来说，这是几乎与吃饭同等重要的事情）时，双脚借着火盆能保持温暖。金属火盆的材料通常用铸铁，有时也用精细的黄铜或紫铜，火盆稳当当地放在表面打孔的木制底座上，火盆的直径约为22英寸，底座的高度约为9英寸，燃料通常是木炭。这张照片拍摄于江西省樟树。在通风的环境或通风好的房屋中，木炭燃烧发出的烟不会造成危害。

中国的厨房除了大型的炉灶，通常可见较小的锅台，倚墙而砌，没有专用排烟通道。锅台由三面砖头墙组成，垒起一个大约2.5英尺高的炉灶，像一个前面敞开的烟囱，顶部开口的大小仅能容下一个黄铜茶壶。在锅台靠下的位置，从后面墙上探出一个砖台，在前面相应等高的位置，从锅台的左墙到右墙穿一根铁棒或砌出砖台和砖拱，以作为安炉箅子（见图468）的支撑。木头在炉箅子上燃烧，整天都要往炉子里添柴，因为中国人一天到晚都要喝热茶，这是最基本的生活享受。如出门旅行或乘船不带茶壶——若带则放在随身的木箱或篮子中，用棉衬仔细包起来以保温数小时——对他们来说那是不可想象的。图468中的炉箅子用强度较高的铁筋做成，

图467　火盆

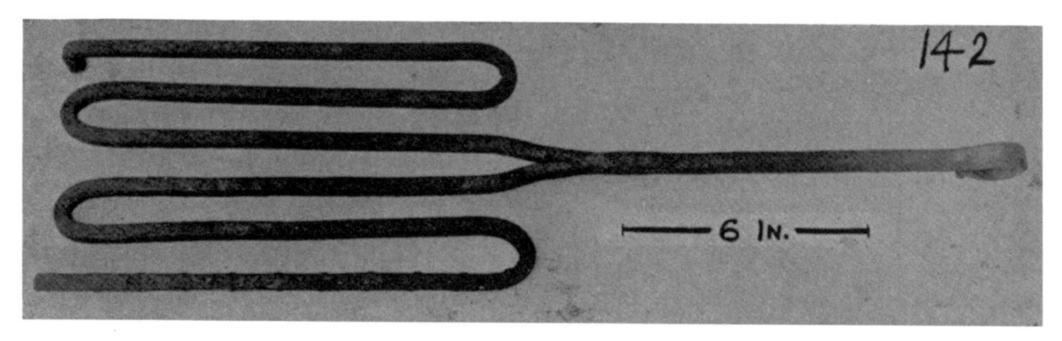

图468　炉箅子

这种铁筋常用在欧洲的水泥建筑中，如此典型的样式很可能是从外国建筑中吸取的灵感。手柄用于搅动火堆，摇落炭灰或从炉膛里把炉箅子取出。这个炉具全长（包括手柄）22英寸，宽6英寸。方形铁筋的均厚约为0.375英寸。这张照片是在上海老城拍摄的。

枕头和床

现代人类直立行走，与其他哺乳动物相区别，但在某种程度上也受到限制，养成了睡觉时头部必须要高于身体其他部位的习惯。由于这个长久形成且延续的习惯，也就没有必要多加解释为什么枕头会成为人类生活的必需品之一。从《圣经》中我们读到，当身处野外而夜幕笼罩时，雅各就用石头当枕头，并强迫自己在没有庇护的情况下找到一个露天睡觉之地。

在中国，人们还保持着某种原始的生活状态，在炎热的夏季，经常可见露天睡觉的人，枕着各式各样的临时“枕头”：砖头、石块、木棍、鞋子，不一而足。不管什么花样，睡觉时头的位置都要高于身体其他部位。堆成垛的原木，一头要比另一头高，这是因为木材从根到树干顶部逐渐变细，这样的木头堆正合流浪汉或乞丐的心意，既然有这种倾斜，需要睡觉的人不用枕头便可自然而卧。出于同样的原因，不时可见房主人四肢大展睡在自家门前，躺在带枢轴的门扇上，门扇一头放在地上，另一头稍微垫起抬高以形成必要的倾斜。

中国人使用的枕头种类繁多，然而都有一个共同特征，即对西方人来讲，非常不舒适。在夏季，广东人喜欢用方盒状的陶瓷枕头，图469是其中的一种，这种枕头睡起来非常凉爽，其体积约为6英寸×5英寸×2.5英寸。照片中的枕头是一个住上海的广东人家送给我的，不过迄今为止，即使在盛夏，我恐怕也没有足够的鉴赏力去用它。

图470中的竹枕很常见，打量它一番，可以想象这个枕头会多么完美地贴合人的颈部。这个竹枕长约13.5英寸，高度略超过4英寸。我在安徽省当涂的一个小旅店见到并得到了它，后来作为纪念带在身边。

要说与床上用具相关的最后一句话，那必定是臭虫。在中国，臭虫几乎无处不在。中国人一般都是这种看法：没有一个人不被臭虫咬的，一个健康的人身上必会有臭虫。因而我们非常容易看见，床板、藤子或棕绳床被放到户外空地上，用满壶满罐的开水浇烫，来往的人对此情景一览无余。竹枕也用同样的方法处理。皮革枕头经不

图469
瓷睡枕

起开水烫，很可能永远窝藏了一些典型的寄生虫。

在浙江省乘船旅行时，我常见船员在甲板上铺开棉被褥睡觉，被褥大约3～6英尺宽，有靛蓝色的罩面。白天，被褥一般都卷起来，用草席包住。晚上，草席铺在地板上，被褥用作铺盖。人们把外衣叠成小包当作枕头。我一直称羡这种自我满足，我在内地的旅行就差不多是用这样一种简单的方式，一个睡袋和羽绒枕头，两三件物品，就使我在旅行中有一种绅士般的满足。

还有一种更加精致的枕头，也是竹制的（见图471）。这个枕头不但有弹性，而且看起来很漂亮，即便同样是枕在头下，我们可能更喜欢这种枕头。这个枕头中心高4.5英寸，长18英寸，是我从江西省南昌一个二手货商那里买的。图471中的枕头还可以折叠起来方便地放进被褥中，便于旅行时随身携带。

在中国的小旅店里住宿，人们所期望的。仅是一个能够铺开自己所带被褥的容身之所——一个普通的宽大的床架，藤条编织或棕绳交织，被拉紧固定在床架木框的周边，形成一排孔洞，很类似藤椅的坐面四边被固定的情况。更为常见的情况是仅用木

图470　竹制睡枕

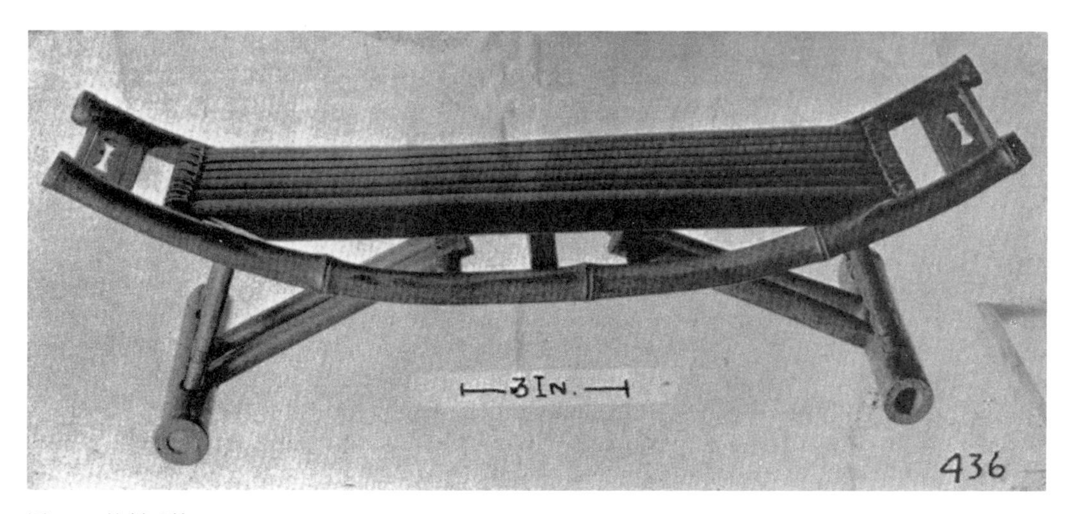

图471　竹制睡枕

板做床面，把一些稻草铺在上面当床。有时，两个普通的方桌拼在一起就构成了一张简易床，不过这有一个缺点——睡这种床的人必须早起，以便把桌子归于原位，不误主人的正常使用。

如我们所知，中国人喜欢在枕头上做文章，枕头外表用皮革，或刷上漆，里面填上谷壳麸皮或竹刨花。这类枕头一般2英尺长，截面为方形，枕起来并不比其他枕头舒服。另外有一种小木箱可充枕头，多为行商携带使用。小箱子的外形很像图470中的竹枕，表面用皮革包着。它的弧顶盖可以打开，行商可以把值钱的物品放在里面。晚上小箱子就当枕头，枕在上面睡觉，以保财物的安全。

扫帚

扫帚的最显著特点，就是它的可更新性。图472中扫帚木柄的尾端是弯的，这很可能是用火烤，并加力弯曲做成的。扫帚是一束稻秸捆在呈叉形的木柄底端，木柄向上弯起的部分与木柄平行，用绳子将木柄捆紧以扎住稻秸做成的。扫帚经频繁使用，绳子日渐松散，稻秸也严重损耗，这时就用一捆新的稻秸替换，同时把绳子重新捆紧。如同在西方国家一样，扫帚在中国的家庭中也很常用。不过，长把扫帚要比短把

图472
扫帚

扫帚少见。使用短把扫帚，人们不得不弯下腰，看起来似乎中国并不反感这种方式。簸箕通常是由柳条或藤条编成的，形状很像图511中的柳条筐。一般来讲，中国人居室中的地板多是土地，但也有些卧室是木地板。木地板从不擦洗。吃饭时，骨头和饭渣落在地上，有些被一有饭就来觅食的流浪狗吃了，剩下那些难啃难嚼的，狗也不理会。在中国，清理地面的唯一方法是用扫帚，然而地面常做痰盂、抹布、儿童便溺之所，等等，扫帚难以承受污秽之烦。

在中国，制作扫帚并非出于商业目的。乡下农民做扫帚是为了自己用。有时，一些贫穷人家也会多制作一些扫帚，挑着担子走村串乡叫卖。不同地方的扫帚在材料和制作工艺上有所不同，在北方，使用最多的是用高粱秸或谷秸；而在南方，甚至用扎成一束的竹条来做扫帚。图472拍摄于江西樟树附近。

图473中的刷子用于刷壶、罐子和铁锅。这张照片拍摄于江西抚州，是一个在中国广泛使用的普通刷子。刷子用圆形竹片做成，尾端被纵向切割出很多平行的切口以形成刷毛。我在这里举这个例子是为了说明制作刷子的方法——仅仅需要在一段木料的尾端切割打磨，图373中木匠所使用的刷子也是这样的类型。

中国用于写字的毛笔，发明于公元前3世纪。我们很难相信此前没有任何类似的工具被其所替代。毛笔的原型是木棒。毛笔蘸上墨汁等媒介，就可以描画出多种多样的线条——毛笔的笔尖很容易弯曲变形以适应不同的笔法需求，绘画也就因之变得更加容易。经过了实践经验的积累，毛笔的下一步发展就是通过有意的切割方式来改进笔端的制作。毛笔这项诞生于公元前3世纪的发明，在其后的改进和发展中也仅有一个变化——用捆绑在笔杆末端的毛发来替代木质纤维。

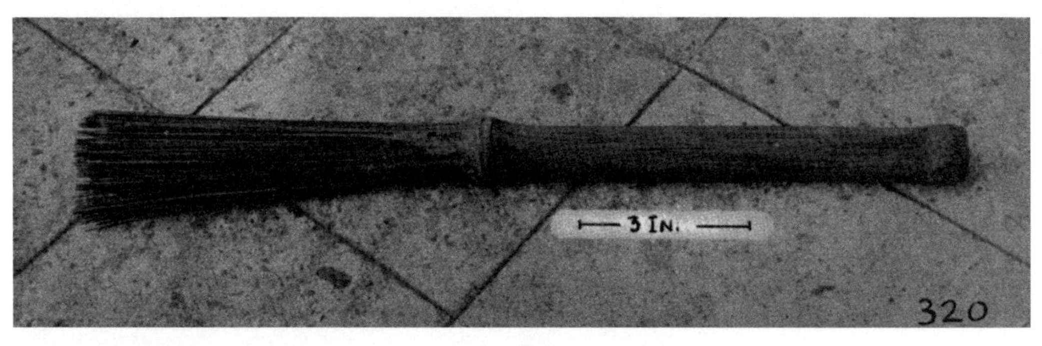

图473　厨房用竹刷

灯

图474为三种样式的油灯。在中国，由于西方煤油的输入，传统的油灯在迅速消失。

中国油灯的灯柱用瓷、陶或黄铜做成，支撑用于盛灯油的灯碗，灯碗也用同类材料制作。油灯的灯碗中有两根或三根灯芯浸入灯油，灯芯的末端稍伸出灯碗边一点儿。通常情况下，还需把一片铁片弄弯成与灯碗的形状相合，并使它的大小能够从灯油中突出来，这铁片就压在灯芯上，这使灯芯浸在灯油中不会浮出油面。把浸在灯油中伸出的灯芯末端点燃，随着燃烧末端逐渐变短，灯芯就被铁片从灯油中推出来。通常做燃料用的灯油是大豆油或菜籽油。直到西方的煤油传入中国前，菜籽油一直是中国人所熟知的最廉价最实用的照明燃料。

图474 油灯

图474中的三种油灯，其材料分别为瓷、黄铜和陶（中间一盏）。如同中国许多文献所记载的，用于制作油灯的材料种类繁多，价格从低到高依次为木、陶、瓷以及锡合金、黄铜、紫铜等金属。图中陶瓷质地的油灯约11.75英寸高，顶部是一个没有上釉的陶制盘子，用于盛放灯油和灯芯。盘子最大直径为4英寸，厚0.25英寸。灯柱部分中空，中间是堵住的，以形成上下两个空心部分。灯柱的碗状顶部中心有一个直径约0.375英寸的洞，与空心灯柱的上半部分相通。灯柱顶部边缘上均匀地分布有三个小突起，它们是灯柱的一部分，但没有上釉，可挪动的灯碗就放在这三个突起上。突起的作用是隔离灯柱和灯碗使得灯芯燃烧时灯柱顶部不至于很热。陶瓷上的装饰是手绘的，而后上的釉。

图474中间位置的油灯，陶制灯柱6.5英寸高，是用陶土材料手工制成的，不是在轮盘上制作的。灯柱是空心的，但上面的开口却被碗状的顶部紧紧地封住。碗状顶部也有三个突起，上有釉，看起来与整个油灯的外观没什么区别。这些突起稍微超出灯柱，釉的表面非常光滑，颜料为绿蓝色，这种颜色在上海的廉价陶器市场上很常见。在油灯碗状边缘下的底部均匀地分布有三个凹陷，这明显是由陶工的拇指按出来的。其结果是，油灯没有保持连续的圆形边缘，而是形成了三个突起，这些突起在相叠的灯间形成的空隙很可能是在烧窑制陶时，用来防止气体在空心灯柱里集聚用的。一盏油灯由三部分组成，底部的托盘、灯柱和灯碗。灯柱用一片平而薄的陶土卷起制成，由此形成纵向重叠接缝，先从外部细致涂抹光滑，再用釉彩遮盖，但从灯柱的内部仍然可以看出从上到下有一条笔直的接缝。照片中没有盛放灯油的灯碗，这个灯碗与陶制的灯架一起使用。

黄铜油灯12.5英寸高，它的碗状顶以及三个向上突起的铜钉都焊接在坚固的灯柱上。灯脚由倒置的黄铜杯焊接在薄黄铜盘（直径6.25英寸）底部构成。灯柱穿过这个铜杯和铜盘中心的孔用铆钉固定。组成灯的各个不同部分都是浇铸而成的。灯柱的装饰是用锉刀制作的，两个碗状的部分和倒置的杯状底脚，是用简陋车床车成的。

黄铜油灯的灯碗顶部直径3.5英寸。灯上有一个很平整的部分做手柄，其上有一个小突起，用铆钉通过相应的孔铆固在灯碗的一侧。为了压住灯芯从而使油灯更好地发挥作用，小黄铜片也被用在了便宜的陶制灯上，其作用就如同前述的铁片。我并没见过这类压灯芯的金属物；由于灯通常与废弃物放在一起，这个小部件往往最先丢失。

上述三种油灯，都是在上海得到并在那里拍照的。

中国最简单、最常用的油灯支架是木制的，这种油灯已逐渐消失。我在江西的沙河及附近地区见到尚在使用的一些油灯，其中一个见图475。该油灯的支架由4条竖直的腿组成，其中两条腿1英尺高，另外两条腿7.75英寸高；四条腿用横档卯榫连接固定，几条腿之间的基本距离为4.5英寸。一个直径约3.25英寸，高0.625英寸的瓷碗放在支架上用于盛放灯油。我在这些灯碗里并未见到压灯芯的东西，瓷碗看起来像是在“出汗”，我的意思是说，灯油顺着灯芯蔓延到碗的边缘慢慢地渗出，在碗外壁

图475
木制油灯

的底部形成油滴，滴到倾斜挂在支架腿之间的竹水槽里。这个水槽靠下一端利用了天然形成的竹节，构成堵头。

中国人做事或生产，很少追求完美，不像西方人所认为的那样——尽善尽美在工业时代是必不可少的，中国人对“差不多”这个词的随意使用和解释证明了这一点。另一个典型的中国式表达是“能做”，也暗示了完美既不是他们的期望，也不是实际需求。明白了这一点，当我们看到中国人的很多工作进行到某一阶段突然停下来时，就不会感到惊讶了。对于中国人来说，当制作一件物品达到“可以使用”的程度，他们就不愿进一步追求更完美的境界了。一个典型的例子是盛放灯油和灯芯的灯碗，这种陶制无釉的灯碗在古代东方的历史已有四千多年，至今仍在使用。中国人到底使用了灯碗多久，已经很难推断。中国的文献记载很少关注制造业和传统手工业，直到宋代才有所改观。因此，西方学者要从中国古代文献中获得关于早期制造业和生活方式的资料非常困难。然而，有一个事实确定无疑，中国人直到今天还在使用一种小圆碗——其材料为金属、陶或瓷——做油灯的灯碗。

在巴勒斯坦地区的大范围考古发掘，发现了不同时期的油灯碗，展示了灯碗从简单到复杂的发展过程，与之相比，中国在发展到带有续灯芯和加油孔的可闭合的油灯阶段，就停滞不前了。最早的出土实物表明，油灯的发展起始于灯碗边缘的小折口，这是为了放灯芯。在基色地区，发现了一个公元前1500年左右的实物，更细致地展示了灯碗边缘的折口。油灯发展的下一步——顶部闭合并给灯芯和注入灯油留口，看起来也就更加必然了，但直到希腊化时期（前2世纪）才出现上述在巴勒斯坦地区发掘出的器物。

图475摄于江西省一个叫沙河的集镇。

在江西樟树地区，我见到悬挂于天花板上的一个灯架，很有意思。参照图476有助于读者对以下描述的理解。灯架有一段竹管，约4英尺长，通过屋顶的吊钩垂直悬挂在天花板上。竹管中有一个可以自由滑动的木棒，木棒的末端钉有一个带缺口的小木块，用于悬挂油灯。一个作用类似车闸的木头卡子，一端拴在竹管的低端，另一端有一个圆孔，孔的大小足够使木棒穿过并上下滑动。通过观察图片，灯架暗含的原理就容易理解了。滑动木棒的长度可以调节，向上推进竹管便缩短，反之，把木棒向下拉出就伸长。调节滑动木棒时，需要松开卡子——提起它开孔的一端，然后利用摩擦原理，越向下拉，绷紧产生的摩擦力越大，这样就使木棒停在所需的位置，我们称这样的装置为锅（盖）钩，因为它很类似于在炉灶上悬挂大锅盖的带钩子的可调铁棒。在过去的许多世纪里，中国人的厨房已经达到相当高的水准，所使用的炉灶是封闭式的，而非开放式，这一点已为发掘出土的大量汉代以来的墓葬器物所证明：这些墓葬展示了当时实际生活中所使用的系列铁制厨具，以及封闭式炉灶——炉子前端是灶门，烟道连着灶膛通向别处。有的炉子开多个火孔，可以同时放几只锅或水壶。这种情况下，锅钩就不是必需的，因而我们看到这类物件常用作灯的支架。而在日本，那里的乡村生活直到近期与中国比起来还是落后的，我们在农户家里看到，人们仍在木炭火上做饭，使用类似的锅钩。图476是我在江西樟树见到一个中国式的锅钩后绘的草图。

图477是日本乡村厨房用的两种样式的锅钩（1928），其结构与中国灯架（见

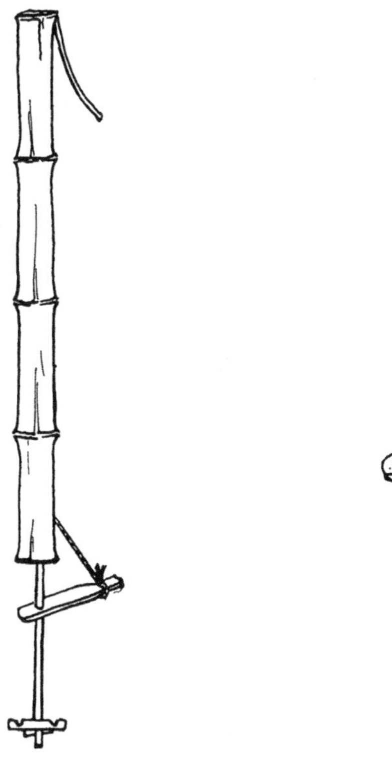

图476　中国式锅钩示意图

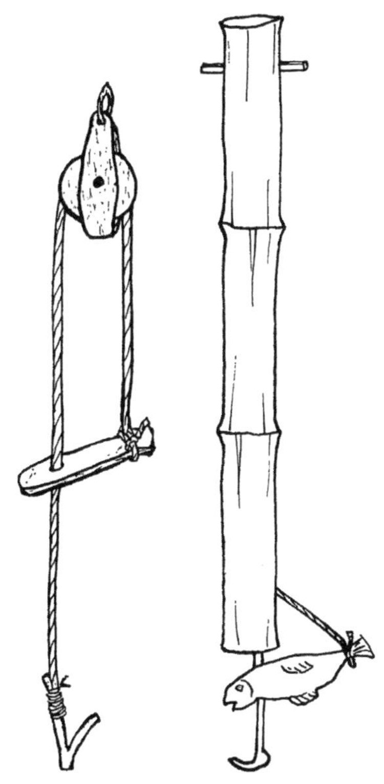

图477　日本厨房锅钩示意图

图476）用的是相同的原理。这些锅钩悬挂于炉灶上方的天花板上。日本厨房的锅钩一般是竹制或铁制的，用来产生摩擦力的开孔小木片通常做成鱼的形状。另外一种日本式锅钩如图477中的左图所示，滑轮上有一根绳子，绳子一端拴一个钩子，用于提拉物品（一般为茶壶或瓦罐）。绳子另一端有一个开孔的木片，作用类似制动卡子，就如同帐篷上用于拉紧拉绳的可滑动的钥匙或绳子。

图477中的右图所绘实物来自日本的长崎，已被送到莫瑟博物馆作为展品。其中左图是临摹自日本19世纪初著名画家葛饰北斋（Hokusai）的作品。

图478是浙江龙川地区一种油灯的外观。这个地区发现过天然铁，因而图中所示

图478
熟铁制立式油灯

的熟铁油灯就属少见了。这种式样的灯有两部分，带有底座的灯柱和用于盛放灯油和灯芯的铸铁灯碗。灯碗放在固定的铁环上，铁环从竖直支撑臂上水平伸出，支撑臂末端的顶部做成圆环状，便于挂在墙上，灯碗底下是支撑基座。灯油一般用菜籽油，灯芯材料一般为灯芯草。

多用油灯的腿是可折叠的，可以在屋里拿来拿去，折起挂在墙上，立时则有三条腿。三条腿的结构牢固，不会摇晃，非常适用于油灯。即使在粗糙不平的表面，如灶台、桌面、凳子上，三条腿的结构也可以保持平稳。

图中所示的油灯为浙江大窑一个农民所有，那个地方因前几个世纪生产青瓷而闻名于世。

制作蜡烛

浸制的蜡烛产于中国，此前我从未听说过用模具制蜡烛。很久以前，只有蜂蜡用作蜡烛的原材料，但自唐宋以来，其他材料，诸如虫蜡、植物脂也被用于制作蜡烛。

虫蜡是昆虫的产物，虫蜡球菌寄生于几种树木上，如中国白蜡树和女贞。昆虫从细嫩树枝的树液中为自己汲取生存所需的营养，经体内吸收转化排泄出的白色物质就叫作虫蜡，这些蜡质使树枝逐渐被白色物所覆盖。每年8月，人们从树枝上刮下这些蜡质，把这些天然蜡熔化分离出杂质，而后注入模子中冷却，这样生产出的按模子成型的蜡是圆蛋糕状的。蜡的熔点约为华氏180度，它的成分类似蜡基蜡酸盐（或酯）。纯净的蜡是白色半透明的高度结晶体。

植物脂是一种白色硬质的脂肪，裹着油脂树乌桕的籽，熔点为华氏112度，它的化学成分是带有油酸酯的甘油棕榈酸酯。把裹白蜡的乌桕籽放在带箅子的锅里蒸，蒸汽从底部穿过箅子使籽变软，取出再用石锤轻轻拍打，或用杵棒在臼中轻捣，油脂就与籽分离了。把敲打过的籽放在热筛子上筛去壳，留下白蜡小颗粒。之后把敲碎的白蜡小颗粒（也就是植物脂），再用碾子研磨成粉末。这一步产生的粉末并不纯，混杂有粘带籽皮的小颗粒，需把粉末用多个竹环（或柳环）做成的筒放入油碾子中碾压，如此可得到纯净的粉末。油碾子类似于图133至图139所描述的工具。从环中挤压出的粉末刚开始为暗黄颜色，与空气接触后逐渐变为白色。

虫蜡是具有很高价值的材料，因而它的使用大受限制。在佛教仪式上所使用的蜡烛，是用1份虫蜡和50份植物脂混合制成的。据我的经验，中国所用的多数蜡烛都是先采用植物脂浸制法，使蜡烛粗细达到一定程度，再用虫蜡做外层，也是采用浸制法。所用虫蜡先用茜草根（一种红色染料）染成红色，或经碱性碳酸铜染成绿色，或保持自然状态的白色。蜡烛外层用虫蜡的做法经济实用，因为它可以防止淌蜡；蜡烛颜色是为了能渲染气氛，红色用于喜事，而白色或绿色用于丧事。虫蜡的熔点较高（华氏180度，植物脂是华氏112度），因此就有必要把受热融化的植物脂放在靠近火焰处，确保其完全燃烧。实际使用中，燃烧的蜡烛顶部看起来像是一圈围起的墙，这是因为外层虫蜡的燃烧消耗速率低于里面的植物脂——燃烧的难题就这样理想地解决了。对棒状烛芯（图479）是否为提供平衡燃烧的必要条件的问题，我尚不清楚。中国蜡烛的唯一缺点是要不时地剪烛花，否则烧焦的末端会弯下来，使火苗偏向一侧，把蜡烛外层的虫蜡烧开一个缺口造成淌蜡，将蜡烛弄得一团糟。农民通常是用手指尖快速地掐烛花，讲究些的用黄铜做的烛花剪子，其构造类似于西方用的夹方糖的钳子。

中国人使用的蜡烛主要有两种类型：一种用在烛台上，另一种用在有窝的烛架上。前者似乎在沿海省份比较流行，如江苏、浙江、福建；而地处长江中游的省份，如安徽、江西、湖南、湖北，则倾向使用烛架。蜡烛芯的材料要同蜡烛的类型相一致，空心芦苇管适用于烛台式，较坚硬的竹棒适用于烛架式。竹制烛芯的竹棒是从厚皮竹茎上剥离出来的，通过圆刃刀拉成小圆棒，之后大量经过圆刃刀处理的竹棒在工作台上铺开，用墨画上横截线，这种方法使每个竹棒都做上标记，以定出把灯芯草卷做成烛芯的起始位置。

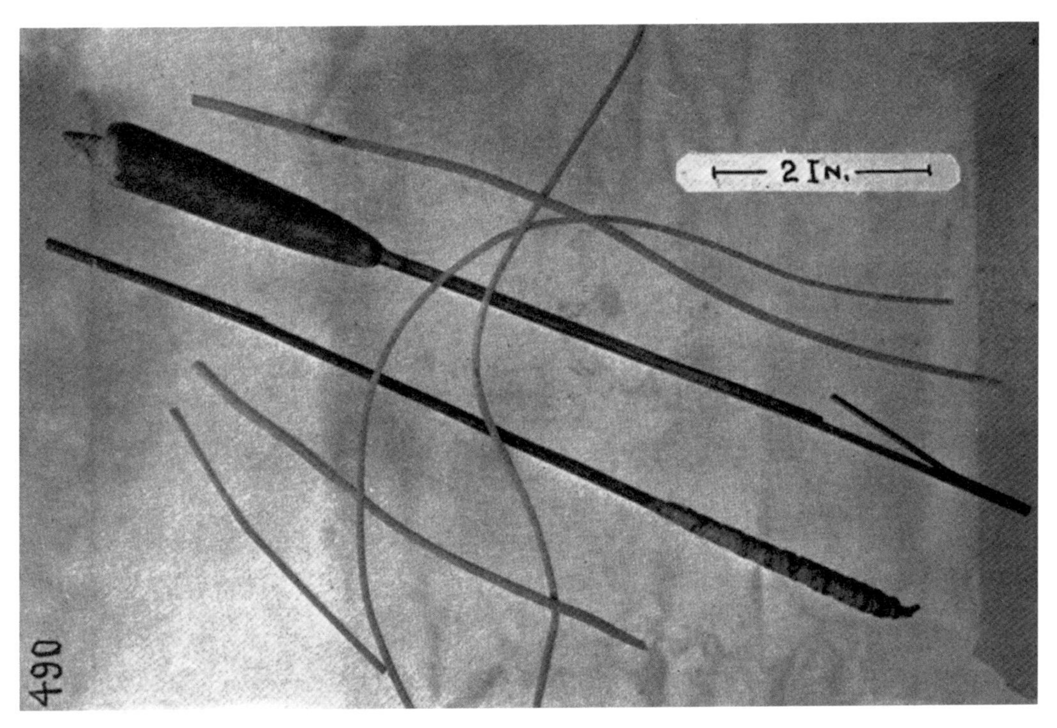

图479 用灯芯草做的灯芯、蜡烛芯

图480 蜡烛匠的工作台案

图480为做蜡烛的工作台案。图479是用作中等大小蜡烛芯的灯芯草，从工作台上的灯芯草堆中抽出6根，放在方形木板上，用木棒碾过使之平整，图中所示即为平展在木板上的灯芯草。而后把灯芯草沿着竹棒做螺旋缠绕，缠绕时空出竹棒的两头。为防止缠绕的灯芯草松散，用放在台子上的卷线杆（细节见图247），从上面拉出丝绵在缠绕好的灯芯草上上下交叉裹紧，使灯芯草固定，这样烛芯棒就可以浸制了。

丝绵有一种特性，即它可以粘附在物体上而不需要打结。中国人利用丝绵的特性解决了灯芯草的固定问题；而在老英格兰、爱尔兰和苏格兰，人们是把玉米包皮裁成窄条，和灯芯草一起贴着缠绕，以让灯芯草吃劲。

接下来的步骤是，在烛芯棒的末端安上一个钩子以便悬挂，使缠绕好的一端向下放在浸制轮上。图479中，完成的蜡烛清楚地显示了这个挂钩。在靠近竹棒没有缠绕灯芯草的末端，用小刀横着半切，而后刀刃向着棒的末端切劈，从而形成一个短的分

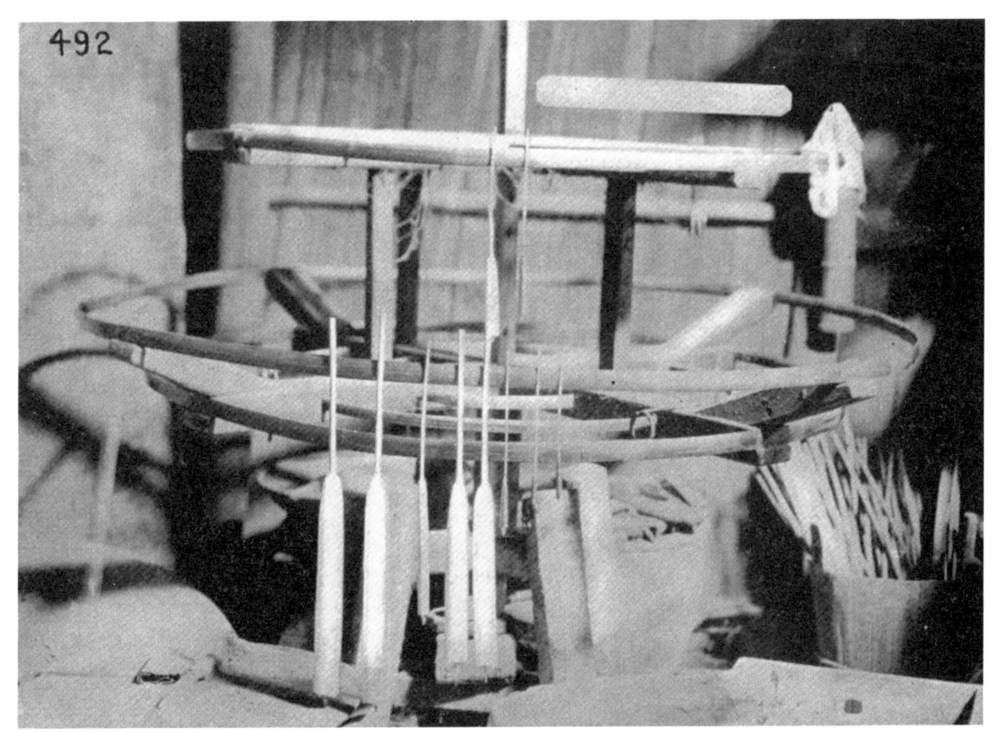

图481
蜡烛浸制轮盘

图482
蜡烛浸制轮盘

叉。把劈开的竹棒部分向外折，拿到油灯的火焰上处理，不然灯芯草容易裂开，无法在所需的位置形成挂钩。

如上所述，为了浸制蜡烛，烛芯棒被紧紧包裹缠绕着，挂在一个浸制轮盘上，如图481和图482所示。浸制时匠人坐在轮盘前面，摘下一个缠绕好的芯棒，先浸入热蜡中，然后取出并挂在轮盘的另一个挂钩上。他转动轮盘，把每个待浸制的芯棒转到自己面前，将其浸入热蜡中。当轮盘转完一圈，第一个浸过的芯棒又转回匠人面前，此时经过风吹它已经冷却变硬，可开始第二轮浸制。这样几轮下来，直到粗细程度达到成品蜡烛的要求。浸制的最后一道工序是把蜡烛浸入有颜料的溶液中，以给蜡烛上色。这两张照片是在江西新余拍摄的。

第五章

运输工具

道路

古代中国有着优良的宽阔道路，适于战车、马车和多种类型的货车行驶。早在周朝，就按交通需要规定了有轮的载运工具的统一尺寸、禁止“超速行驶”，以及制定了在拥挤路口的交通规则。221年至589年间，中国的文献记载都提到一种通过机械装置记录里程的车：车每走1里，一个木俑便敲一下鼓。[1]中国今天的交通情形已大不相同，尤其是在中南部地区，已没有双轮车。在这些地区，没有宽阔的大道，只见狭窄的小路，刚够徒步者和独轮车通行。一直渴望获得较多的土地种庄稼的农民，在不断设法缩减先前道路的宽度，而政府该管的不管。事实上，贪官只要能从劳苦农民那里获得税收和实物，对这种占道压路的现象就视而不见。不管怎样，说到民国取代旧政权，我必须强调自己的看法，自然的变化不会一夜之间发生。1911年君主政体被推翻时，年轻的民国为全面改善国家出台的政策，尚乏显现其效应的时间。直到过去的五年[2]，大规模的道路修建工程才得以进行。

[1] 中国古代发明的计里鼓车。——译注

[2] 指1921年至1925年。——译注

独轮车

在中国中南部地区，道路崎岖狭窄，双轮大车难以通行，最广泛采用的运输工具就是独轮车。独轮车有许多种类型，图483中的是其典型的一种。独轮车原理都一样，即一个大车轮被框架围起，以防轮子上部与货物或乘客相碰；轮子两边有两根长杠，装在杠上的两段横梁以适当间距相互支撑，构成整车的基本部分，这些都是用卯榫结构连接的。车两边的承载框架，由横木把曲杠和主杠连为一体构成，参看图484中会更明了。独轮车车轮直径约3英尺，完全木制，有两条铁带缠在毂上，成一个铁箍。轮轴由非常硬实的木材制成。独轮车的框架有两片向下延伸的用以承轴的轴孔木，看上去很不稳定，而事实上它却能在巨大压力下挺住，于难行的道路中承受颠簸。这些独轮车称得上是细木匠手艺的杰作，制车之道是要精心挑选适于不同部件的木料并合理搭配。

独轮车除了运货物，中国人也用它来载人。我曾经见过一个独轮车坐了6个人，

图483　中国独轮车

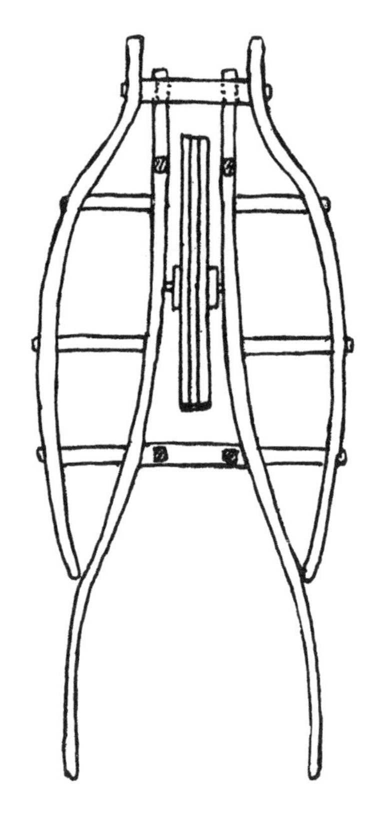

图484
中国独轮车的结构图

一边3个，他们的脚垂下来。如果只载一个人，掌车把的就得很灵活地将轮子倾斜一定角度，以此来平衡独轮车。如果农民要带一头猪去赶集，只需把猪捆在独轮车上推着走就行了，省了牵一头不听吆喝的牲畜的麻烦。

说到独轮车，如果不提没加润滑油而吱吱作响的轮轴的话，我的描述就不完整，这些对中国人来说稀松平常的小事，外国人却难以忍受。

在山东和河南，独轮车的上面通常安有帆篷：将一大块布装在车前端的木架上，可以随意地挂起或撤下，帆索拴在车把上，靠近掌车的人。

图483是在江西德安距县城西20里的一个农家小院拍摄的。

橇

在中国众多的运输工具中，必须提到橇。毫无疑问，在运输工具发展史上，橇是先于马车而出现的。图485中的橇是一个简单的例子，它用于平整农田时运送泥土——把泥土从高处运到低洼处（田地要非常平整，才能保证有效地用水灌溉）。橇的滑行部分，要挑选那些天然的曲木来做，将四段横木和两条曲木榫接起来，并在曲木纵向的切槽内松松插入几块木板，用这种方式构成橇的托板，最后再把橇前端上的小木桩用绳子拴牢。橇的滑行部分约5英尺长，宽为2英尺3英寸。泥土堆在橇的托板上，用牲畜来拖拉。装卸泥土时，要用到铲子。橇的照片是在距安徽三河5里远的农田里拍摄的，在当地我们受到一位前清退休官员的接待。

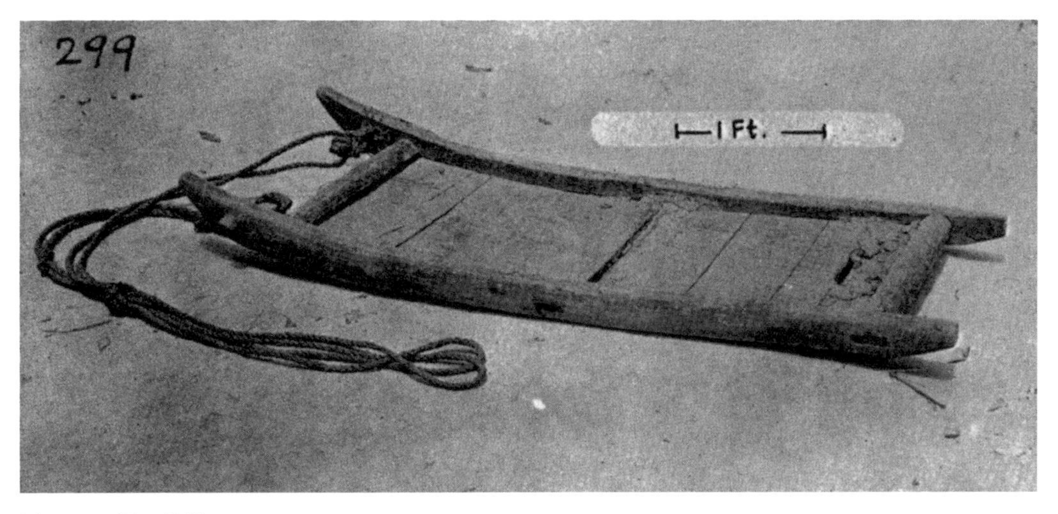

图485　运泥土的橇

畜力车

两轮车是中国北方使用的一种交通工具。秦汉时代，两轮车似乎曾在全中国普遍应用。后来由于道路年久失修，两轮车也逐渐消失，只在北方地区幸存下来。晚清政局不稳，要满足京城的物品所需就得确保道路畅通，修缮完好。17世纪的耶稣会士曾德昭（A. Semedo）注意到中国的民用大车在16世纪左右就消失了，而在这期间，大车传到了欧洲。

下面我先谈一下在江西鄱阳湖湖滩上所见的原始车，这也是我在中国第一次见到的两轮车，而后介绍山东使用的两轮大车。

毗邻长江的地区，一到夏季湖水就会暴涨，有时会涨到30英尺，而到冬季水位又回落。在敞露的广阔湖滩上，芦苇似的湿地植物生长繁茂，长得高的收割了当柴草烧，矮的用锄头连泥带草一同锄掉，用来给田里施肥，保护种在湖边的烟草苗，以防腊月里夜间霜冻。

图486中的大车在运芦苇，图中干活的人尽管身上围着裙子，但都是男性。

大车唤起了我脑海中欧洲中世纪的情景，使我想起德国历史学家古斯塔夫·弗莱塔克（Gustav Freytag）的一段描述：约在1200年，大车很少见，阿尔萨斯人用的车没有任何铁制零件。有铁零件的车是后来从斯瓦比亚传到阿尔萨斯的。中国的这些木制大车无疑也构成古车发展史上的一环。传说中国的黄帝发明了车，确实，在中国最古老的符号中有车的象形字。根据翟理斯[1]的记载，公元前20世纪，黄帝的后裔奚仲擅长造车，曾在大禹手下担任“车正”，并且最先将马作为畜力来拉车。公元前7世纪的政治家和第一个统计学家管仲，注意到在众多的工具中，车对农民的必要性。《诗经》中有诗歌描述了周王朝和匈奴在公元前827年的一场战斗，当时的人提到，装备精致的战车能很好地保持前后平衡。古斯塔夫·弗莱塔克后文的描述非常符合中

[1]《古今姓氏族谱》（*A Chinese Biographical Dictionary*），伦敦和上海，1898年，第269页。

图486
在鄱阳湖使用的运草车

图487
在鄱阳湖使用的运草车
（1925年）

国的大车，因为中国大车的车身恰能保证一轴两轮的平衡。

图487中是另一个鄱阳湖大车，用于把远处沼泽地的草运到船上。从这些车的外型来看，它们似乎是所有两轮车的原型。其车轮直径约5英尺，由木钉、两段榫接的横木将几块硬实的木板连接在一起。轮子中间部位的木板要整得厚一些，形如一块隆

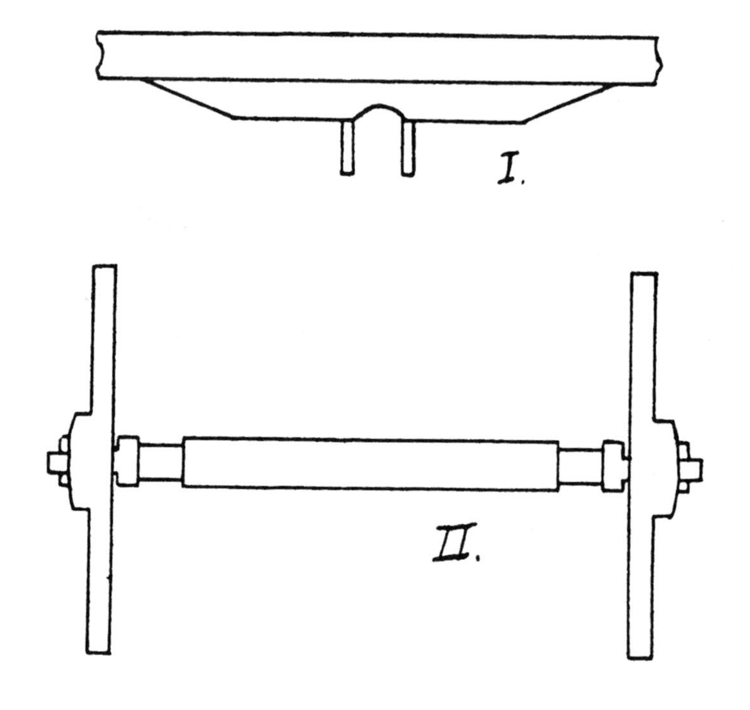

图488　鄱阳湖运草车的轮轴支座示意图

包，以构成支撑轴的轮毂。轮轴用粗糙的横木制成，横木两端都做成方头，以便与车轮的方形插口榫接。轮轴延伸出来的部位用木栓卡住。大车的平板安在轮轴上，这样，轮轴就能随轮子自由地转动。轮轴牢靠地固定在车轮上，只有车轮转动时才会随着转动。

图中清楚地显示了原始的车轮，它已用一些铁片修补，而最初的大车是没有任何铁零件的。车轭搁在水牛的颈上，另一头系在车把的末端。车把与本来的车辕用横木绑紧从而被延长，看上去就像早先的人力车一样。[1]在这个地区没有使用骡子做畜力。车轮直径约5英尺。照片摄自江西的鄱阳湖。

[1] J. H. 格雷：《中国》，伦敦，1878年，第2卷，第177页。“有轮大车通过大禹——夏王朝的建立者——第一次传入。早期的大车，似乎是不用马来拉，而是用人力。他们是贵族皇权的财富象征。皇帝龙辇出行需要固定的20个人来拉。”

图489　客货两用的山东大车

图488中的I是大车平板下面的支座。大车平板由两条长约15英尺的平行车辕构成，车辕在前端与系在其上的轭连接。车辕间有足够的空间供牲畜拉车，离牲畜远的车辕末端，用横木连起来，顺着车辕在上面安木板，构成大车的车身。车身下的每道车辕都有一截加固横木，用两个平行的木销钉住，这些销钉向下延伸约6英寸（见图488中的I），安装在支座上面，而支座仅是围绕车轴的一个空间，如II图所示。

图489是在中国北方使用的典型大车，挽具已卸下，照片摄自一个农家院里。大车车辕用一根木棍支着，以保持大车直立。直径约4英尺的车轮，尽是一些沉重的构件，如毂、辐条、轮辋和铁箍。车轮的整个轮辋分三段，由加固铁板拼接而成，侧面钉有大头钉，以防磨损。大车的照片是在山东潍县[1]拍摄的。大车的车轴不会像鄱

[1] 今山东潍坊。——译注

图490　山东的客运大车

阳湖的运草车（见图486和图487）那样随车轮转动，而是同欧洲的大车一样，车轮在轮轴上转。大车粗糙的方形车轴被两排销钉固定，销钉平行，隔几英寸一个，从车辕下部向下突出。这些销钉安在车轴侧面的切槽内，用这种方法，车轴就被固定住，而不会发生转动。车毂直径约10英寸，用两个铁箍加固，辐条榫接在毂和轮辋上。车身由较轻的框架构成，上面覆有白色或蓝色的棉布，若再加一层油布或者油纸，便能遮挡雨水。车身侧边开了黑纱窗，现在有的甚至用了玻璃窗。大车靠车辕的后面，可以放行李，乘客可以在车板上铺床。在车厢里久坐很受罪，要么平伸腿，要么盘腿，总而言之对外国人都是很不舒服的姿势，难以适应。当然，大车也没有弹性装置，走在坑坑洼洼的路上，摇摇晃晃，感觉就像骰子盒里晃动的骰子，你会觉得每颗牙都被震松了。掌车人一般坐在前车辕与车厢接合的敞处，两脚垂着晃悠。

图490中的是另一个山东大车，车前有戴着马具的骡子。山东的牵引畜力通常用骡子。中国的皮革马具和美国的马具有所不同，它包括脖围、鞍子、尻带，某些情况

下还有缰绳，肚带则往往是一截绳子。车的两个辕端与鞍子连接在一起，以保持整个车的平衡。由于大车没有刹车，下坡时就不得不用尻带来控制载荷。车后部的货箱装载要适当，不能破坏车的平衡，否则骡子就要被翘得四蹄离地。图490中掌车人的座位即铺在车辕上的垫子。车下挂着一个装植物油的竹筒，以给轮轴轴承加些润滑油。轮轴的末端——车轮绕着转动的部位，用铁箍套护，铁箍与铁轴承接触。铁制的车辖用于挡住车轮使其不致脱轴。这张照片是在山东潍县拍摄的。

上图中的两辆大车都是客货两用车，专门运货的大车没有顶盖。中国的这种两轮大车可追溯到两千年以前，而今随着道路的改善和机动车的使用，大车逐渐退出历史舞台。

挽具

中国的挽具有各式各样的小配件，这里主要谈一下马镫。

西方第一次记载马镫的书籍，为6世纪的伪托罗马皇帝莫里斯（Mauricius）之名问世的《战略法》，当时把马镫称为一种军事技术。在中国，马镫的历史要悠久得多。B. 劳佛（B. Laufer）[1]注意到在汉代的画像石中就有了马镫，F. 赫斯（F. Hirth）[2]发现在477年的中国文献中记载有马镫。那时的马镫式样是一个金属环，用一个皮革带绑在马鞍上。如今典型的中国马镫的式样如图491所示。图中左边的一对镫子是铸铁的，右边的一个镫子是黄铜的。铸铁的那对镫子高约6.5英寸，搁脚部位呈椭圆形，一轴长5英寸，另一轴长5.5英寸。黄铜镫子高5.25英寸，其椭圆形的两轴分别长3英寸和4英寸。在安徽的巢县附近，我曾注意到驴身上拴的很原始的镫子，由一块木头做成，长约6英寸，宽1.5英寸，厚0.5英寸，每端用一段绳子系住再绑在鞍上。图491是在江西建昌拍摄的。

马镫似乎起源于中亚地区，并从此地传播到东西方。4世纪至5世纪，随着亚洲游牧部落的入侵，马镫被带到了欧洲。然而，欧洲出土的最早属于那时期的马镫，在样式和装饰上都很先进，这表明先前在某个地区马镫有过一段长期的发展。

在可知为公元前850年铸造的撒缦以色（Shalmanesar）门上的青铜浮雕中，表现了“苦于骑马乏术的国王，在矫正骑姿，用拴在马垫子上的大马镫——这并非我们所知的东方骑士的时尚——曲起膝盖骑马，不用马鞍”[3]。

图492中的马梳，得自江西的建昌，今存于莫瑟博物馆。熟铁制的半圆形环，每一侧都有开口，如同钝的锯齿。半圆环的末端装有木柄，修饰有切槽，不仅起到装饰效果，同时也容易让人握紧。

[1] B. 劳佛：《中国汉代的陶器》，莱顿，1909年。
[2] F. 赫斯：《柏林人类学协会记事》，1890年。
[3] 欧姆斯特德（Olmstead）：《亚述的历史》，纽约，1923年。

中国显然是没有马刺（靴刺）的。我从未见过，甚至汉语中也没有类似马刺的词。据土耳其人和一些中亚部落称，他们的马镫是有锋利的棱角的，可以很好地替代马刺，而这些是不可能被借鉴于中国马镫的，因为中国马镫是圆形的，没有尖锐的棱角。

图491
马镫

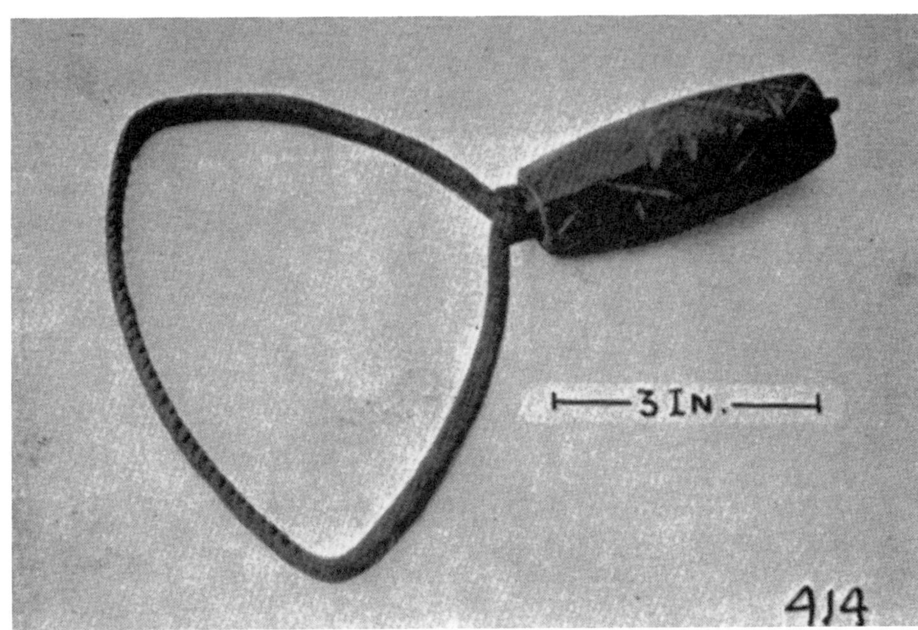

图492
中国马梳

水路

在中国早期的文献中，我们可以找到有关水道航运技术改进的史料。据传说，统治者舜和大禹曾疏浚河道，以泄洪水于江河大海。

也有更为确切的汉代文献记载，一位名叫史禄的工程师，领导施工，穿越广东的多山地区，开凿了一条有36个水门，长60里的渠道。[1]后来，人们首次尝试用运河将两大水系联系起来。富有精力的隋炀帝建成一条长达5000英里的大运河系统。这条大运河连接黄河、长江水系，并在当时得到了完善，它有40步宽，用坚固的石块砌成护岸。

今天，当你在这个国家旅行时，上千年的水路运输遗迹仍随处可见。例如，纵横交错的河道网延伸到浙江省宁波和奉化的低洼地区，令人奇怪的是，当地的船工如何找到他们穿出“迷宫”的路？运河上横跨有高拱桥，为便利船只通行特别是夜航，桥墩被涂成白色，当船工夜里行船接近桥梁时，他会先找这些涂白的桥墩，从而将船安全地驶过狭窄的通道。有时候，船运遇到水位差（如分水岭），人们就在河流发源处建立转运机制，以与山那边的河流相接。

有些情况下，人们可以弄清楚干涸和淤塞的运河航道。查阅地图，通常会发现一些废弃的、被遗忘的运河故道，它们曾一度很好地连接了当时重要的水系，大大缩短了那些弯曲水道间的航距。最为奇怪的是，平地之中，你会突然看到一座漂亮的拱桥，周围都是农田，没有路可以走近——运河湮没不在，而石桥丰韵犹存。

一次，我们乘船在浙江省的一条内河航道上行驶，最后来到这条河道的尽头，穿过闸口，进入甬江。每当涨潮时，潮水会灌入江里相当长的距离，过去遇到这种情况就不得不等到退潮，因为我们的船靠人划，不能逆大潮流而行。而今闸口——仅是一

[1] 作者所述实为秦代所建的灵渠，它位于广西兴安，长约30里，宽约5米。灵渠穿越五岭，连接湘水和漓水，沟通了长江和珠江两大水系。灵渠初建有无水闸缺乏确切记载，所谓“36个水门，长60里的渠道”，为宋代在先前基础上的改建。——译注

个泥土坡道，一种非常简单的建造——就可以保证内河水道的水位恒定。河道以合适的角度与江连接，并筑有约10英尺宽的水坝。在最狭窄处，泥土筑高成闸口，插入闸板。如果一艘船要通行，闸板就被提开，绳子拴紧在船两边，且绳子绕在闸口两边的绞车上，管闸的人转动绞车来拉船。我们的船就这样被拉上泥坡滑道，斜着向前，慢慢地滑下进入甬江，之后拉船的绳子便解掉了。

造船

中国的历史学家推测船的起源说，古人观察到落叶漂浮于水面而受启发，从而造出了船。夏朝的大禹，负责防洪排涝，为此造出了第一只独木舟，并逐渐增加了舵、竹篷、石锚、桅杆和帆等设施。船的起源另一种说法是，出于打鱼的需要，从而促成用柏木、柳木或松木来造船。

在中国，造船似乎是一项独立发展的行业。人们具备了专门的条件，因地制宜取材建造所需的船。随地区条件的不同，我们看到各地船只的无数细小差异：有平底船，适于浅水，其中一些船的船头船尾翘得很高，遭遇旋涡暗流时，可减少骤然的危险；有的船则做成尖头狭尾。江船上，通常只有一根桅杆，帆绳挂在桅杆顶，升帆由专人负责。还有乌篷船，从一头可穿到另一头，不过，得弓着身子才能过去，因为篷的高度只能让人坐着。另有半圆形篷的船，两侧留有窄道，人沿着船边可通行。这是因为向上游行船撑竿得前后走动，堤岸陡峭不可能由人拉纤。

在中国南方地区，有适于造船的充足木材，因此南方常能建造出最好的船。造船总要用厚木料，有些部位要全用樟木，以防虫蛀和其他有害的影响。船的龙骨等部位用硬木做，隔板等部位用软木做。船帮用的厚木头里侧取平，向外着水的部分不用刀斧加工，保留原木状态。

中国的船有时用桨，一人划两只桨，桨手面向船头，划船时要借全身的重量使劲。船帮沿上有小桩，上面拴着皮带环，桨挂在皮带环里。用这种方式，有利于桨手把握方向，而无须看航向。在浙江宁波地区，流行一种脚蹬船，船小速度快，运客方便。行进时船家坐在船尾，用脚蹬桨轮，闲适地操着木桨当舵，木桨夹在胳膊下，伸到他身后船尾的水中，船家不时地抽抽烟袋，吐个烟圈。

在桅杆顶通常有一块三角形条布做风向标，这对船家操纵帆来说必不可少。在中国南方，帆大多用竹席做成，而在中部和北方，多用大幅的棉布做成。有绳索穿过滑轮，用来升帆，有时用猪血和油混合对绳索做防水处理。船体的接缝都要被填实，涂上桐油，之后再上漆。上漆不用刷子，漆工拿一团废旧的绸子或棉布，蘸着漆在木头上涂，他们全不在乎满手的油污。

图493是在青岛拍摄的，是一艘中国近海水域的平底帆船的船尾。这种船舵很大，可见它直立的舵柱，人们通过横安在船尾顶处绞车上的卷绳轴，可以把舵提起或降低。为方便装卸货，舵把已从舵柱上卸掉。船中两块要落地的木板被拖了出来，从船尾伸出悬空，要从地上到船尾甲板搭成一个斜面，以便干苦力的人踩着它从绞车下上船装卸货物。

中国船只的特点表现在船身上。船身两边不用平滑的木头，朝外是不加刀斧砍削的原木状，以此来减缓碰撞——辽阔的大海上当然很少发生碰撞，在内河和集市码头，船只云集，磕磕碰碰却时有发生。从图493和图498中可以相当清楚地看到这些粗糙原木的表面。

在图494中，能看到完整的船身，侧放着以待填补接缝。还可以清楚地看见船的

图493　山东近海水域的平底帆船

图494
江西的江船

图495
船场景观

水密舱，这一防水特征早为马可波罗所注意，近来也被引入西方造船技术中。在船的左后方，能看到另外一艘在建的船：搁在支架上的船底板，以一定间距放置的水密舱板（或称为船舱隔板）。

在图495中，可看到两艘在建的船，远一些的那艘船，船身近乎完工；前面的这艘船，有待将按间距放置的隔板（在图中可见）和船身钉在一起。两船的船尾都在图左边，当竣工时，它们会被向右（即船头方向）推进河里。

中国造船技术的杰出成就之一是设置水密舱。如果船触礁石造成漏洞，或遇上其他洪灾冲击，由于水密舱的作用，一个舱漏水并不会危及整条船。在图494中很容易看到被木板分成的一个个水密舱，内部的空间可用来存放货物。这些分隔单元上面的顶板——船舱的盖板，由木板搭盖成甲板，上面再做木拱架搭起棚席，乘客在内可免日晒雨淋。图494、图495和图496是江西省抚州一个船场的造船场面。

图496为一个船尾近景，该船与图495中远处的船是同一艘，不过是取了另一侧拍照。照相机取镜器使位于高处摇晃的船尾定格，也标志着一个开始：装备好舵，船

图496
船场景观

图497　摇橹行进的小船

竣工下水。左边的棚用席子盖着，席子与那些用作小船顶棚的材料相似。

图497拍摄的是青岛的一个港口，那里进出的都是帆船。小船上是两个日本人，其中一个在摇橹。在中国，除去用帆和拉纤行船，摇橹是最为常见的一种行船方式。这种“桨”中国人叫作“橹”。小些的船，橹安在船尾，既划水驱动，又掌管方向，如图497中的小船。橹上部有一个把手，与橹杆形成钝角。橹看起来像是架在船帮沿上，其实那里装了一个球头形铁件，这个球头恰好插入橹上对应开的孔窝里，因而就构成一个多少像球关节的东西，围着它，橹从一边摆向另一边。用这样的枢轴装置，橹既容易滑动又安全。在橹的手握尽端拴有绳子，直直引下来固定在摇橹者所站的地方。

摇橹没有看上去那么简单，只有经过一定的实践，才能把握好摇橹所需扭动的力度。每摇一次橹，都要使橹的扁平部分击水，因此，橹除了要从一边划向另一边外，还需要一个较小的把手——以一定角度安在主把手上——来辅助完成摇橹的动作。辅助小把手是山东船的特征，在中国中部地区我没有见过。摇橹者总是站在橹的一侧，

图498　山东沿海的帆船

如图497所示。较小的帆船在静水中也用橹来划行，橹的运动，从船尾的一边摆向另一边。有时候也用两只或几只桨在船中间划，这种情况下，船沿上就装有球头形的铁件，桨被挂在上面，位置可与船平行，以使它划水时能自由地往复运动。

图498为我们提供了一个更近的视角来观察牢靠的舵，可知通过转动绞车的大轴可使舵提升或降低。绞车水平地横过船尾端的最高处，通过插在绞车轴上洞孔的杠杆来转动。直立的舵柱上端有洞孔，用于安装舵把。从船尾伸出的那只长橹或长桨，用以在静水中划行，或者进港受阻不能利用风时划船前进。照片摄于青岛的帆船港。

在中国南方，使用的舵另有特征，在舵板上打了一些透水孔[1]，以减少转动时的水阻力，使操舵更灵便。

[1] 中国叫作“开孔舵”。——译注

图499　出远海的渔船

图499中的两桅船，低船尾，油过漆，舵伸出船尾一大截，是一种出远海的帆船。渔网被挂在桅杆间晾晒。照片摄自青岛的帆船港口。

在图500中，我们可从一侧看到运货的帆船，它们在近海航行，从一个港到另一个港。做船帆花钱不少，帆对船的重要性自不待言，故不用帆时，要把它落下，盖好保护。

这些帆船有一个显著特征：船头上都画了眼睛——这在中国人的信念里绝不可少，眼睛表征着船行时能看清方向。图500摄自青岛的帆船港口。另外有趣的是，中国的帆船都没有起名字。

在图的右边，我们能看到船头上画的眼睛，每边一个。如上所述，中国人对它的解释是，如果船没有眼睛，航行就不认方向。我曾经听一个传教士（他专门研究过中国船的使用寿命）说过，沿着中国的海岸——凡是中世纪有阿拉伯人来经商贸易的地

图500 出远海的货船

方——都能发现船装饰有眼睛的习俗。他话里有话，意思是船上装饰眼睛的习俗起源于近东。收藏于慕尼黑博物馆的一个希腊雅典的花瓶（约公元前400年），上面描绘了卡戎的船正将死者的灵魂渡过冥河[1]运往地狱，从中清楚可见这个船上画有一只眼睛。在不列颠博物馆收藏的一枚罗马帝国时期的硬币上，也同样可看到船头画了一只眼睛。因而很清楚，古代地中海地区流行在船体上画眼睛。

在中国，造船主要是木匠的工作。因而，造船用的工具与建筑的木匠工具大多相同。这里，我们仅对一些有明显特征的工具做些介绍。图501所示，是船匠用的一个皮带钻，其原理与图366中的弓钻相似，操作时需要2~3人。图中有一个人没显露，

[1] 希腊神话中围绕地狱的河。——译注

图501　船匠的皮带钻，由两人操作

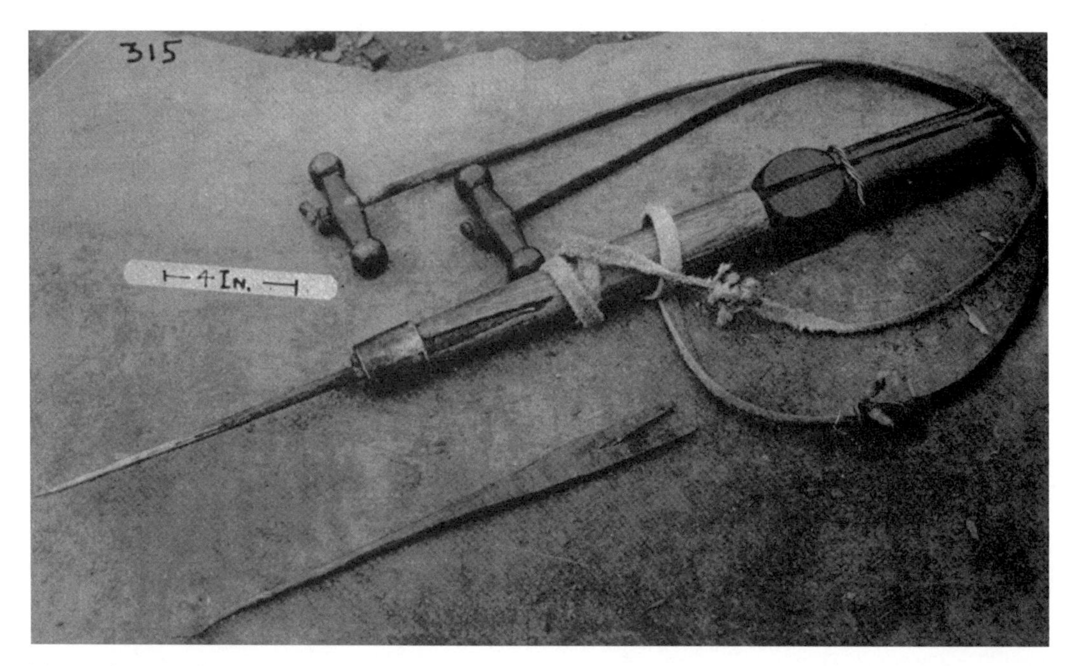

图502　船匠的皮带钻

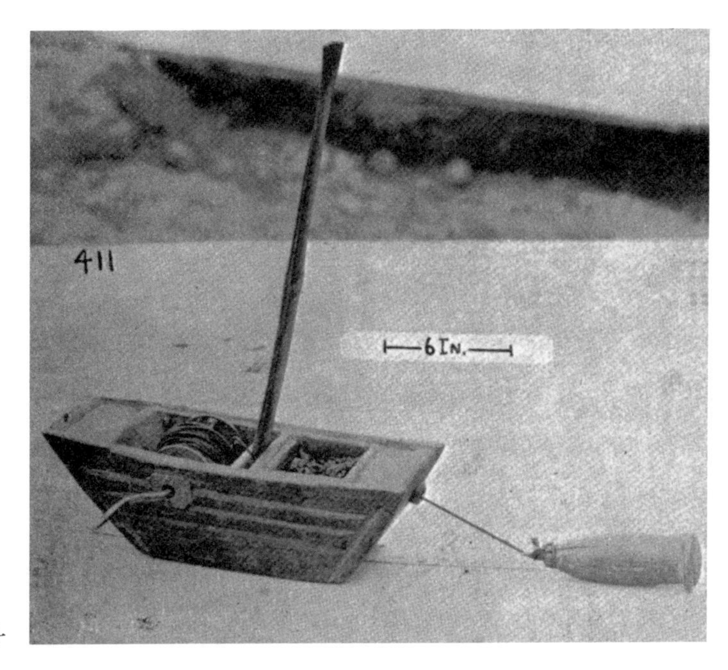

图503
船匠的墨斗

他负责掌钻——确切地说是把住钻杆上端支撑旋转的部位，另外一人或两人一起用力拉皮带。若只有一个人拉皮带，就如图501中的样子。当然，拉皮带之外，还得有一个人掌钻，并向下施压力。这里为拍照片，实际上我们不能要求工匠用这种姿势来工作。

图502是皮带钻的细部写照。据图可知，钻头在末端分岔，插进钻杆的狭槽，外套一个铁箍，被紧紧固定住。皮带钻的把手能在钻杆上自由旋转。照片摄于江西省抚州。

R. 福勒先生（R. Forrer）拍有一张照片，是4世纪一位基督徒棺材匠的墓志铭，在他的碑文上，描绘了当时的工匠正在用一种钻装饰石棺的情形。[1]而这种造石棺的工艺模式与上述中国工匠使用钻的方式相似，即一个人掌钻，其他人一起拉皮带，带动钻旋转。

还得强调一下，船匠和一般木匠没有什么共通之处，船匠用来画线标记的墨斗（见图503）是专做的，像艘船的样子，这对他们非常适用。这种墨斗比起图372中

[1] R. 福勒：《实用小百科》，柏林，1907年。

的墨斗要紧凑得多。墨斗分成两部分，一个装墨线，另一个当墨盒。墨盒里填满废绸子或布团，蘸饱了墨汁，线绳穿过就会带上墨，从而成为墨线。刷子也是常备物件，刷子和角尺或直尺一起用，以画短线。墨线的头上是一个小木栓（用锤子敲进木头里去），以把墨线拴住。施工打墨线时，木匠把墨斗拿在手里，定住画线的起点，而后向前挪步，墨斗的麻线或丝绳随即被拉出来。之后把墨线绷紧，中间提起，松手砰地一弹，就会打出墨线。其后，摇动墨斗上的转把（绕线轴延长弯成），线绳就被收回墨斗中，下次再用。这张照片是在江西抚州拍摄的。

造船填缝

填缝是造船的一个重要环节。从简单的独木舟，到用厚木板制成的甲板船，填缝是被人们发现的可用来防止船板连接处渗水的唯一方法。

在东亚西部，人们使用沥青来解决填缝问题，这在古巴比伦的北部和《圣经》中的乌尔等地都能得到见证。欧洲人也使用沥青填缝，这很有可能源于东亚地区。“填缝”一词，在德语中为“Kalfatern”（法语为“calfater”，意大利语为“calafatare”），语源为阿拉伯语，被意大利人引入西方语言体系中来。古德语中的“沥青”一词是“Judenpech”（意为“犹太人的沥青”），也同样表明该词源于东方。

中国很早以前就有了专业船匠，因此船匠们很通晓船的填缝工艺。他们通常用桐油（从一种常见的中国树种子榨出的油）和石灰混合在一起，在一个石头研钵中搅拌成油灰，以用作填缝材料。在一些沿海省份，人们也使用其他材料来填缝，如从婆罗洲和新加坡进口的达马树脂、橡胶树脂、榄香树脂以及取自乌榄的树脂。

在图504中，我们可以看到填缝的必备工具，这张照片拍摄于安徽省当涂县。填缝工具放在船的一侧，该船已被翘起待修，以填补漏水的船板接缝。首先来看图中那把方头、钝凿刃的锤子。尽管我们知道锤子头部的狭缝通常用来拔钉子，但很明显，这把锤子的狭槽和孔隙没有用处。一般的锤子是扁平的，没有狭缝和孔隙，如图505中的锤子。在图504中还可见填缝用的两把凿，用于将废麻絮塞入接缝中，其中一把钝尖儿较窄，另一把较宽。废麻絮，或旧纤维、涂焦油散绞的麻绳，在西方同样也是填缝用的材料。当中国渔民修理船只时，他们会把废旧渔网，锤软后割成条，用来填塞接缝。最后，在接缝内涂抹上油灰。从图504中可以看到油灰摊在类似调色板的木板上，一把木柄刮铲从油灰中伸出来。再配上一把短而粗硬的自制扫帚，用于清扫接缝，这就是整套填缝工具。图505中的工具是更典型的锤和凿，拍摄于江西抚州。

在中国南方，船壳通常是用樟木来做。樟树在中国并非大量种植，因而造船时最经济的方式就是合理地利用材料，即使躯干有缺陷的樟树，外轮廓有时显现不规则或

图504　中国船匠的填缝工具

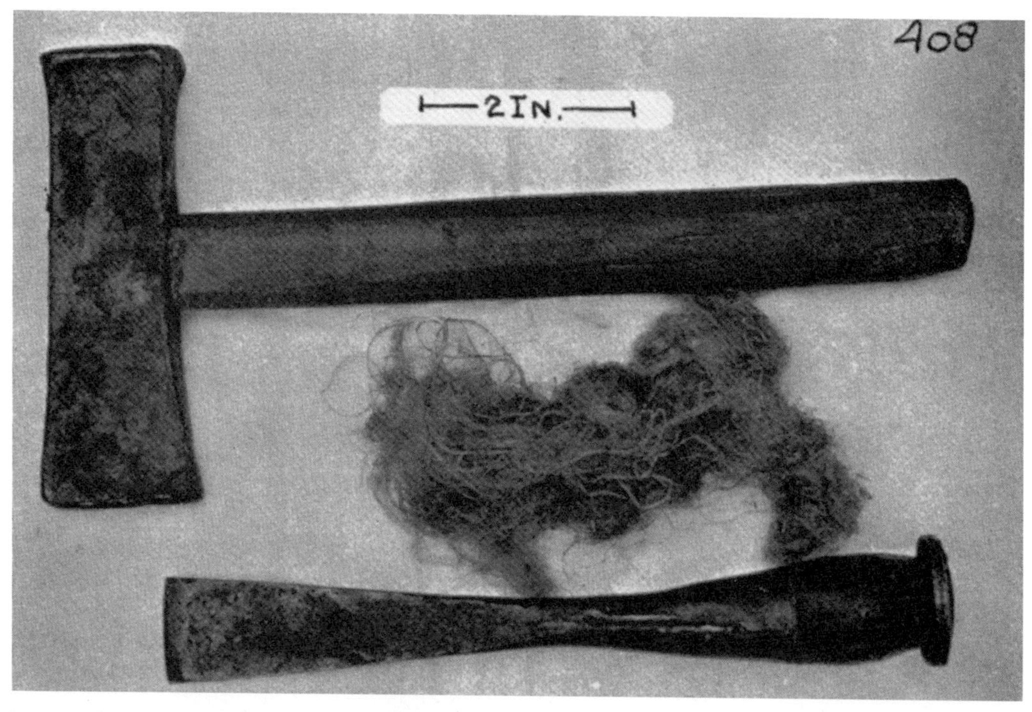

图505　中国船匠的填缝工具，锤子、填絮和凿

古怪的形状，也可以将其锯成木板使用。

中国的船匠吃苦耐劳，他们将木板非常精巧地拼合在一起，不时地楔入一些切削的木片，来填补船底或船帮上有缺陷的部位，这些木片被称作楔子或木塞。总的来说，填缝船匠的任务是非常重的。

英语中油灰的原始意思（源于古法语“potee”，意为“煅烧的锡”）是“抛光的粉末”或者“煅烧的锡”。人们使用今天所说的“油灰”在窗格子上装玻璃，很可能是不早于18世纪的事，证实这一说法会是很有趣的。装玻璃用的油灰成分是亚麻籽油、白垩粉（沉淀白垩）以及锡、黑铅或锌的氧化物，也有些油灰用类似的风化石灰代替白垩粉。这种油质封泥早在古代就已被木匠们在抛光、上釉或刷漆之前来填塞木材的缝隙，无疑，他们也应该发明了使用油灰安装玻璃的方法，这种方法曾一度流传，直到后来有了适宜的名称来替代。

船锚

图506是一个典型的中国船锚，大约4英尺高，完全由锻铁制成。锚柄的末端有一个碗状的圆头，将几只锚臂（或锚爪）焊接于此。锚柄的另一端是一个圆环孔，用来拴住锚链。中国几乎所有的铁链条都无一例外地连接在船锚上，这是个值得注意的特征，因为直到19世纪初，西方才开始普遍使用锚链，并从那时起链条逐渐取代了船

图506
船锚

缆索。实际的船锚有的比图中的更大，当然也有小的，这些制作为中国的匠人增添了荣耀。照片中的船锚拍摄于江西省樟树。

马可波罗曾提到，在定期往返于中国港口和马来群岛间的中国南方商船上，采用了木制的船锚。冯秉正[1]在他的《中国通史》（巴黎，1783）中提到，用铁件和木头制成的船锚深受中国人的欢迎，因为铁制品可以承受更大的应力。我从未在中国见过木锚，但却能不时见到石锚。石锚看上去像磨盘，即一块粗糙圆形的石头，在中心孔内插一根木棒，木棒头上拴着绳子。渡船有时使用石锚——人们把石锚置于岸边，连着绳子拴住船，以防止船漂走。

[1] 冯秉正（Joseph Francois Marie Anne de Moyriac de Mailla，1669—1748），法国传教士，他据《通鉴纲目》等书在北京写成《中国通史》，1777年至1783年间陆续在巴黎印刷出版。——译注

船用罗盘

在中国早期的文献中，一再出现关于指南车的故事记述。据记载，从印度和叙利亚海路来的使团，在中国的一个港口上岸，然后经陆路到达当时的帝国宫廷所在地陕西西安。为了给回程指引方向，他们从周公（约卒于公元前1105年）那里领取了五辆带有指南装置的木车，这也是他们得到的众多礼物之一。然而这个故事在历史学家看来仅仅是早期人们使用指南装置的一个传说，直到中国战国时期的韩非子（卒于公元前233年），在其留存的著作中，我们才发现关于指南装置的明确记载。韩非子提到，先前的君王构思出用“司南”来确定晨夕的位置[1]。进一步，公元前4世纪的哲学家鬼谷子，记述了当时人们使用指南车把采自远方的玉石运到开封[2]。在书的另一处，鬼谷子还提到“天然磁石吸引针”装置。因此在10世纪的百科全书中[3]，关于周公设计指南车来指引携带贡品的使团回国的故事，鬼谷子被引证为该故事的讲述者。这些关于发明指南装置的记述如此久远，以至于我们不能轻易忽视故事本身。中国人对如何制造指南装置已经有了明确的概念，并且在一幅玉石的图画中（有几份临摹作品）描绘了指南装置——一个人站在车上，向外伸出手，指向拉车马匹行进方向，随方向改变左右转动。我们要假定这幅画是通过利用天然磁石指南的特性来体现其寓意的。从11世纪起，我们就可以找到更确切的证据，即便当时磁针用于航船中指引方向尚未得到证实，但它已经是风水先生（占卜者）手中持有的荣耀工具。占卜者借助指南针，经过一番斟酌推算，就可以帮助他人确定墓地、房屋、庙宇等的适宜位置，并且能与他们自身的哲学、占星术和年表学等数据相关联。当然，占卜的负面效应是风水先生忽视了风水对人们的影响，而人们偏偏对此深信不疑，因而人们最终

---

[1] 原见《韩非子·有度》：“故先王立司南，以正朝夕。”——译注

[2] 原见《鬼谷子·谋篇第十》：“故郑人之取玉也，载司南之车，为其不惑也。”——译注

[3] 此指成书于宋仁宗时代的《武经总要》，该书规模宏大，故有古代“军事百科全书”之称。——译注

成为占卜者的牺牲品。对我们专门的调查研究而言，能发现指南针如何被人们灵活地使用是很有趣的。据1115年的文献记载[1]，如果用天然磁石来摩擦针，摩擦后的磁针会指向南方，但总是稍稍向东偏离，并非指向正南。为了制作这样一个验证装置，得从新丝絮中选出单根蚕丝，以些许蜡粘在针的中心位置，并将针悬在无风之处，这样针就总是指向南方。如果用一根灯芯（即灯芯草的茎髓）粘住针，针便能漂浮在水上，此时它也会指向南方，但略有一些偏离。[2]

关于磁偏角现象，中国的沈括已在1068年的著作中明确提出。欧洲最早提到磁偏角现象则是在1269年，由皮埃尔·德·马里古特提出，比中国晚了近两个世纪。

据目前所知，航海最早应用罗盘是在12世纪。在1122年，一位中国使节带领随员，分乘8艘船，到达朝鲜。在使节的日记中记载了罗盘的使用，通过漂浮在水面的针来确定正确的航向。[3]

在欧洲，关于罗盘记载的最早文献，见于英国学者亚历山大·内克姆（Alexander Neckam）12世纪后半叶的著作，他在书中描述了一个装在枢轴上的针，这是船只装备的必要部分。从法国诗人古约（Guyot）——以“La Bible de Provins”闻名——写于1205年左右的讽刺诗中，我们也能了解到中国使用罗盘的方式：海员先在一块粗陋的石头上摩擦针，这样针可以指向北极星，他们再把能指向的针插进一根稻草中，将其漂浮在水面上，因此海员就可以知道正确的航向。[4]

仅仅基于上述引述的实例来说明谁最先发明了罗盘，还是很困难的。我们确信，中国人早于其他人之前就有了这种想法。而有枢轴的针的最早记载出现于欧洲，中国关于枢轴针的玉石绘画似乎是后来的概念。据中国文献记载，在16世纪，他们通过模仿一个在中国海岸俘获的日本船只的罗盘，改进了自己的罗盘。从那时起中国开始使用针围绕枢轴转动的旱罗盘。而日本人是从葡萄牙人那里学会制造罗盘的。[5]

图507是一个日本罗盘，今在长崎一带出海的渔船上仍有使用。罗盘盘面被12个

---

[1] 此处文献指北宋沈括的《梦溪笔谈》。

[2] 此处引证及前面的中国文献记载均引自《中国古代历史》，夏德（F. Hirth），纽约，1908年。

[3]《北京东方社会学报》（*Journal of Peking Oriental Society*），Ⅱ，151。

[4] 罗伯特·钱伯斯：《岁月之书》（*The Book of Days*），1864年。

[5]《北京东方社会学报》，Ⅱ，152。

图507
船用罗盘

汉字划分为24个部分，这与中国罗盘的盘面样式一致。这些汉字是所谓时间的标记，将一天划分成12个时辰，一个时辰相当于2小时。该罗盘是指向南方的，因此也表明它与中国人观念的密切联系。罗盘的表盘直径为4.5英寸，盒的高度为2英寸。盒由镟制的木头做成，有盖子（图中没有显示）。罗盘圆周上，在玻璃和有汉字的镶边之间，有四个孔伸到盒子里面，借此可将罗盘固定在船上的合适位置。这个罗盘的指针是铁质的，中间有一个黄铜的枢轴。

运载货物

迄今，在中国使用的最重要的运输工具是担子。即便是很小的一捆东西，不管要运送多远，劳力们宁愿在肩上挑个担子，把货物放在担子的一头，另一头压上砖头保持平衡，也不愿意把货物拿在手中。

最常见的担子是竹扁担，图508中放在地上的便是。扁担一般长约5英尺，鉴于它仅仅是一段竹管的一部分，且切下来的不足整个竹管的一半，因此扁担的显著特征就是它的强度。在加工扁担的时候，要在它的两头切出凹槽，以防系在上面的重物滑脱。当人们挑扁担时，将较平滑的一面放在肩上。这样的扁担适于挑100～120斤的组合重物。更重的货物则需要橡木制的扁平担子，它的两端钉有木钉，防止绳子滑动。一个挑夫一天能负重行走12～14小时，负重极限是150斤。如果一个挑夫不能担起60斤的货物，那就算不上合格。

还有一种扁担，如图508放在凳子上面的，经常用来挑柴草。这种担子两头装有略向下弯的铁片，用它轻松插进柴草捆中，就可以挑起担子走了。图中所示的扁担，开口朝上，挑起来使用时，弯曲的铁片朝上。这种扁担中间一段会削去一些瓤，以使担子挑起来富有弹性，因为中国的挑夫不管挑多重的货物，都要一上一下颤悠，所以担子不能太刚硬。带有钉子的担子长约5英尺10英寸。锻制的铁钉长8.25英寸，担子两头有插孔，刚好适合铁钉大小。这张照片是在江西的沙河拍摄的。

图508　担子

图509
烧炭者的柴草担示意图

另有烧炭者使用的担子，如图509所示，我在浙江省和江西省都见有人用过。这是一把有分叉的担子，约6英尺长，丫杈处还有一块板子，27英寸长。在距板子一端10英寸远处，用绳子将其系在丫杈上。板子的另一端用另一根绳子牢牢缠绕在丫杈底，防止木板从中滑脱。这样一来，约26英寸长的柴捆顺着搁在板上，就构成一个简便的肩挑式托架，这样挑起的柴捆直径粗约12英寸。烧炭要在山里劳作，所以伐炭者常要翻山越岭，才能找到适宜的木材。挑柴的人容易在肩上调整担子保持平衡，仅需用手把牢担子，这很适于在陡峭山路上负重前行。图509中是在浙江省松岙附近据我所见的工具绘的草图。

对于很重的货物，比如建筑用的石块，就得两个人用硬木担子一起肩抬。这种二人肩抬的重要特征是，两人轮流喊号子，保持不变的节奏。负载越重，喊号子的声音越大。

中国农民总是时时留意为庄稼地寻找、积攒肥料。在路上经常可以看到这样的

图510
粪筐

图511
装杂物的柳条筐

年轻人，他们的担子两头儿挂着筐篓，手上拿一把小铲子，边走边捡拾路上的牲口粪便。为拍照片，我的翻译特别做了示范，拿起挂有筐篓的担子和拾粪的小铲子（见图510）。这种形式的筐篓使用很广泛（见图120和图511），它与以前西方农民用的扬场簸箕有些类似。小铲做成心形碗状，木柄有5英寸长，这种设计可以让人捡粪时不必弯腰。

图510中的筐，使我们联想到中国劳工挖土、运土时使用的另一种类似的筐。从

图512
运劈柴的挑子

图511画的两个土筐，我们可大致获得一个对他们如何运土的印象。这种类型的筐，用柳条紧紧拧起来当拎把，在后背上还有个小把手。当劳工用锄头挖土时，他们把筐紧靠在自己跟前，一锄头下去，松动的土便随锄头倒入筐中。如果没装进去，他们就用锄头把土或石头敛进筐内，就像把松散的东西很容易扫进欧式的簸箕一样。劳工从来不用铲子，当两筐土装满后，他们就在扁担每头儿各挂一个钩子，将筐的拎把勾起来挑走。钩子有的用铁制成，但更多的是用有丫杈的木头做的。到达目的地后，劳工先将两只土筐放在地上，再把筐从扁担的钩子上松开，最后将土倒出来。即便是倒土，他们也会肩挑着担子，手抓住前面的钩子，从扁担的另一端滑动钩子，这样后背的挑筐就被抬起来，筐不再保持平衡，就能将土或其他东西倒出来。倒空两只筐后，劳工再回到刚才挖土的地方，继续用锄头挖土、装筐。干活时至少有两个人一起是正

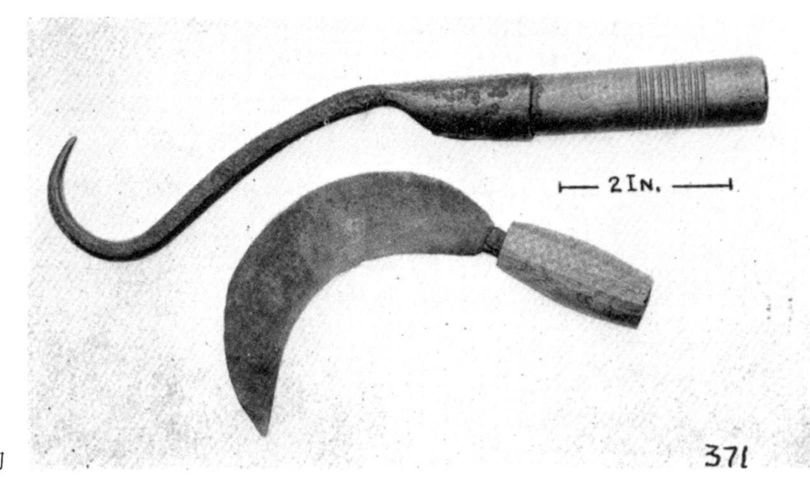

图513
打包钩和刀

常的搭配：一个人掘土、装筐，另一个人挑土运送。当然，这种情况需要有四只筐交替用，两只空筐装土，已装满的两只挑走。

图512是一种运劈柴的挑子，在中国许多地方都有使用。可挑运的劈柴约14英寸长，它们被打成捆，水平装进挑子的两个立棍之间，立棍用小横木连起，挂在挑子的两端。这种挑子长4英尺。照片中的挑子拍摄于江西省景德镇，在当地，人们用它将成千捆的木柴挑送到瓷窑。

1923年12月，我们在江西省樟树地区参观了一个药品批发货栈，该货栈以做农产品的易货贸易出名。在这个货栈里有很多药材已打包，大多数是植物的叶子、根茎、种子、树皮和干花等。在三千多种不同的药材里面，有一种是鹿角，我们对此容易感到欣然，然而却忘了我们的祖先也曾经使用过鹿角。由于“氨水”之名的提示，让我们想起古代的“氨水”就是从鹿角中炼取出来的，当时人们把这易挥发的液体也叫“鹿角”[1]。

这个货栈里成包成捆的药材或是劳工运来，或者其他地方用船运来，但大部分药材来自四川。货栈日常用的搬运、拆包工具如图513所示。先用灯芯草席把药材捆包好，再细心地缝起来。搬运时要用到打包钩，拆包时用刀割开缝合线。

[1] 西方古代从鹿角炼取碳酸铵以做嗅盐。——译注

打包钩从弯钩到把手头呈直线，整个长8.5英寸。钩子的金属部分是锻铁的，端头有个插套，用来插入木把手。木把手中间有几道平行的环槽纹，便于手握紧。从另一种意义说，粗看打包钩的形状很容易误认为是收割用的镰刀。其刀刃的最宽部位厚约1英寸。打包钩与西方码头上搬运工使用的工具很相似，原型或源自西方，尽管这种可能性很小。这是个很好的观察例证，我们有很多机会发现这些实例，同样，这也跟在世界各地的众多实例中遇到的情况一样。

液体容器

关于液体容器，这里大致做些介绍。中国酒多数是用陶坛子来储存和运输，饮用时，人们通常先在桌子上把酒加热，再倒进锡（是锡和铅的合金）壶里。在许多省份，用大篓子来装运油。

图514是一个来自山东的装油容器。这是一个用柳条编的方篓子，篓子顶部缩成颈状。篓子内铺有一层厚厚的硬纸，这层纸会被油浸透，但不会让油泄漏。在篓子颈部的外面也同样糊了纸。篓子装满油后，用纸将口封起来，或者如我在山东见到的那样，把一个陶碗扣上，碗沿与篓子口紧密相触，然后涂上一种由油和白灰调和的油泥，把它密封起来。

油篓子的形状使我们联想起所谓的小口大瓶和细颈大坛。不过，油篓子外面是用柳条包裹的。十分有趣的是，“小口大瓶”“细颈大坛”的说法，表明它们来自东亚

图514
油篓子

图515　油篓子堆

国家。“小口大瓶”一词据说源于波斯语“qarabah”（其意就是“细颈大坛”）；而“细颈大坛”一词源于“Damagan”，这是波斯一个曾经很有名的生产玻璃制品的地方。附带说一下，意大利语中的“制造瓶子”（fiasco），我们熟知的是佛罗伦萨的细颈瓶或长颈瓶——外面包裹着草编或韧皮的细瘦酒瓶。以前意大利出口的橄榄油就装在这种瓶子里。

图514中的油篓子，高约27英寸，篓子最粗的地方约29英寸，而深度只有18英寸，篓口直径为7.5英寸。这些容器装满油后是非常重的。用一个手推车可以装两只篓子，每边一只。要搬起一只篓子得要两个劳力，他们用担子一起肩抬。在满洲里中部，人们也用这种篓子装运烧酒。照片是在青岛拍摄的，和图515一样，可以看到油坊门口人行道旁摞起的油篓子堆。

从欧洲的新石器时代开始，我们见到多数原始陶器的形式为：在陶制器皿上带有双耳或圆环把手。现今一些中国的陶器仍未改变这种古老的样式。在有些地区，那里的人既没听说过釉，也得不到釉料，在此我们可以发现，那些带有双耳或圆环把手的手制陶器，其形状一如几千年前。如今陶器上的环耳和过去一样仍有用处，比如拿陶罐去泉边取水，如果用双手捧着瓦罐，麻烦又笨重，不用说水还会洒出来。但若在陶器上加了环把，就可以拴上绳子，仅用一只手提着，方便和安全多了。鉴于中国房屋多数是不平的泥地面，人们会用绳子把容器挂起来，这是值得称许的，由此我们也可以想象史前穴居人的生活状况，不平的地面会促使先民采取同样的措施。

在中国，容器上使用塞子并未得到很好的发展。看来中国人不知道，也没有采用这种精巧的方法——如意大利人所用的——在液面上倒几滴油，以防止液体与空气接触。在中国，装药的瓷器用塞子或纸卷塞紧；酒坛口先用树叶盖住，再在树叶上面涂灰泥，制成杯状的盖，以保证接缝不透气。植物学家知道中国有一种软木树——黄檗（俗称“黄柏”），人们会用它做塞子，但我还没有找到这种证据。在19世纪60年代的传教士著述中，谈到朝鲜有大量的软木树种，但他们并没有提到这些树的用途。

在许多地方，还没有外国传来的玻璃瓶，那里的人用竹筒装油。尤其是在江西，我见到很多这种情况，如图516，拍摄于江西省樟树。

在油主要用于烹饪的地区，油罐、油瓶必须放在家中的重要之处。从形状和材质上看，油罐、油瓶各式各样，但大多数有着共同的特征：材质多是木头或陶土，它们多被挂在天花板或墙上。图516为装油的竹筒，就有一段绳子从上面系着。陶罐通常带有双耳或环把，以便拴绳子。人们也常用绳子拎着油罐去店铺买油。在一些与外面接触较多的地区，有人爱捡那些外国人喝完水后扔掉的玻璃瓶，把这种玻璃瓶捡回去用来装油和酱油，他们同样要在玻璃瓶颈上系上绳子，以便于手提。

通过截取两个邻近竹节间的一段竹管，可以加工成竹筒：先把上端的竹节部分打通，并保留竹节靠上的一端竹管，将这段竹管的一部分锯掉，从而形成可以倾倒的槽口。这种竹筒上面没有塞子，因此当把它挂在墙上或吊在天花板上时，就有泄漏的危险。图516中的竹筒，高约14英寸，直径为3.25英寸。

中国老百姓购物的典型特征是，当需要时才去买生活用品和粮食，这与当地的商贸体系有关——店铺一直开张，满足了民众的日常需求。在中国不难看见，城镇街道上总是挤满匆匆的行人，佣人、劳力和跑腿的孩子，跑东跑西，买这买那。几乎在每

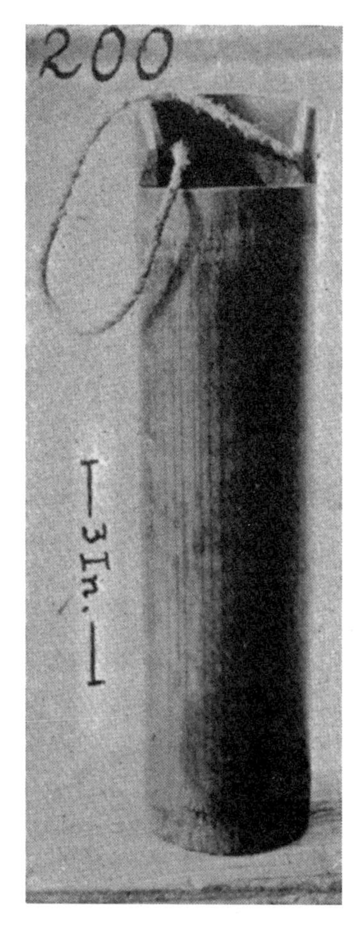

图516
装油的竹筒

个街区，总有一个热水铺。如果家里有人要洗澡，就会打发一个劳力去买两桶热水，晃晃悠悠挑回去。如果需要一壶热茶，佣人也要去街角的热水铺买。饭局中要喝酒，人们就到邻近的酒馆打酒，用锡酒壶带回来。也可以从饭馆订饭菜。以这样的方式使用陶器、锡器，还有大的木桶，作为运送的手段就是显而易见的。因而，我们要用对制陶业、锡匠行业及制桶匠行业的介绍，来结束"运输工具"这一章。

手制陶器与轮制陶器

在浙江省的不同地区看到的制陶工艺，令我感到惊讶：陶匠们不使用陶轮，从小器物到大容量的缸，都用泥条盘筑的方式。然而在江西省，我参观过一个陶器厂，在那里即便很小的陶器也要用陶轮。当然，对于大的缸之类也采用泥条盘筑，这同浙江的做法一样。那是一个冬天的早晨，我们到达德安乡下一个偏远的陶厂（距德安西30里）。当时老板不在，我们很快和工匠们近乎起来，他们很乐意回答我们的询问，也不忌讳我们拍照。当我们的工作进行到一半时，老板回来了，他对着工匠大发雷霆，怪罪他们趁他不在时放我们进来。幸好我们了解到一些信息，也拍了一些照片，然而很遗憾老板回来得过早，我们对这些工匠深感抱歉。

起初，当地人发现制陶原料——这个地区有非常多的含铁黏土，它会被烧成红棕色——其后用原始的方式挖掘，踩踏和泥，揉捏塑形，工序和前面描述的相同。工匠赤脚踩踏是能感觉到土块和石头的，这让他们可以把这些杂质拣出来。

德安乡下的这个陶厂制作的最出名的陶器是缸，有各种大小，最大的3~3.5英尺高，中国人普遍用缸来盛水或是粪便。图517中的缸可作为典型。缸体做成后，放在一个没上釉的陶土圆托上。从图中可以看到这个圆托，高11英寸，圆径13.5英寸，侧面的开孔是搬抬用的。在圆托和缸底之间是一个没上釉的圆盘，盘面凸起。在图521中可以分别看到圆托和圆盘，凳子左边是圆盘，右边是圆托。缸底是凹的，正合适搁在凸面的圆盘上。做缸的过程中，陶匠得围着它转，用一条松软的陶泥一圈圈地盘筑，直达到要求的高度。用这种方式做缸不需内模。泥胎到了合适位置，陶匠就用一把木槌拍打平泥条的连缝。拍打要用到两把木槌，同时在缸的内外壁一起拍。图518中的木槌，一把用来拍打内壁，一把用来拍打外壁。

还应提一下，据我在浙江奉化一带所见，缸是用很低质的陶土做成的——当地做陶器用的主要材料是灰陶土。缸用泥条盘筑法做成后，再用一种上好的陶土材料在内外涂刷一层。这些上好的护面材料是从外地买的，这样做比较经济。护面材料要用水调稀了才能用，非常类似后面要提到的釉，在器物外面用刷子刷，里面用一束麻纤维

图517
装水或粪便的大陶缸

（麻穗子）涂。做护面时，麻穗子在器皿的中心以绕圈的方式甩动，使麻穗子像刷子一样扫过器皿的内壁。从烧坏了的陶器碎片上，我们可以清楚地看到断面分成三层，中间一层是低质料，内外两层是好料，最外层是釉面。

图518是用来拍打陶器泥胎的木槌。图中右边长把儿的槌子是用一整块木头做的，用于拍打外壁。图中左边的槌子，其把手以一定角度插入圆形槌头，槌子的小头用于拍打。这些槌子的形状表明，有把手插入的一种适合拍打凹形表面，另一把由一整块木头做成把手的槌子，它借助自身的特点，更适合拍打凸形表面。拍打内壁的槌子取材自松木，使用时要频繁地蘸水，以防粘泥。做好缸胎后，其内表面覆盖了由槌子拍打的一连串圆环印记，这种效果是极富装饰性的，但显然它们不是工匠有意为之。

另一种由工匠刻意留下的特征是缸体上的装饰镶边，位置接近顶部的边缘。制作镶边采用带有阳文图案的槌头面，每拍打一次就留下一处印记。当然，陶匠要用一把普通的木槌在内壁对应的地方同时拍打，以避免因只拍打外壁而引起缸体破裂或变形。图519为三种印花槌，靠外面的两把是用板石做的，中间的一把是陶土烧的，没

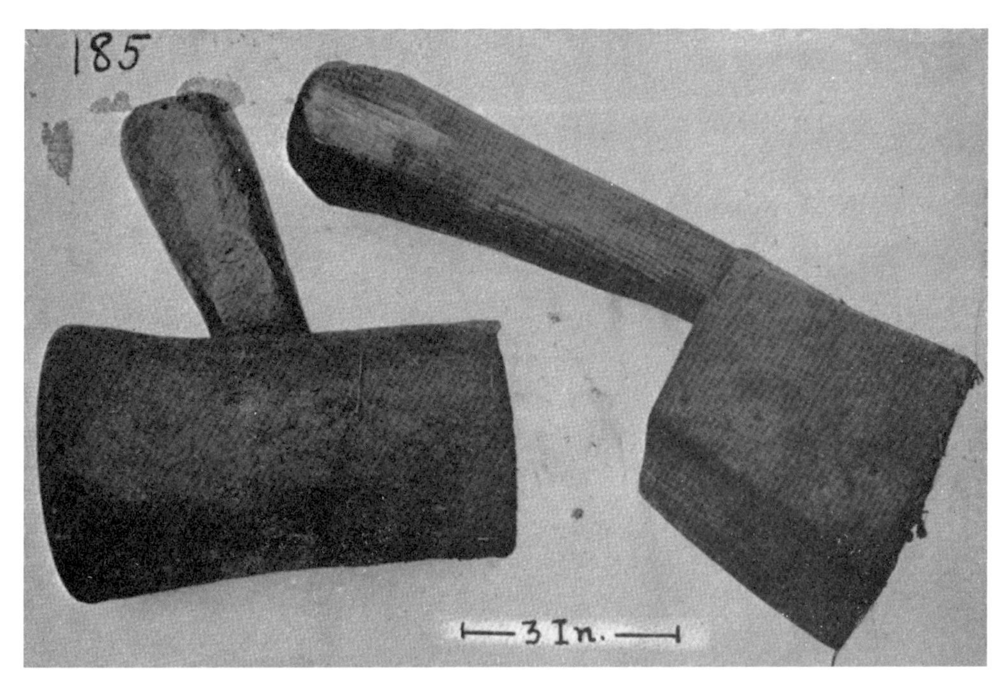

图518　用泥条盘筑法制造大件陶器时，陶匠用的拍打木槌

图519　陶匠的印花槌，用于陶器外表面装饰

有上釉。每把槌子的四个面都带有图案，面积约3平方英寸，看起来与两千年前汉代用于制造画像砖的工具类似。我们所见这些图案竟然能与几千年前的图案建立生动的联系，这可能让我们难以理解，而考虑到今天封闭社会中的人们仍在使用它们，这从总体上说明中国人是顽固保守的——毫无疑问正是这样的。

做缸的下一步，是要把缸体放在空气中晾干，而后用刷子上釉。关于釉的成分，我无从得知，但了解到釉是一种相当易流动的物质。干燥的陶胎要饱吸水分，以使釉的粉末能够很好地附着于陶胎，最终一薄层釉料均匀地覆盖在器皿表面。在器皿里上釉时，用一束麻纤维蘸着釉，拿住干的一头儿绕圈甩动，另一头儿蘸釉的接触内壁，就像用刷子在内壁表面上刷护面材料，以使釉料沉积在上面。

图520为用陶轮做小件陶器的情景。图521中是做好的系列陶器制品。很遗憾，我对陶轮的印象只能粗略地描述。那是在一个很暗的工棚里面，当我拍照时，曝光了10分钟，这时陶厂老板回来了，他的嗓门很大。翻译催促我赶快撤离，但是我想拍成

图520　做小件陶器的陶轮

这张照片。在老板的质问下，当然没有时间再拍照。陶匠坐在陶轮前面，双脚伸开，放在陶轮两侧，熟练地操作。照片中陶匠坐的地方很暗，他旁边有一个罐子，上面印了许多同心圆环，罐子上的盖子是倒扣的。从图中能看到右边靠墙的木棒，陶轮借助这个木棒来拨动，木棒较低的一端搁在轮子上。陶轮的基本组成部分是一个有辐条的实用轮子，在轮圆周上面抹了一层陶土、稻草和毛发的混合物。在靠近轮子边缘处倒扣了一个瓷杯，拨动陶轮运转时，杯子的凹底用来顶住木棒的头。陶轮要转上几分钟，才能平衡好。陶工将木棒横搁在两膝上，一旦需要，他可以很方便地拿起再次给轮子加力。这时他要站起来，俯下身，用木棒使劲儿拨轮子，要拨4～5圈。陶轮轴上固定了一个木制圆盘，上面放了一块平顶圆台形的干陶坯（当模具）。陶坯上撒了木灰，坯料就在这儿成形。随着陶轮的转动，只见陶匠双手蘸水操作，像变魔术一样，陶器形体从坯料中缓缓诞生。已做好的陶胎，要用双手托起它的底部，从陶轮上取下。在这里，用金属丝切割陶坯的方式并不实用。由于使用了木灰，工匠做的陶胎很

图521　江西德安乡下陶厂制作的陶器

容易拿起来。之后，陶工再用手做器皿的耳、把手和嘴。

图521是德安乡下陶厂做好的几件陶器。凳子下右边的陶罐上加有一圈边，形成的沟槽可以装水，并在罐子顶部倒扣一只碗，使碗的边缘浸没水中。这种方式可以使罐子很好地密封。另外，罐子里面食材发酵产生的气体，也可以溶解在水里，很容易地排放出去。用这种方法腌制酸菜，似乎只限于这个地区。凳子上左侧的没有上釉的水壶，是烧热水用的。这个水壶表面覆盖了一层煤烟，堵塞了壶面上的小空隙，从而能防止水分渗出，这是无釉陶器的通常特征。

在德安陶厂生产的缸和小件陶器，也有带着精美的五彩釉装饰的产品。制作这种产品时先在器皿外面覆盖一层淡淡的泥釉，再用刻刀在泥釉上雕刻纹饰图案，使深颜色的陶土显露出来，与黄色的泥釉形成好看的对照。在图521中可以看到一个八边形的暖壶的侧面，上面就有这种装饰。

烧制陶酒坛子，在一个长窑炉中进行。这个烧窑一直延伸到山上，长约500英尺。图522拍摄于浙江省查村，显示了这种烧窑的外貌。看上去那些茅草盖顶的棚

图522　烧制陶酒坛子的陶窑

子，就专用于烧制陶酒坛子。这里到处可见成片的棚子，在长长的茅草棚较低的一头，要保证一直烧着火；在较高的一头有一段砖墙，墙面上开有方形口，以一定间距分布，它们形成拱形隧道（烟道），这就是烧窑炉。长约400英尺的烧窑被高高的茅草顶结构覆盖，烧窑的其余部分是矮一些的瓦屋顶，如图中左边显露的部分。在烟道的外侧，大约离开烟口100英尺处是窑的开口，总共有4个，工匠经这些开口把待烧的陶器放进窑内，最后这些开口要封起来。烟道的顶部是由砖砌成的圆形拱。烟道高约8英尺，宽约10英尺。显然，把待烧的陶器放在烟道地面上时，这些陶器可以随意摆放，仅有较大体积的缸，要把它们搁置在较平坦处，以避开坑洼。在陶器下放一些方形小碎块当垫脚，以便在陶器烧成时，便于拿起来。茅草棚子里堆满了枞树枝，当烧窑时，就把树枝填入小燃烧孔内。沿着400英尺长的较低的烟道，燃烧孔以一定间距分布。烧窑时先用树枝烧12小时，使窑逐渐均匀地加热。其后12小时，要用木柴来烧，但只在窑炉较低的底部烧。之后停火，用4~7天让窑炉凉下来，具体看天气的湿度和温度。

锡匠手工艺

锡匠手工艺品在中国随处可见。锡匠制作的最常见器物是茶壶和酒壶（见图523）其他的锡器有茶叶罐，用一个紧扣的茶杯状盖子盖紧。还有各式各样用来存放香料、点心、种子等的锡器，例如用于祭拜的烛台、灯碗、枝形的大烛台、蒸馏酒用的器物（见图212和图213）等。

锡器的原料是锡和铅的合金，这两种金属在中国一些省份都能找到。锡器含铅成分多，被认为材料较次，但人们对它的危害没有认识，所以铅中毒在酒鬼中并不少见。酒鬼饮用的是蒸馏的米酒，在酿酒过程中，米浆蒸气要经过一个大锡器的冷凝表

图523
酒席上用的热酒壶

面，因此，如果锡器中铅含量太多，喝这种酒就会中毒。

在中国一些地区，特别是在山东，在一种精细的红陶罐底部，有锡做的纹饰，其图案多种多样，如花朵、叶子、藤蔓，或动物造型，如龙等，更是活灵活现。另一种有中国特色的装饰，是将部分黄铜嵌入锡器，如嵌入铜环作为附属的把手或者类似的物件，或者用在器皿外易磨损的部位予以加固，如底部、边缘、嘴边缘等。

锡装饰的工艺有多种。中国人的审美观值得称许，他们已认识到，在锡器银白色的表面上装饰的优美图案会产生奇妙的吸引力，因之我们也发现锡器上带点弯的部位通常没有修饰。这些部位要装饰也是利用模具熔铸，例如图523中酒壶的壶盖纽子和壶嘴，或可用小刀在表面刻出图案。如果先在锡器银白色的表面上挂一层深棕色的清漆，而后在上面雕刻图案，除去清漆的部位呈现银白色，也会有很好的装饰效果。

制作锡器的主体，首先是薄锡板。做薄锡板要用到陶板，其面积为13平方英寸，

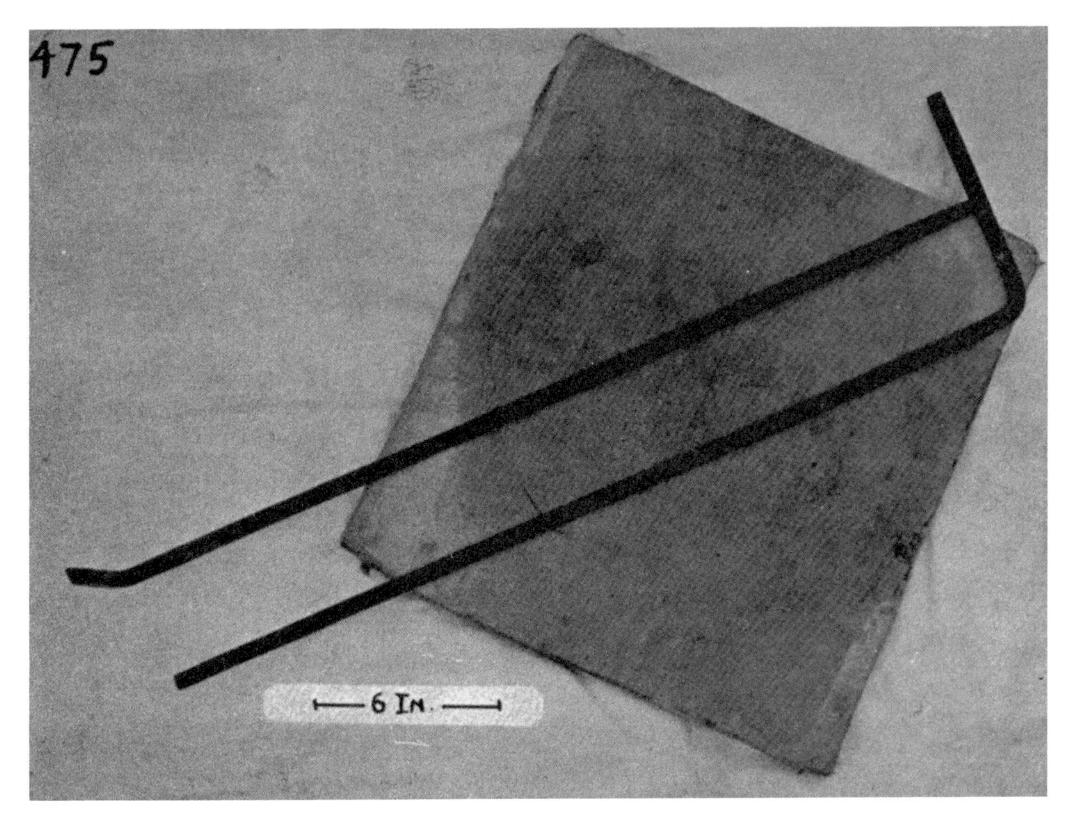

图524　锡匠的工具，用于浇铸制作锡器的薄锡板

图525　锡匠用的车床

厚为0.75英寸，被厚纸包紧。图524展示了这种陶板，有两根熟铁棍用来确定浇铸的薄锡板的大小。图524中两铁棍间的位置间距，表明可铸成一块长宽约3英寸的薄锡板。锡板的厚度可通过调整铁棍的位置控制，如选择将铁棍放在陶板的下面或边上。铁棍宽为0.375英寸，厚为0.125英寸。图中放在陶板上如“L”形的一根铁棒长21.75英寸，小杈儿长约1英寸。另一根铁棒长21.5英寸，向上弯曲的左端部分长5.25英寸。图中的两根铁棒已经放在了用厚纸包紧的陶板上，三条边的边缘通过铁棒勾画了出来，如此便可以浇制锡板了。该锡板的厚度将不会超过0.125英寸。浇铸中锡的流动性逐渐降低，没有铁棒限定边界的边缘因之参差不齐。

做成茶壶体后，还要做壶底。这要在木模具上把锡板锤成一个碗形，侧壁用长条的薄锡板围成，薄锡板的做法如前所述。之后将茶壶的不同部件集中，在木模芯上焊为一体。模芯是分片可拆的，以便壶焊好为一体后，能从壶腹中一片片掏出来，

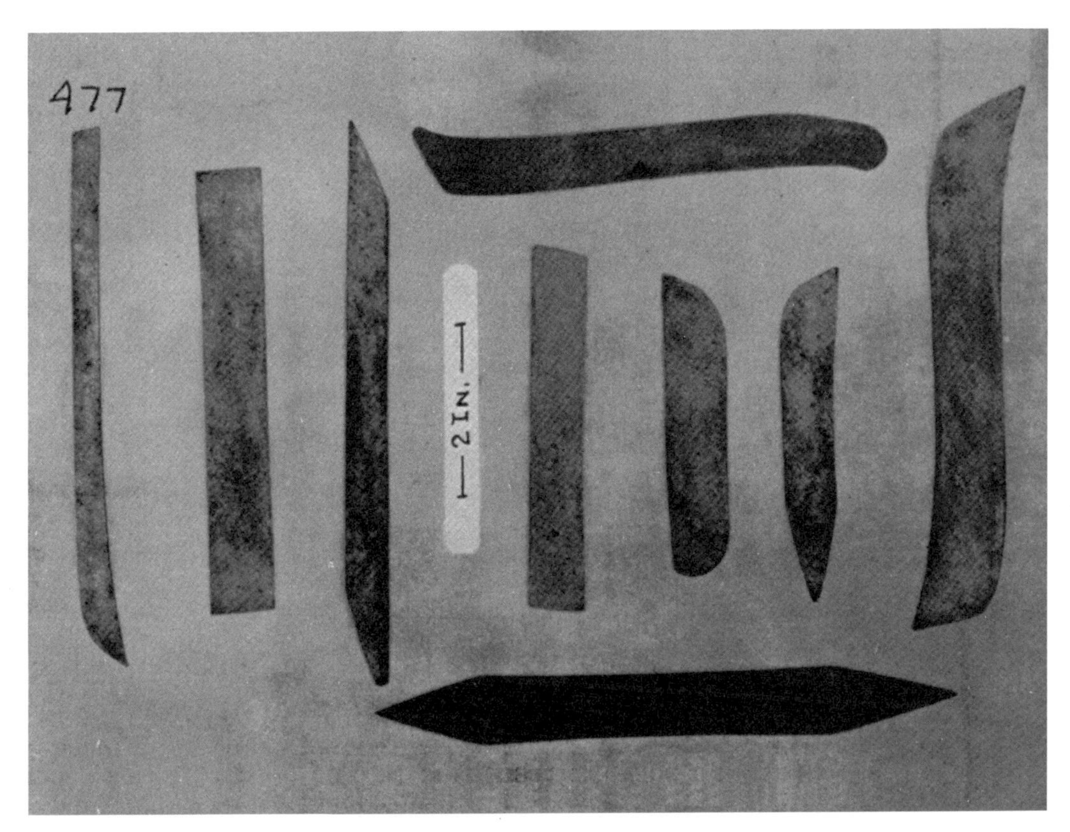

图526　锡匠的车削工具，用于车床或在手上抛光锡器的表面

因为壶的腹部比壶嘴大。在图525中，可见锡匠的车床头上有围着模芯焊成的部件待加工。

锡匠的各种车削工具如图526所示。它们都是由精良的回火钢制成，厚度约为0.0625英寸。由于锡片不能在车床上车削，因此要用锉刀加工，最终还要用别的合适的工具来打磨或抛光。

图527是一张较模糊的照片，展示了铸造小件锡器的一个模具的两半。它用天然砂石制成，上面的纹理细密。图左边的石范上，两个对角各有一个凸起，以便嵌入另一片石范对应的孔内，这能使两片石范浇铸时对严。石范的大小为4.75平方英寸，厚约1.125英寸。锡匠们都习惯用自己做的石范。

酒壶壶嘴、把手等这些附件单独浇铸，最后再与主体牢固地焊为一体。焊接时，先在待焊接的部分涂上松香，然后把烙铁在撒有粉状松香的屋瓦（用内凹面）上摩

图527　锡匠的两片石范，用于浇铸锡器的装饰部分

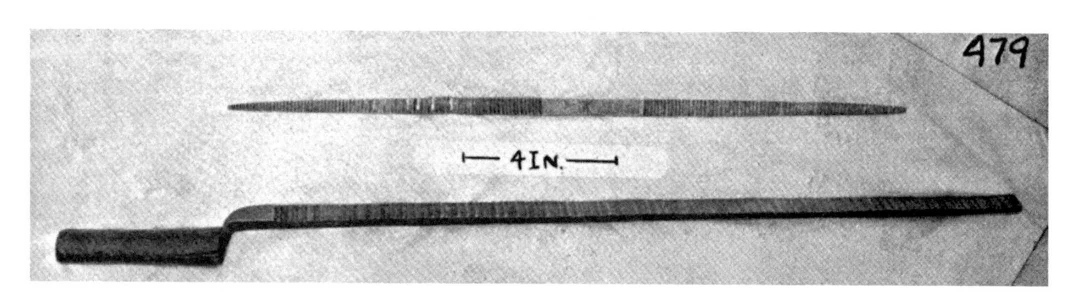

图528　锡匠的锉刀，用于锡器制作中打磨焊缝和粗糙处

擦，这样做为的是使烙铁头挂上锡，以便焊接。茶壶嘴先分两部分浇铸，再焊在一起，接缝处用锉刀和车刀打磨平。

图528为锡匠用的长锉刀。下面的一把锉刀，其柄长27.25英寸，锉刀宽0.75英寸，厚0.25英寸；上面的没有柄的短锉刀，长19.25英寸，中心宽0.5英寸，厚0.25英寸，切削刀脊背与它的长度成一定角度。这把较短的锉刀，两头都很锐利，它一半表面是平的，另一半是弧形的，形成近似半圆形的锉刀表面。

锤打空心锡器的重要工具是装在木墩上的铁桩砧，图529和图530就是其中的两种。图529中的铁桩砧，高16.5英寸，水平部分有锐角，长16.5英寸。最初，桩砧被楔入木墩中，并用锡灌入孔隙，使桩砧牢固。

图529
锡匠的铁桩砧

图530
锡匠的铁桩砧，端头带钝角，用于锤打空心的锡器成型
铁棒和用锡灌缝的木墩，高21.5英寸。

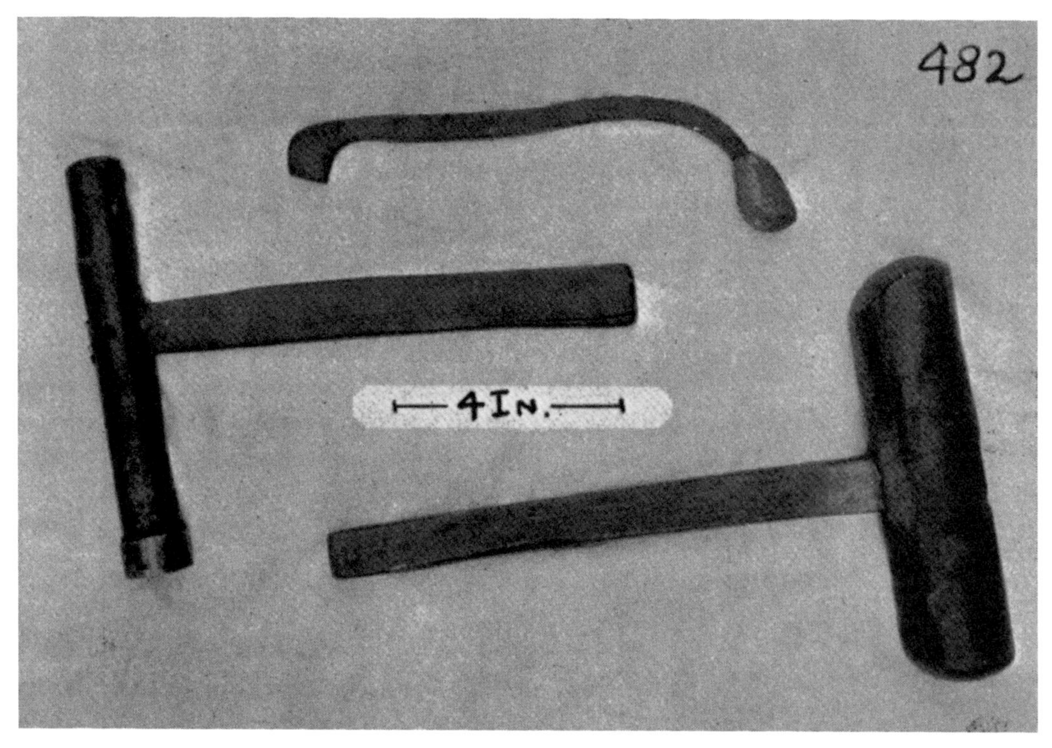

图531　锡匠的锤子

中国匠人善于即兴发挥，只要有可能，他们就借助一个木块底部的外形，在上面锤打锡片使成型。

图531是锡匠用的三把锤子。最上面的一把，由一支旧烙铁（见图36）和把头上的一个锡块制成，用它可以锤打空心锡器的内部，这是其他种类的锤子办不到的。位于图中间的锤子长9.75英寸，宽7.25英寸，直径1英寸，其木头段上的金属帽是一种白铜——类似于德国白银的一种合金。第三把锤子全由木头制成，由于使用得多，锤击面已磨损得相当厉害了。

桶匠手工艺

中国的桶匠也制造木桶、木盆、木舀子等——我们把它们划分在制桶业，但是他们不制造西方式的大木桶、酒桶之类的东西。我们的桶匠大多使用橡木做桶壁，而中国的桶匠似乎更倾向于使用松木。不管木材断面的纹理如何，中国用作桶壁的桶板一般是锯成的而不是劈出来的。中国的木盆和容器常做成圆形，并带有圆形翻边。如果不是使用箍——用箍紧紧固住这些容器，他们就可能用清漆，给容器涂上光滑的表面。为了把坚硬的木头锯成桶板的木条，桶匠用一种夹木头的方法固定木头，如图532所示。

图532
桶匠的夹具，用于锯成桶板的木条

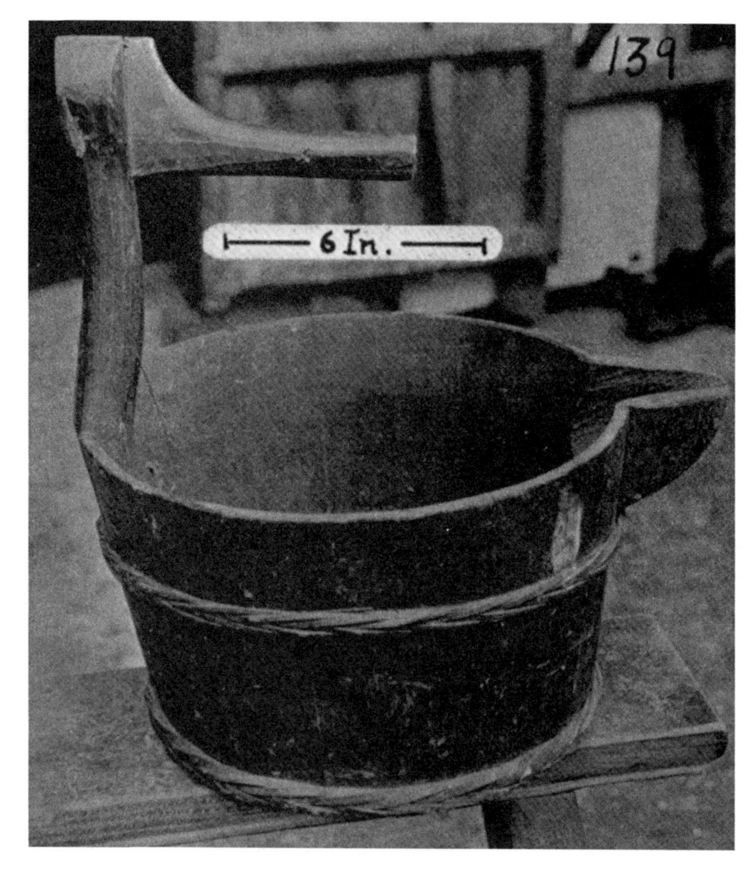

图533
木舀子

图中要锯的木板竖在木马上，借带槽口的木栓固定，要锯木板的端头侧边卡入木栓的槽口。木栓被系在房屋的立柱上，用楔子楔入柱子和木栓间，紧紧地将木栓与要锯的木板压住。在要锯木板的两侧都画好线，就可以开锯了。如果要锯的是直线，可以用板锯；若是曲线，就要用窄锯刃的手锯。不管哪种情况，都要两人各在锯的一端，配合操作。

桶板的边要仔细设计，并用到企口和浅榫，以使板的边紧密接连。还要在接近桶板底端处开凹槽，以插入盆的圆形底部。桶底部板的边缘会有接缝，可涂抹用熟石灰和中国的桐油调和的油灰，使之严密。为制桶和使外表光滑，要用到多种工具，如平刨、刮刀、滚刨子等。桶箍用竹条、藤条。把手和流口等突出的部位，也是桶板的一部分，是用一块硬木做成的，图533清楚地显示了这种结构。

图533中的木舀子有一个很有趣的把手，使舀子很容易被拿着水平的把手端起

来，也很容易被倾斜，倒出里面的东西。我们在浙江的松岙山区看到这种类型的舀子，当地人用它从小溪或小湾中舀水带回家。舀子的主体部分高6.5英寸，直径11英寸，把手端头的高是13.75英寸。流口和把手的竖直部分，与连带的桶板一体，只有把手的水平部分与竖直部分是榫接的。我们在其他地方也见到过类似的盛器，有同样的把手，但是没有流口，舀子很浅，是用于喂鸡的。

图534为桶匠一个凿槽具，专用于开槽口，以便在桶底或盆底安插板条。凿槽具半圆形锯刃的直径是2.5英寸，以适当的角度伸出两个柄舌，它们被楔入木头架固定。一半锯齿以一个方向指向刀刃，另一半锯齿方向相反。之前我们已注意到要两个人配合操作板锯，这里使用凿槽具的情况也相似：锯齿开向两个方向，向任一方向拉，都能切割，操作之便利显而易见。木架子搁在桶板的边上，用来给桶板开槽。锯刃和固定木架子的距离取决于桶板和开槽处的距离。

图535中是一把刨子和一把直刃拉刨。刨子的底部以一定角度向它的长度方向呈弧形弯曲。以这种弧形刨底，可以刨出凹面。刨子的把手对中国人来说似乎是必需之物，然而桶匠的刨子如果有两个把手，将很难操作，因而只用一个把手，像鸠尾一样插入刨子的侧面，如图535所示。为约束住刨刀，需用一枚外国的钉子穿过刨子。以前人们也常用一枚硬木钉来固定刨刀，或是用两个肩木伸进刨子的开口。

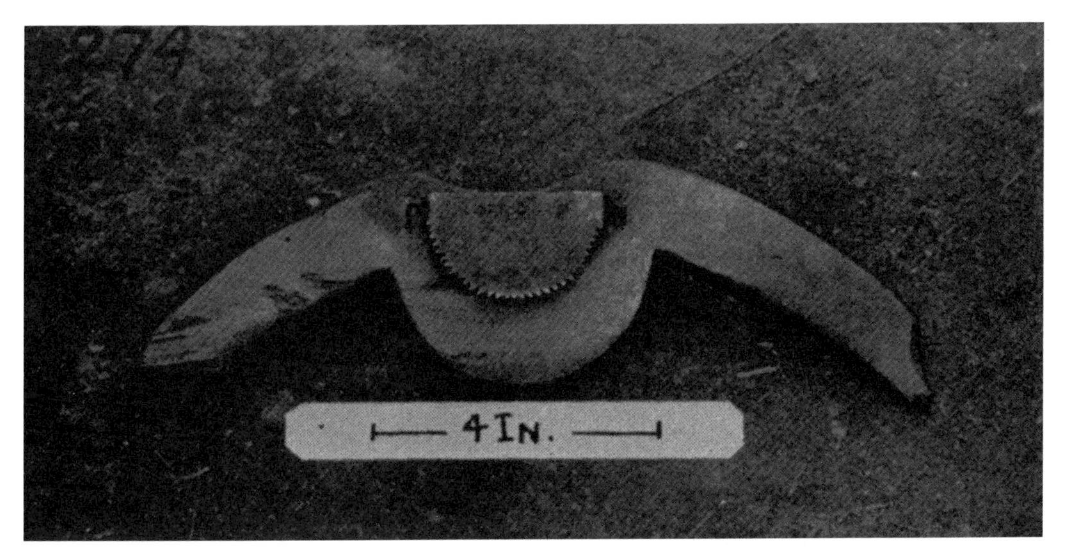

图534　桶匠的凿槽具

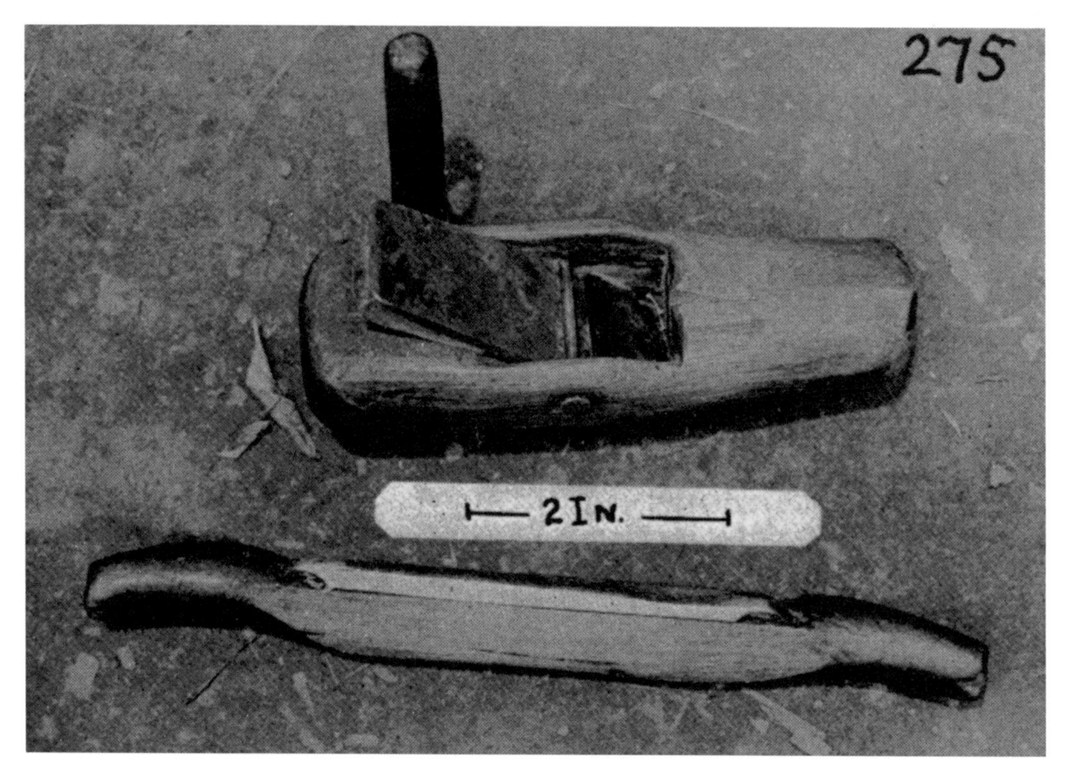

图535　桶匠的圆刨和拉刨

中国匠人惯于在身子的一侧使用小刨子。还有另一种相当长的刨子，一些桶匠将它倒过来使用，这种情况下刨子就像个工作台，一头搁在地上，另一头用两个木脚支撑，使刨子倾斜。之后将木板向匠人身体的方向拉，抵着伸出的刨刃，滑过刨子的光滑表面。

直刃拉刨的刀刃长4英寸，从刀刃两端以一定角度伸出的柄舌，被楔入木框架中。使用这种工具要用双手，向着身体的方向拉。图535是在安徽省池州附近拍摄的。

附录：英制、市制与公制单位对照表

1英寸=2.54厘米

1英尺（12英寸）=0.3048米

1码=0.9144米

1英里=1.6903千米

1尺（10寸）=0.3333米

1里（150丈）=0.3107英里=0.5千米

1英亩=0.405公顷

1亩=0.1647英亩=0.0667公顷

1磅=0.4536千克

1斤（10两）=1.1023磅=0.5千克

芜湖铁画

译后记

《中国手工业调查：1921—1930》初版于1937年。20世纪五六十年代，随着李约瑟等一批西方学者开辟中国科技史研究领域，《中国手工业调查：1921—1930》的价值逐渐引起学术界重视。80年代，曾有中国学者建议迻译中文版，却最终无果。

进入21世纪，中国的经济和社会发展为出版界带来春天。2006年，北京理工大学出版社范春萍女士以其敏锐的眼光看好《中国手工业调查：1921—1930》一书，积极与国内科技史界学人联系，最后确定由清华大学科技史暨古文献研究所组织迻译。

客观地说，参与本书翻译的师生都满怀热情，愿为学术建设做有意义的努力，然而遇到的困难却超乎想象，致使进度严重受阻。比如原书作者调查范围广到半个中国，虽不可能追寻作者当年的足迹，但至少应到所涉的主要地区做些考察，以获得必要的感性认识。遗憾的是我们只走了几个地方，初衷没有实现。又如所涉众多的工具和器物，各地用名不一；所观匠人之操作，中西视角也有不同。作者为适应西方读者的需要，大都做了必要的表述“转换”。这样一来，就使译者在遣词用句上颇费周章。如果严守“信”，可能会使中国读者看不懂；如果遵从“达”，很多情况下则事与愿违；至于“雅”，原著以客观陈述为主，不求文美，译者也不能“锦上添花”。

本书前期翻译由多位教师和研究生合作，具体分工是：第一章（戴吾三），第二章（刘兴良、戴吾三），第三章（姜锡权、李克议），第四章（王斌、李嫣），第五章（陈海连），前言（曹朋），最后全书由戴吾三统校。

该书初版问世后，受到广泛好评，2013年荣获国家图书馆第八届“文津图书奖”推荐图书奖。时隔多年，鉴于社会需求，杨宏宇编辑联系我，商议推出新版。为此我对全书再做审核，吸收了孔昭君先生的审读意见和建议，订正了初版译本的个别错误。在此向孔先生表达谢意。

最后，特别感谢传统工艺研究权威华觉明先生、著名文化学者马未都先生为本译著写序推荐。

戴吾三

2021年6月